KB117680

인조이 **파리**

인조이 파리 미니북

지은이 김지선 · 문은정
펴낸이 최정심
펴낸곳 (주)GCC

4판 1쇄 발행 2019년 3월 2일
4판 2쇄 발행 2019년 3월 7일 ②

출판신고 제 406-2018-000082호
주소 10880 경기도 파주시 지목로 5
전화 (031) 8071-5700 팩스 (031) 8071-5200

ISBN 979-11-89432-60-7 13980

가격은 뒤표지에 있습니다.
잘못 만들어진 책은 구입처에서 바꾸어 드립니다.

www.nexusbook.com

여행을 즐기는 가장 빠른 방법

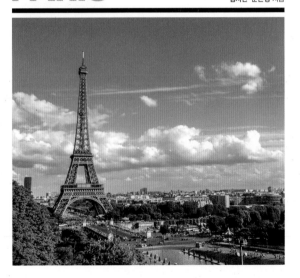

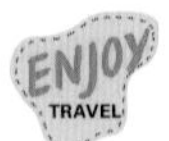

인조이
파리
PARIS

김지선 · 문은정 지음

넥서스BOOKS

1996년 처음으로 유럽 땅을 밟은 것을 계기로, 파리에 살고 싶다는 생각을 했다. 겁 없던 20대 초반, 그렇게 무작정 파리로 떠났다. 시간이 흐르고 외로움을 느끼게 되면서 파리로 떠나온 내 결정에 후회하는 날도 있었다. 하지만 외로움과 후회도 잠시, 여유로움과 낭만 그리고 멋진 관광지들이 가득한 파리의 아름다움에 빠져들면서, 쉬는 날이면 언제나 밖으로 나가 파리의 구석구석을 돌아다니기게 되었다. 그렇게 나는 6년 동안 파리와 사랑에 빠졌다.

한국에 돌아온 지 벌써 10년이 넘었지만, 여전히 나는 파리가 그립다. 그래서 매년 1~2회 정도 꾸준하게 파리를 여행하며, 내가 살았던 그 순간들의 기억을 계속 되새김질한다. 15년 동안 파리는 늘 변함없기도 하고, 꾸준하게 변해 오기도 했다. 내가 살아왔던 기억들도 역시 10년이 넘는 세월 동안 꾸준하게 변화되어 왔을지도 모르겠다. 왜냐면 나는 매년 다시 찾는 파리에서 또 다른 파리의 매력에 빠져들고 있으니까…….

처음 파리 책을 집필했던 2008년의 나와 현재 나의 마음도 많이 달라졌겠지만, 나는 여전히 사람들이 어디가 가장 좋은 여행지냐고 묻는다면 자신 있게 '파리'라고 대답한다. 그리고 내가 사랑하는 파리의 모습을 사람들도 사랑할 수 있도록 최선을 다해 파리의 이야기를 꾸준하게 들려주고 싶다.

Special Thanks: 개정판을 준비하며 누구보다 애써 주신 김지운 팀장님과 책 파트너로서 늘 고마운 은정 언니 그리고 든든한 동반자 진수 오빠와 가족들에게 고맙고 사랑한다는 말 전하고 싶습니다. 더불어 파리에서 함께 살았고, 함께 귀국한 우리 고양이들 뚜름이와 구름이도 파리에서 살았던 시간보다 한국에서 살고 있는 시간이 더 늘어난 만큼 오래도록 행복하게 살았으면 좋겠습니다. 그리고 최근 여행과 취재의 경계 속에서 지칠 때 다시금 여행을 즐길 수 있게 해 주신, 더 히든 멤버 가수 임성현 님에게도 감사 인사 전합니다!

김지선

지난 2006년, 혼자 한 달 동안 프랑스의 잘 알려지지 않은 곳을 돌아다니며 여행을 했다. 혼자 하는 장거리 여행에서 가족 생각에 외롭고 지칠 때면 여행을 잠시 멈추고 쉬었다 가는 곳이 바로 파리였다. 그 당시 내게 파리는 어둡고 캄캄한 해저 터널을 지난 뒤 만난 파란 하늘 같았다. 그곳은 파리라는 이름만으로도 외로움을 극복하게 해주는 치료제였다.

그렇게 내게 힘이 되어 주었던 파리가 시간이 흘러 〈인조이 파리〉라는 멋진 이름을 달고 돌아왔다. 취재차 떠났던 파리는 여행할 때와는 또 다르게 지치고 힘들었지만 그만큼 더 좋은 내용을 담으려 애썼던 시간이기에 그 시간조차 다시는 경험하지 못할 추억으로 남았다.

지금까지 파리는 유럽의 많은 도시들 가운데 가장 가 보고 싶은 여행지로 손꼽히고 있다. 그만큼 많은 독자분들이 〈인조이 파리〉를 통해서 더 낭만적이고 매력적인 파리를 느낄 수 있는 시간이 되었으면 좋겠다.

이번 개정판을 통해서 고생을 많이 한 김지선 작가에게 수고했다는 말을 꼭 전하고 싶고, 게으른 작가들 때문에 항상 수고가 많은 넥서스 편집팀과 디자인팀 그리고 관계자 분들께도 감사의 인사를 전하고 싶다.

마지막으로 언제나 든든하게 옆에서 응원해 주는 가족들과 사랑하는 남편에게도 감사와 사랑을 전하고 싶다.

문은정

미리 만나는 파리

파리는 어떤 매력을 지닌 곳인지 아름다운 명소와 음식과 디저트, 쇼핑 아이템을 사진으로 보면서 여행의 큰 그림을 그려 보자.

추천 코스

어디부터 여행을 시작할지 고민이 된다면 추천 코스를 살펴보자.
저자가 추천하는 코스를 참고하여 자신에게 맞는 최적의 일정을 세워 본다.

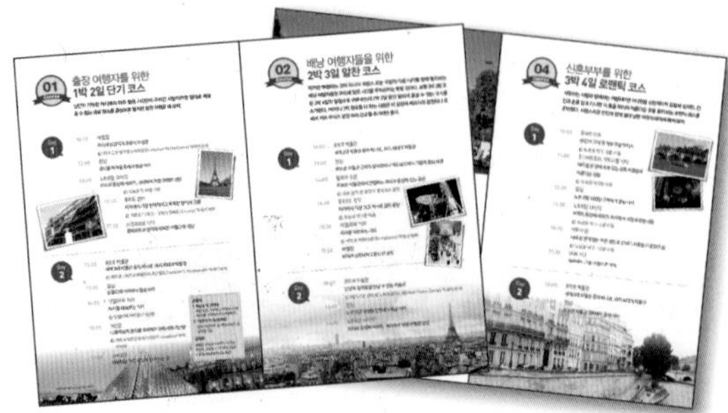

지역 여행 & 근교 여행

파리의 주요 명소와 맛과 멋까지 갖춘 레스토랑을 소개한다. 꼭 가 봐야 할 대표적인 관광지를 소개하고, 상세한 관련 정보를 담았다. 또한 놓치기 아까운 파리의 근교 도시도 살펴보자.

시테 섬
주요 명소 소개는 물론 문화적 배경 지식과 팁이 곳곳에 숨어 있다.
상세한 지도와 지역별 베스트 코스를 실었다.
오르세 미술관
Paris Restaurant
입소문 자자한 맛집과 디저트 상점을 소개한다.

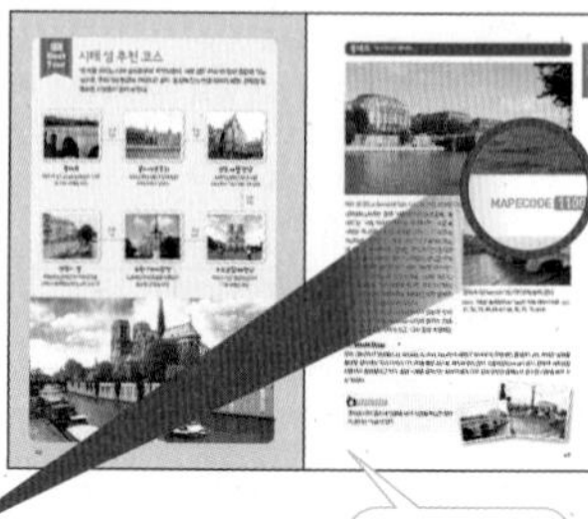

대표적인 명소의
상세한 관련 정보가
담겨 있다.

▶ '인조이맵'에서 맵코드를 입력하면 책 속의 스폿이 스마트폰으로 쏙!
▶ 위치 서비스를 기반으로 한 길 찾기 기능과 스폿간 경로 검색까지!
▶ 즐겨찾기 기능을 통해 내가 원하는 스폿만 저장!
▶ 각 지역 목차에서 간편하게 위치 찾기 가능!

테마 여행

파리를 새롭게 즐길 수 있는 테마별 정보들을 담았다. 여행을 더 다채롭게 만들어 줄 파리의 먹을거리, 볼거리, 즐길거리를 테마별로 소개한다.

여행 정보

여행 전 준비 사항부터 출국과 입국 수속, 현지에서 필요한 정보까지 유용한 정보들을 담았다.

찾아보기

이 책에 소개된 관광 명소, 레스토랑, 쇼핑 스폿 등을 이름만 알아도 쉽게 찾아볼 수 있도록 정리해 놓았다.

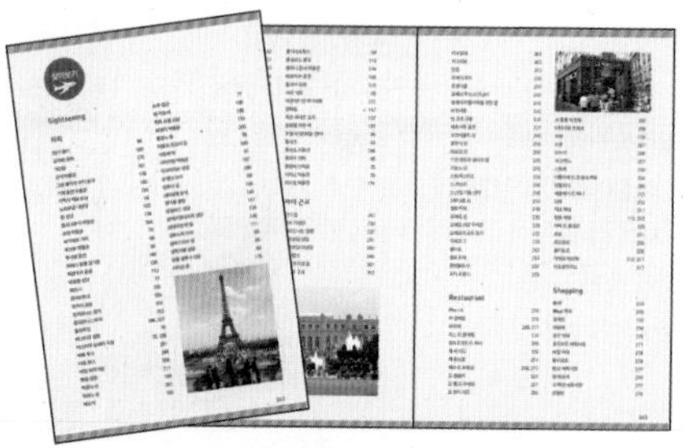

Notice! 현지의 최신 정보를 정확하게 담고자 하였으나 현지 사정에 따라 정보가 예고 없이 변동될 수 있습니다. 특히 요금이나 시간 등의 정보는 시기별로 다른 경우가 많으므로, 안내된 자료를 참고 기준으로 삼아 여행 전 미리 확인하시기 바랍니다.

미리 만나는 파리

파리의 아름다운 명소 • 14
파리의먹을거리 • 17
파리의 쇼핑 아이템 • 20

추천 코스

출장 여행자를 위한 **1박 2일 단기 코스** • 26
배낭 여행자들을 위한 **2박 3일 알찬 코스** • 27
나홀로 여성 여행자를 위한 **2박 3일 추천 코스** • 29
신혼부부를 위한 **3박 4일 로맨틱 코스** • 31
직장인을 위한 **6박 7일 풀 코스** • 34

지역 여행

파리 지역 정보 • 42
파리 대중교통 • 48
시테 섬 • 62
마레 지구 • 74
샤틀레, 레알 지역 • 84
튈르리, 오페라 지역 • 94
생제르맹데프레 지역 • 128
라탱, 식물원 지역 • 144
몽파르나스 지역 • 154
에펠탑, 앵발리드 지역 • 162
트로카데로, 샹젤리제 지역 • 176
몽마르트르 지역 • 186
파리 기타 지역 • 196
★파리의 레스토랑 • 206

근교 여행

베르사유 • 224
오베르 쉬르 우아즈 • 232
지베르니 • 238
퐁텐블로 • 240
바르비종 • 244
보르비콩트 • 248
라데팡스 • 250
몽생미셸 • 254
루아르 고성 • 256
스트라스부르 • 262

테마 여행

파리를 카메라에 담아 보자 • 270
파리에서의 쇼핑 • 276
센 강변 유람하기 • 284
파리의 야경 명소 • 292
영화와 드라마 촬영 명소 • 296
파리 도보 코스 • 302
파리의 먹을거리 • 315
파리의 사계절 • 323
파리의 공연 즐기기 • 329

여행 정보

여행 준비 • 334
프랑스 입국 • 340
프랑스 출국 • 344

찾아보기 • 347

톡톡 파리 이야기

시테 섬을 아름답게 볼 수 있는 곳 • 73
스페이스 인베이더 • 83
사마리텐 백화점 • 93
파리의 박물관들 • 98
생토노레 거리에서 만날 수 있는 상점 • 116
읽기 어려운 불어 단어 Tuileries • 119
생제르맹데프레 성당 근처의 카페 • 139
사라진 13번지 • 182
위험한 지역으로 알려진 몽마르트르 • 195
스트라스부르 근교의 소도시들 • 266

Zoom in

루브르 박물관 • 100
오랑주리 미술관 • 120
오르세 미술관 • 132
로댕 미술관 • 168

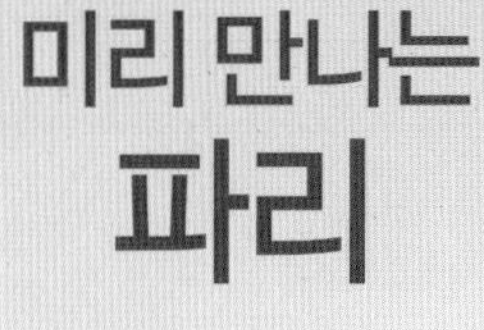

미리 만나는 파리

- 파리의 아름다운 명소
- 파리의 먹을거리
- 파리의 쇼핑 아이템

PREVIEW

파리의 아름다운 명소

파리를 여행할 때 빼놓지 말았으면 하는 추천 장소. 파리 여행을 준비할 때 베스트 스폿들을 중심으로 한 여행 일정을 잡는 것을 추천한다.

에펠탑

파리뿐 아니라 프랑스, 어쩌면 유럽을 대표하는 대표적인 관광지는 에펠탑이다. 단연 파리 베스트 스폿 중에서도 1순위! p.173

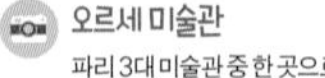

오르세 미술관

파리 3대 미술관 중 한 곳으로 인상파 작품들을 주로 만날 수 있는 곳이다. p.132

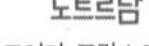

노트르담 대성당

파리의 가장 중심이자 시테 섬의 대표 랜드마크이다. 프랑스 가톨릭을 대표하는 성당인 노트르담 대성당 역시 파리 여행에서 빼놓을 수 없다. p.68

샹젤리제 거리

파리를 대표하는 샹젤리제 거리는 아침부터 밤까지 그 모습이 다양하게 바뀐다. 전 세계 모든 사람을 만날 수 있고, 상점부터 카페, 레스토랑, 명품 매장까지 다양한 것들이 공존하는 곳이다. p.181

개선문

샹젤리제 거리 끝에는 나폴레옹의 승리를 축하하기 위해 세워진 개선문이 있다. 이 개선문 전망대에서 바라보는 파리의 모습은 무척 아름답다. p.179

루브르 박물관

세계 3대 박물관이자 파리 최대의 박물관인 루브르 박물관은 작품들도 유명하지만, 튈르리 공원과 카루젤 개선문과 함께 둘러보면 더 좋다. p.100

퐁피두 센터

파리에서 가장 현대적이고 독특한 양식으로 지어진 미술관 겸 도서관이다. 건물 자체로도 재미있지만, 건물 앞에서 벌어지는 거리 공연도 볼 만하다. p.88

예술의 다리

파리에서 가장 낭만적인 다리를 손꼽으라면 예술의 다리를 꼽는다. 파리의 많은 예술가들이 이곳에서 전시를 하거나 공연을 하기도 한다. p.142

사크레쾨르 성당

몽마르트르를 대표하는 주요 스폿인 사크레쾨르 대성당은 파리에서 가장 높은 곳에 위치하고 있는 성당이다. 성당도 아름답고 성당 앞에서 바라보는 파리 시내 풍경도 아름답다. p.191

뤽상부르 공원

파리에서 가장 큰 공원이다. 공원 안에는 미술관, 분수대, 테니스장 등 다양한 시설들이 갖춰져 있다. 날씨가 좋은 날이라면 여유롭게 거닐며 휴식을 취할 수 있어서 인기가 높다. p.140

PREVIEW

파리의 먹을거리

파리는 요리의 천국이기도 하다. 어느 나라 요리를 가져다 놔도 파리에 오면 세계 최고의 맛으로 변신시킨다는 말이 있을 정도로 파리는 맛있는 요리들이 많지만, 그중에서도 빼놓을 수 없는 10가지를 소개한다.

마카롱

마카롱은 워낙 파리에서 인기가 높은 디저트 중의 하나다. 요즘은 한국에서도 맛있는 마카롱을 쉽게 만날 수 있지만 파리에서 맛보는 원조 마카롱은 절대 놓치지 말자!

양파 수프

프랑스 사람들의 영혼을 달래 준다는 양파 수프는 프랑스 전통 요리 중 하나다. 바게트와 함께 곁들여 먹는 따뜻한 양파 수프는 특히 추운 겨울 여행을 한다면, 건강과 따뜻함을 동시에 챙길 수 있다.

바게트 샌드위치

점심시간 즈음에 파리 거리를 걷다 보면 바쁘게 걸어가는 사람들 손에 쥐어진 바게트 샌드위치를 쉽게 볼 수 있다. 파리지앵처럼 거리를 걸으며 바게트 샌드위치를 먹어 보는 것도 좋다.

달팽이 요리

프랑스하면 대표적으로 떠올리는
달팽이 요리 또한 파리 여행에서 빼놓을 수 없다.
보통 메인 식사보다 식사 전 전식으로 맛본다.

푸아그라

프랑스의 푸아그라 요리는 대부분 바게트에 발라 먹는
잼 형태로 되어 있다. 식사 전 빵과 함께 맛보면 좋다.

몽블랑

밤으로 만든 디저트인 몽블랑은 하얀 눈과 같은 슈가 파우더와
산처럼 쌓여 있는 밤 크림으로 만든 케이크다. 엄청 달지만 한 번쯤 맛보기 좋다.

에클레어

프랑스어로 '번개' 라는 뜻을 가지고 있는 에클레어는 입에 넣자마자 번개처럼 순식간에 사라진다는 의미를 가지고 있다. 가벼운 슈 디저트로 파리에서 꼭 맛봐야 한다.

쇼콜라쇼

프랑스에서 겨울뿐 아니라 사계절 내내 사랑받고 있는 따뜻한 초콜릿 '쇼콜라쇼' 역시 파리 여행에서 빼놓을 수 없다. 달콤하고 진한 초콜릿이 먹는 사람의 기분까지 좋게 만들어 준다.

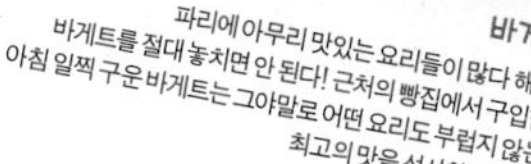

바게트

파리에 아무리 맛있는 요리들이 많다 해도 바게트를 절대 놓치면 안 된다! 근처의 빵집에서 구입한 아침 일찍 구운 바게트는 그야말로 어떤 요리도 부럽지 않는 최고의 맛을 선사할 것이다.

뱅쇼

쇼콜라쇼와 더불어 겨울을 대표하는 음료 뱅쇼는 와인에 각종 과일과 계피 등을 넣고 끓인 음료다. 알코올 도수가 높지 않기 때문에 술을 별로 좋아하지 않는 사람들이라도 맛있게 마실 수 있는 따뜻한 와인이다.

파리의 쇼핑 아이템

파리를 기념하기에 쇼핑만큼 좋은 것은 없다. 기념품 숍에서 파는 소소한 기념품부터 명품 브랜드 쇼핑까지. 구입하지 않더라도 아이쇼핑만으로도 충분히 즐거운 여행이 된다. 특히 쇼핑의 하이라이트라고 할 수 있는 약국은 요즘 파리 여행에서 필수 코스이기도 하다. 파리 여행을 기념하며 구입하기 좋은 쇼핑 품목의 대표적인 10가지를 소개한다.

메르시 팔찌

최근 파리 쇼핑에서 빼놓을 수 없는 아이템이 바로 메르시 팔찌이다. 마레 지구의 대표적인 편집 숍인 메르시 매장에서만 판매하고 있는 이 팔찌는 리버티 메달과 메르시 팔찌 그리고 각종 에디션들을 만날 수 있다. 저렴한 가격과 심플한 디자인에 유니크함까지 더해져 인기가 높다.

눅스 오일

파리 약국 화장품 제품 중에서도 늘 필수 쇼핑 품목으로 손꼽히는 눅스 오일은 머리부터 발끝까지 사용해도 되는 천연 성분으로 만들어진 오일이다. 민감성 피부에도 잘 맞고 끈적임 없이 흡수도 빠르고 사용감도 좋다 보니, 젊은 층부터 어르신들까지 인기가 높다. 선물용으로도 좋다.

달팡 하이드라 수분 크림

파리 약국 화장품에서 눅스 오일과 더불어 달팡 하이드라 수분 크림 역시 파리 쇼핑 품목에서 빼놓을 수 없는 필수 아이템이다. 피부에 빠른 수분 공급과 진정 효과를 주기 때문에 보습 기능을 촉진시키고 피부에 수분을 보충해 준다.

벤시몽 운동화

프랑스 국민 스니커즈인 벤시몽 운동화는 파리 여행에서 필수로 하나씩 구매해 오는 아이템 중 하나다. 벤시몽 매장은 마레 지구에 두 곳 있어서 마레 지구 여행 중 편하게 들를 수 있다. 빈티지하고 심플한 디자인에 편안하기도 해서 더욱 인기가 높다.

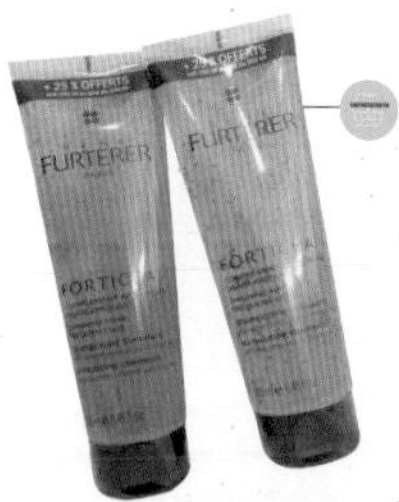

르네휘테르 포티샤

르네휘테르 포티샤 샴푸는 탈모와 모발 강화에 특히 좋은 샴푸이기 때문에 파리 쇼핑 중 빼놓을 수 없는 필수 아이템이다. 1+1 혹은 2+1 행사 등을 이용하면 저렴하게 구매할 수 있다.

와인

파리의 필수 쇼핑 품목에서 빠질 수 없는 것이 바로 와인이다. 한국에서도 프랑스 와인을 쉽게 맛볼 수 있지만, 한국에서 맛볼 수 없는 많은 종류의 프랑스 와인들을 만날 수 있고, 시내 곳곳에 와인 전문점이 있어 쉽게 구매할 수도 있다.

마카롱

프랑스 디저트의 대표인 마카롱은 프랑스의 고급 과자 중 하나이다. 유통기한이 짧아 여행 중 구입해 한국에 오는 것이 쉽지는 않지만, 파리 공항 내에 라뒤레 매장이 있어서 비행기를 탈 때 구입하면 최대 2일까지 보관이 가능하다. 모양도 예쁘고 맛도 좋은 마카롱은 나눠 먹기도 좋고, 선물하기도 좋다.

홍차

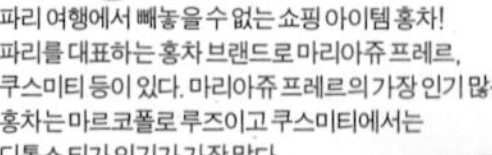

파리 여행에서 빼놓을 수 없는 쇼핑 아이템 홍차!
파리를 대표하는 홍차 브랜드로 마리아쥬 프레르,
쿠스미티 등이 있다. 마리아쥬 프레르의 가장 인기 많은
홍차는 마르코폴로 루즈이고 쿠스미티에서는
디톡스 티가 인기가 가장 많다.

에펠탑 기념품들

파리를 대표하는 관광지인 에펠탑 모양을 한 각종 기념품들도 여행을 기념하거나 선물하기 좋은 아이템이다.
에펠탑 열쇠고리, 에펠탑 그림과 사진, 에펠탑 자석 등 에펠탑 액세서리는 파리 여행 곳곳에서 쉽게 볼 수 있다. 흔해 보여서 구매하지 않는 경우가 많지만 의외로 가장 기억에 남는 기념품이 에펠탑 기념품이기도 하니 하나쯤 기념으로 구입해도 좋다.

프라고나르 향수

세계적인 향수 생산국인 프랑스, 그리고 그중에서도 그라스 지역의 대표 향수 브랜드 중 하나가 프라고나르다. 파리 곳곳에서 프라고나르 매장을 찾을 수 있고 프라고나르 향수에 대해 조금 더 자세히 알고 싶다면 오페라 근처에 프라고나르 향수 박물관을 방문해 보는 것도 좋다.

©MarKord

la LOCOMOTIVE
MOULIN
LA LOCO
BAR

추천 코스

- 출장 여행자를 위한 1박 2일 단기 코스
- 배낭 여행자들을 위한 2박 3일 알찬 코스
- 나홀로 여성 여행자를 위한 2박 3일 추천 코스
- 신혼부부를 위한 3박 4일 로맨틱 코스
- 직장인을 위한 6박 7일 풀 코스

출장 여행자를 위한 1박 2일 단기 코스

낭만이 가득한 파리에서 아주 짧은 시간만이 주어진 사람이라면 절대로 빼놓을 수 없는 대표 명소를 중심으로 짧지만 알찬 여행을 해 보자.

10:00 에펠탑
파리의 상징이자 프랑스의 상징
RER C선 생미셸 노트르담(St. Michel-Notre Dame) 역에서 하차

12:00 점심
생미셸 먹자골목에서 점심 식사

13:30 노트르담 대성당
파리의 중심에 세워진, 파리에서 가장 유명한 성당
도보로 약 10분 이동

15:30 퐁피두 센터
파리에서 가장 현대적이고 독특한 양식의 건물
메트로 11호선 → 2호선 앙베르(Anvers) 역에서 하차

17:30 사크레쾨르 성당
몽마르트르 언덕에 위치한 아름다운 성당

Day 2

10:00 루브르 박물관
세계 3대 박물관 중의 하나로, 파리 최대의 박물관
메트로 1호선 프랭클린 디 루즈벨트(Franklin D. Roosevelt) 역에서 하차

13:00 점심
샹젤리제 거리에서 점심 식사

14:00 샹젤리제 거리
파리를 대표하는 거리
샹젤리제 거리 끝이 개선문

15:00 개선문
나폴레옹의 승리를 축하하기 위해 세운 개선문
메트로 6호선 트로카데로(Trocadéro) 역에서 하차

17:00 샤이요궁
에펠탑을 가장 멋있게 볼 수 있는 곳

교통비
1. 까르네 14.90유로
티켓 8장 가격보다 까르네(10장 묶음)를 구입하는 것이 저렴하다.
2. 1일권 두 번 15유로
밤에 야경까지 볼 예정이라면 일일권을 구입

입장료
에펠탑 25.50유로 + 퐁피두 14유로 + 루브르 15유로 + 개선문 12유로 = 총 66.50유로(1인당 요금)

배낭 여행자들을 위한 2박 3일 알찬 코스

파리만 여행하는 것이 아니라 프랑스 또는 유럽의 다른 나라를 함께 둘러보는 배낭 여행자들은 파리에 많은 시간을 투자하지는 못할 것이다. 보통 2박 3일 또는 3박 4일의 일정으로 머무르는데 2박 3일 동안 알차게 즐길 수 있는 코스를 소개한다. 1박이나 2박 정도를 더 하는 사람은 이 일정에 베르사유 궁전이나 오베르 쉬르 우아즈 같은 파리 근교를 추가하면 좋다.

10:00 루브르 박물관
세계 3대 박물관 중의 하나로, 파리 최대의 박물관

13:00 점심
루브르 박물관 근처의 일식당이나 맥도날드에서 가볍게 점심 해결

14:00 튈르리 공원
루브르 박물관에서 연결되는 파리의 중심에 있는 공원

공원 끝의 큰 광장이 콩코르드 광장

14:30 콩코르드 광장
파리에서 가장 크고 역사도 깊은 광장

도보로 약 5분 이동

15:00 샹젤리제 거리
파리를 대표하는 거리

메트로 비르아켐(Bir Hakeim) 역에서 하차

17:00 에펠탑
파리의 상징이자 프랑스의 상징

10:00 오르세 미술관
인상파 걸작들을 만날 수 있는 미술관

RER C선 생미셸 노트르담(St. Michel-Notre Dame) 역에서 하차

13:00 점심
노트르담 대성당 근처에서 점심 식사

14:00 노트르담 대성당
파리의 중심에 세워진, 파리에서 가장 유명한 성당

도보로 약 10~15분 이동

16:00 퐁피두 센터
파리에서 가장 현대적이고 독특한 양식의 건물

도보로 약 10~15분 이동

17:30 마레 지구
파리에서 가장 아름다운 지역

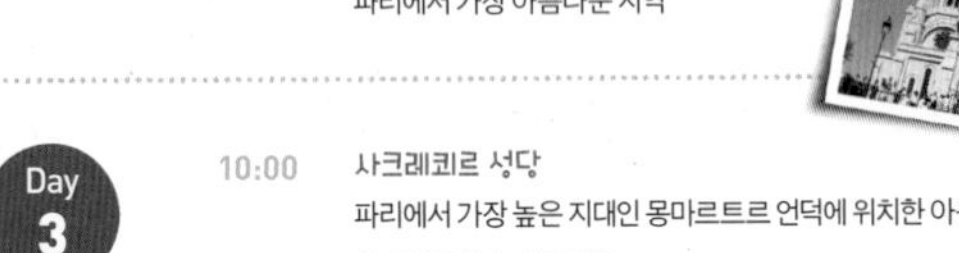

Day 3

10:00 사크레쾨르 성당
파리에서 가장 높은 지대인 몽마르트르 언덕에 위치한 아름다운 성당

도보로 약 2~3분 이동

11:00 테르트르 광장
몽마르트르의 화가들이 모여 있는 광장

도보로 약 10분 이동

12:00 물랭루즈
영화 〈물랭루즈〉의 배경이 되었던 쇼 공연장

메트로 2호선 →4호선 생미셸(St-Michel) 역에서 하차

13:00 점심
생미셸 먹자골목에서 점심 식사

14:00 생미셸 광장
파리의 대학로

도보로 약 5분 이동

15:00 뤽상부르 공원
파리에서 가장 크고 유명한 공원

도보로 약 1~2분 이동

16:30 생쉴피스 성당
파리 3대 성당 중 하나로 영화 〈다빈치 코드〉에 등장하는 성당

도보로 약 5분 이동

17:30 생제르맹데프레 성당
파리에서 가장 오래된 성당을 중심으로 활기찬 구역

교통비
까르네(10장 묶음) 14.90유로 + 티켓 2장 3.80유로 = 18.70유로

입장료
루브르 15유로 + 오르세 14유로 + 퐁피두 14유로 + 에펠탑 25.50유로 = 총 68.50유로(1인당 요금)

나홀로 여성 여행자를 위한 **2박 3일 추천 코스**

혼자만의 시간을 만끽하는 여성 여행자들이라면 문화와 예술, 쇼핑 등 다양한 재미의 파리 여행을 즐길 수 있다. 그래서 준비한 여성 여행객들을 위한 알찬 코스를 소개한다. 만약 일정이 더 길다면 근교 도시들을 추가하면 된다.

10:00 노트르담 대성당
파리의 중심에 세워진, 파리에서 가장 유명한 성당
도보로 약 5분 이동

11:30 퐁네프
센 강의 다리 중 가장 유명한 다리
도보로 약 5분 이동

12:00 예술의 다리
센 강의 다리 중 가장 낭만적이고 로맨틱한 다리
도보로 약 10분 이동

12:30 오르세 미술관
인상파 걸작들을 만날 수 있는 미술관

13:00 점심
오르세 미술관 내부 식당에서 점식 식사
RER C선 샹 드 막스 투어 에펠(Champ de Mars-Tour Eiffel) 역에서 하차

16:00 에펠탑
파리의 상징이자 프랑스의 상징

10:00 루브르 박물관
세계 3대 박물관 중의 하나로, 파리 최대의 박물관
도보로 약 5분 이동

13:00 점심
생토노레 거리 장폴 에방에서 점심 식사

14:00 생토노레 거리
파리의 대표적인 명품 쇼핑 거리

도보로 약 10분 이동

16:00 오페라 가르니에

세계적으로 손꼽히는 화려한 오페라 극장

도보로 약 5분 이동

18:00 백화점

갤러리아 라파예트, 프랭탕 백화점

10:00 몽마르트르

사크레쾨르 성당, 테르트르 광장

12:00 점심

몽마르트르 언덕 위의 레스토랑에서 점심 식사

메트로 2호선 샤를 드 골 에투알(Charles de Gaulle Etoile) 역에서 하차

14:00 개선문

나폴레옹의 승리를 축하하기 위해 세운 개선문

도보로 약 1분 이동

15:00 샹젤리제 거리

파리를 대표하는 거리

메트로 1호선 생 폴(Saint-Paul) 역에서 하차

16:00 마레 지구

파리에서 가장 아름다운 지역

교통비

까르네(10장 묶음) 14.90유로

입장료

노트르담 전망대 10유로 + 오르세 14유로 + 에펠탑 25.50유로 + 루브르 15유로 + 오페라 가르니에 14유로 + 개선문 12유로
= 총 90.50유로(1인당 요금)

신혼부부를 위한 3박 4일 로맨틱 코스

사랑하는 사람과 함께하는 여행이라면 어디인들 낭만적이지 않을까 싶지만, 연인과 손을 잡고 다니면 더 좋을 파리의 아름다운 곳을 둘러보는 로맨틱 코스를 준비했다. 사랑스러운 연인과 함께 절대 낭만 파리의 매력에 빠져 보자.

10:00 퐁네프 다리
센 강의 다리 중 가장 유명한 다리
도보로 약 3~5분 이동

11:00 콩시에르쥬리, 생트샤펠 성당
파리 법원 안에 속해 있는 감옥 박물관과 아름다운 성당
도보로 약 5분 이동

12:30 점심
노트르담 대성당 근처에서 점심 식사

13:30 노트르담 대성당
파리의 중심에 세워진, 파리에서 가장 유명한 성당
도보로 약 1~2분 이동

15:30 생루이 섬
시테 섬 옆에 있는 작은 섬으로 17세기 귀족들이 살았던 곳
도보로 약 7~10분 이동

17:30 마레 지구
파리에서 가장 아름다운 지역

Day 2

10:00 루브르 박물관
세계 3대 박물관 중의 하나로, 파리 최대의 박물관

13:00 점심
루브르 박물관 근처에서 점심 식사

도보로 약 5~7분 이동

14:00 **예술의 다리**

센 강의 다리 중 가장 낭만적이고 로맨틱한 다리

도보로 약 10분 이동

15:00 **생제르맹데프레 성당**

파리에서 가장 오래된 성당을 중심으로 활기찬 구역

도보로 약 5분 이동

16:00 **생쉴피스 성당**

파리 3대 성당 중 하나로 영화 <다빈치코드>에 등장하는 성당

도보로 약 1~2분 이동

17:00 **뤽상부르 공원**

파리에서 가장 넓고 유명한 공원

도보로 약 5분 이동

18:00 **생미셸 광장**

파리의 대학가

Day 3

10:00 **샤이요 궁**

가장 멋진 에펠탑 전경을 볼 수 있는 곳

도보로 약 5분 이동

10:30 **에펠탑**

파리의 상징이자 프랑스의 상징

도보로 약 10분 이동

13:00 **점심**

메트로 에꼴밀리테르 근처에서 점심 식사

도보로 약 5분 이동

14:00 **앵발리드 저택**

나폴레옹의 무덤이 있는 돔 성당과 군인들을 위한 요양소가 있던 곳

도보로 약 10분 이동

15:30 **알렉상드르 3세교**

센 강의 다리 중 가장 화려한 다리

메트로 8호선 오페라(Opéra) 역에서 하차

16:30 **오페라 가르니에**

세계적으로 손꼽히는 화려한 오페라 극장

도보로 약 5분 이동

17:30 **백화점**

쇼핑을 즐길 수 있는 갤러리 라파예트, 프랭탕 백화점

10:00 **페흐 라셰즈 묘지**

세계에서 가장 유명하고 아름다운 파리 최대의 묘지

메트로 2호선 앙베르(Anvers) 역에서 하차

11:00 **사크레쾨르 성당**

파리에서 가장 높은 지대인 몽마르트르 언덕에 위치한 아름다운 성당

도보로 약 2~3분 이동

12:00 **점심**

테르트르 광장 주변에서 점심 식사

13:00 **테르트르 광장**

몽마르트르의 화가들이 모여 있는 광장

도보로 약 10분 이동

14:00 **물랭루즈**

영화 〈물랭루즈〉의 배경이 되었던 쇼 공연장

메트로 2호선 샤를 드 골 에투알(Charles de Gaulle-Etoile) 역에서 하차

15:00 **샹젤리제 거리**

파리를 대표하는 거리

도보로 약 10분 이동 또는 메트로 9호선
알마 마르소(Alma-Marceau) 역에서 하차

18:00 **유람선**

유람선을 타고 즐기는 아름다운 센 강

키스하기 좋은 곳
Best 5
1. 마리교
2. 예술의 다리
3. 유람선
4. 몽마르트르의 어느 골목
5. 에펠탑 위

교통비

까르네(10장 묶음) 14.90유로 + 티켓 2장 3.80유로 = 18.70유로

입장료

콩시에르쥬리, 생트샤펠 15유로 + 노트르담 전망대 10유로 + 루브르 15유로 + 에펠탑 25.50유로 + 앵발리드 12유로 + 오페라 가르니에 14유로 + 개선문 12유로 + 유람선 12.50유로 = 총 116유로

또는 뮤지엄패스 4일권 62유로 + 에펠탑 25.50유로 + 유람선 12.50유로 = 총 100유로(1인당 요금)

직장인을 위한 6박 7일 풀 코스

주 5일 근무하는 직장인들이 어렵게 5일 휴가를 얻었다면 앞뒤로 주말을 끼고 총 10일 정도의 여행을 할 수 있다. 금쪽 같은 휴가로 유럽 여행을 생각하는 분들은 유럽까지의 시차와 항공편을 생각하면 약 7박 9일 정도의 일정이 나온다. 하지만 7박 9일의 일정 동안 여러 나라를 가기엔 너무 짧고, 한 나라를 가기엔 아쉬운 분들을 위해 파리만으로도 알찬 6박 7일의 코스를 준비했다.

10:00 **퐁네프 다리**
센 강의 다리 중 가장 유명한 다리

도보로 약 3~5분 이동

10:30 **콩시에르쥬리, 생트샤펠**
파리 법원 안에 속해 있는 감옥 박물관과 아름다운 성당

도보로 약 5분 이동

12:00 **점심**
노트르담 대성당 근처에서 점심 식사

13:00 **노트르담 대성당**
파리의 중심에 세워진, 파리에서 가장 유명한 성당

도보로 약 1분 이동

15:00 **요한 23세 광장**
노트르담 대성당을 아름답게 바라볼 수 있는 광장

도보로 약 10분 이동

16:00 **퐁피두 센터**
파리에서 가장 현대적이고 독특한 양식의 건물

도보로 약 5~7분 이동

18:00 **생퇴스타슈 성당**
파리 4대 성당 중 하나로 레알 지역의 중심이 되는 성당

10:00 **오르세 미술관**
인상파 걸작들을 만날 수 있는 미술관

12:00 **점심**
오르세 미술관 내부 식당에서 점심 식사

도보로 약 7분 이동

14:00 **로댕 미술관**

로댕의 멋진 작품들을 만나볼 수 있는 미술관

도보로 약 5분 이동

16:00 **앵발리드 저택**

나폴레옹의 무덤이 있는 돔 성당과 군인들을 위한 요양소가 있던 곳

도보 7분 소요

18:00 **알렉상드르 3세교**

센 강의 다리 중 가장 화려한 다리

10:00 **개선문**

나폴레옹의 승리를 축하하기 위해 세운 기념문

개선문부터 시작하는 대로가 샹젤리제 거리

11:30 **샹젤리제 거리**

파리를 대표하는 거리

12:00 **점심**

샹젤리제 거리에서 점심 식사

메트로 1호선 튈르리(Tuileries) 역에서 하차

13:30 **튈르리 공원**

루브르 박물관에서 연결되는 파리의 중심에 있는 공원

튈르리에서 이어지는 건물이 루브르 박물관

14:00 **루브르 박물관**

세계 3대 박물관 중의 하나로, 파리 최대의 박물관

도보로 약 3분 이동

18:00 **루아얄 궁전**

루이 14세가 어린 시절을 보낸 궁전

10:00	바스티유 광장 바스티유 오페라 극장이 있는 광장
	도보로 약 3~5분 이동
10:30	보주 광장, 빅토르 위고의 집 파리에서 가장 오래되고 아름다운 광장
	도보로 약 3~5분 이동
12:00	점심 로지에르 거리 근처에서 점심 식사
	도보로 약 3~5분 이동
13:00	생폴 생루이 성당 마레 지구를 대표하는 성당
	도보로 약 7~10분 이동
14:00	생루이 섬 시테 섬 옆에 있는 작은 섬으로 17세기 귀족들이 살았던 곳
	도보로 약 7분 이동
16:00	야외 조각 미술관 센 강변에서 아름다운 현대 조각들을 볼 수 있는 미술관
	도보로 약 5분 이동
17:00	식물원 자연사 박물관과 동물원이 함께 있는 식물원
	메트로 5호선 → 14호선 쿠르 생테밀리옹(Cour St-Emillion) 역에서 하차
18:00	베르시 파리 속에 있는 새로운 마을

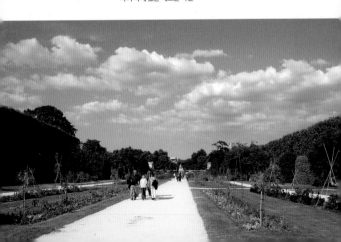

Day 5

10:00 **생미셸 광장**
파리의 대학가

도보로 약 3분 이동

10:30 **중세 미술관**
중세의 유물들을 볼 수 있는 미술관

도보로 약 3~5분 이동

12:30 **점심**
팡테옹 근처에서 점심 식사

13:30 **팡테옹**
프랑스 위인들의 묘소가 있는 성당

도보로 약 3~5분 이동

15:00 **뤽상부르 공원**
파리에서 가장 넓고 유명한 공원

도보로 약 1~2분 이동

16:00 **생쉴피스 성당**
파리 3대 성당 중 하나로 영화 〈다빈치 코드〉에 등장하는 성당

도보로 약 5분 이동

17:00 **생제르맹데프레**
파리에서 가장 오래된 성당

도보로 약 10분 이동

18:00 **예술의 다리**
센 강의 다리 중 가장 낭만적이고 로맨틱한 다리

Day 6

10:00 **카타콩브**
유골들이 가득한 지하 납골당

도보로 약 3~5분 이동

11:30 **몽파르나스 묘지**
파리에서 두 번째로 큰 묘지

도보로 약 3~5분 이동

13:00 **점심**
에드가 키네 역 근처에서 점심 식사

도보로 약 3분 이동

14:00 **몽파르나스 타워**
파리에서 가장 높은 건물

도보로 약 1~2분 이동

15:30 **아틀란티크 정원**
기차역 위에 조성된 독특한 정원

메트로 6호선 트로카데로(Trocadéro) 역에서 하차

16:30 **샤이요 궁**

가장 멋진 에펠탑 전경을 볼 수 있는 곳

도보로 약 5분 이동

17:00 **에펠탑**

파리의 상징이자 프랑스의 상징

10:00 **벼룩시장**

오래된 고가구나 저렴한 물건들을 판매하는 시장

메트로 12호선 아베쎄(Abbesses) 역에서 하차

12:00 **점심**

아베쎄 역 근처에서 점심 식사

13:00 **아베쎄 광장**

아르누보의 메트로 역이 있어 아름다운 광장

도보로 약 5~7분 이동

14:00 **사크레쾨르 성당**

파리에서 가장 높은 지대인 몽마르트르 언덕에 위치한 아름다운 성당

도보로 약 10분 이동

15:30 **물랭루즈**

영화 〈물랭루즈〉의 배경이 되었던 쇼 공연장

버스 또는 메트로 2호선 → 3호선
오페라(Opéra) 역에서 하차

16:30 **오페라 가르니에**

세계적으로 손꼽히는 화려한 오페라 극장

도보 또는 메트로 8호선
마들렌(Madeleine) 역에서 하차

18:00 **마들렌 성당**

막달라 마리아를 기리는 성당

교통비

나비고 존프리 일주일권 22.80유로 + 나비고 구입 비용 7.60유로 = 30.40유로

입장료

뮤지엄 패스 6일권 74유로 + 카타콩브 13유로 + 몽파르나스 타워 18유로 + 에펠탑 25.50유로 + 오페라 가르니에 14유로
= 총 144.50유로(1인당 요금)

지역 여행

- 시테 섬
- 마레 지구
- 샤틀레, 레알 지역
- 튈르리, 오페라 지역
- 생제르맹데프레 지역
- 라탱, 식물원 지역
- 몽파르나스 지역
- 에펠탑, 앵발리드 지역
- 트로카데로, 샹젤리제 지역
- 몽마르트르 지역
- 파리 기타 지역

Paris Information

파리 지역 정보

파리

파리는 프랑스의 정치·경제·교통·학술·문화의 중심지일 뿐만 아니라 세계의 문화 중심지로, '꽃의 도시'라고도 불린다.

면적은 다른 나라들의 수도와 비교하면 몹시 좁은 편이며, 둘레 36km의 환상도로(옛 성벽 자취)로 둘러싸여 있다.

파리는 프랑스 전체의 0.25%에 불과한 면적인데 이곳에 프랑스 전체 인구의 약 6분의 1이 모여 있다. 따라서 파리는 세계 제4위의 인구 밀집 지역이기도 하다.

센 강이 남동쪽에서 들어와 생 루이 섬과 시테 섬을 지나 북쪽으로 크게 곡선을 이루며 남서쪽을 거쳐 시외로 흘러 나간다. 파리의 동쪽으로는 뱅센느 숲, 서쪽으로는 불로뉴 숲이 이어진다. 연평균 기온은 10℃, 1월 평균 기온 3℃, 7월 평균 기온 19℃로 연일 생활하기에 적당하다.

프랑스와 한국의 시차

프랑스의 시간은 그리니치 천문대를 기준으로 +1시간이다. 그래서 우리나라와의 시차는 보통 8시간 차이가 난다. 우리나라보다 8시간 느리다.

프랑스의 섬머 타임

프랑스의 여름은 해가 무척 길고, 겨울은 해가 무척 짧아서 섬머 타임을 실시하는데, 3월 마지막 주 일요일 오전 3시를 기준으로 바뀌어서, 10월 마지막 주 일요일 오전 3시를 기준으로 다시 돌아온다. 섬머 타임 때는 한국과의 시차가 7시간이 된다.

파리에서 한국 시간을 빠르게 계산하려면, 보통 때는 +4를 해서 밤낮을 바꾸면 되고, 섬머 타임 때는 +5를 해서 밤낮을 바꾸면 된다.

화폐

프랑스는 2002년부터 유럽 12개국의 공통 화폐인 유로(€, euro)를 사용하기 시작했다. 유로의 소수점 이하의 단위는 센트(cent)이다. 즉, 1유로는 100센트를 말한다. 지폐는 5, 10, 20, 50, 200, 500유로의 7종류가 있고, 동전은 1, 2유로와 1, 2, 5, 10, 20, 50센트 8종류가 있다. 지폐의 디자인은 기본적으로 각국 공통이나 동전 뒷면에는 발행국의 상징이 따로 새겨져 있다.

공중전화 사용하기

일반적으로, 프랑스 대도시에는 대부분 카드식 공중전화밖에 없다. 전화 카드는 보통 담배나 신문 등을 파는 타바(Tabac)에서 판다. 카드는 주로 두 가지가 있는데 프랑스 내 통화용 카드가 있고, 국제 전화용 카드가 있다. 가격은 보통 7.5유로 정도이다.

프랑스 내 전화 카드

프랑스 내 전화 카드는 우리나라 공중전화 카드보다 두껍고, 공중전화에 그대로 꼽아서 사용하면 된다. 보통 7.5유로짜리를 사면 50유니트를 사용할 수 있

는데, 원래 화폐 단위가 프랑일 때 50프랑짜리가 유로로 바뀐 것이라 그렇다. 보통 시내 통화를 할 때는 기본요금 1유니트고, 프랑스 내 06으로 시작하는 핸드폰으로 전화할 때는 기본 요금이 4유니트다.

국제 전화용 카드

국제전화용인International 카드는 공중전화에 직접 꼽아서 사용하는 것이 아니고 카드 뒷면에 있는 전화번호로 전화를 걸어서 비밀번호를 누르고 사용하면 된다.

하지만 한국으로 전화할 때는 그다지 싼 편이 아니기 때문에 한국으로 전화를 오래 하려는 사람인 경우엔 한국 상점이나 한국 서점에서 파는 한국 전용 국제 전화 카드를 사용하면 좋다. 한국어 안내가 나오기 때문에 굉장히 편하기도 하고 15유로면 보통 한국의 집 전화에 걸 때 1시간 이상 전화를 할 수 있다.

★ 국제 전화용 카드 사용법

- 수화기를 들고
- 카드 뒷면에 나와 있는 4자리 전화번호를 누른다(공짜).
- 전화 카드에 적혀 있는 비밀번호를 누른다.
- 수신할 전화번호를 누른다.

• 한국이라면 : 00 + 82 + 지역번호나 휴대폰 앞 번호에서 0을 뺀 숫자(서울이라면 2 / 010 핸드폰이라면 10) + 전화번호
• 프랑스라면 : 00 + 33 + 지역번호에서 0을 뺀 숫자 + 전화번호
• 다른 외국이라면 : 00 + 국가번호 + 지역번호 + 전화번호

(때로는 00을 빼고 82부터 거는 국제 전화용 카드도 있다.)

우편 이용하기

프랑스에서 우편 서비스를 이용하려면 보통 노란색 간판에 파란색 글씨로 LA POSTE라고 적혀 있는 우체국에서 이용하면 된다.

프랑스는 세계에서 인구당 우체국이 많은 곳이다. 이용하는 방법은 한국에서와 같이 우체국에 들어가면 은행 업무를 하는 창구와 우편 업무를 보는 창구, 소포만 담당하는 창구 등 여러 창구가 있는데, 우편 업무를 담당하는 창구에서 우표를 구입하면 된다. 또는 우체국 내부에 있는 우표 판매 기계를 이용해도 되는데, 기계에서 판매되는 것은 우표가 아니라 가격이 적혀 있는 스티커이기 때문에 엽서를 이용하는 분들은 되도록 창구에서 우표를 구입하는 것이 좋다.

우표의 가격은 보통 A4용지 3장 정도의 무게를 기본으로 하는데, 한국으로는 1.25유로, 프랑스라면 0.80유로, 유럽 지역은 1유로이다.

창구나 자판기에서 우표를 구입하였다면 우편물에 붙이고 우체국 내부나 외부에 있는 우체통에 넣어 주면 된다. 우체통에 넣을 때는 목적지를 확인하고 넣어야 한다. 보통은 우체국이 속해 있는 지역과 다른 기타 지역으로 분류가 되어 있다.

한국으로 보내는 우편은 오른편의 Autres départements / Etranger에 넣어야 한다.

또한 우표는 담배 가게(Tabac)에서도 구입이 가능하다. 우체국에서 오랜 시간 줄을 서서 기다리는 것보다 담배 가게에서 구입하는 것이 훨씬 편하다. 이때 도착지 국가명을 말해 줘야 한다. 한국은 꼬레 뒤 쉬드(Corée du Sud) 또는 그냥 아시아(Asie)라고 해도 된다.

★ 24시간 우체국

루브르 박물관 옆에 있다.

주소 52 Rue du Louvre, 75001

공중 화장실

우리나라처럼 지하철마다 화장실이 있지는 않지만, 요즘은 파리 시에서도 무료 화장실을 많이 만들었다. 길거리에서 쉽게 찾을 수 있는 조립식 화장실은 한 사람이 이용하고 나면 소독과 청소를 하기 때문에 아주 청결하진 않더라도 비교적 나쁘진 않게 이용할 수 있다. 전부 무료로 바뀌었으며, 문 오른편으로 파란불이 들어와 있을 때 버튼을 누르면 문이 열린다. 볼일을 보고 난 후에는 물을 내리는 것이 따로 없고 나와서 문을 닫으면 그때 물이 내려가면서 청소를 한다. 그러니 사람이 나왔다고 바로 들어가서는 안 된다.

★ 무료 화장실 있는 곳

개선문 근처, 노트르담 대성당 앞, 마들렌 성당 앞, 에펠탑 근처 등 주요 관광지 근처에서 무료 화장실을 찾을 수 있다.

슈퍼마켓

파리의 슈퍼마켓은 곳곳에서 많이 볼 수 있지만, 우리나라의 슈퍼마켓처럼 생긴 슈퍼마켓은 아랍 슈퍼라고 부르는 곳인데, 아랍슈퍼는 보통 슈퍼마켓보다 2~3배 정도 비싼 가격으로 물건을 판매한다. 하지만 보통 새벽 2~3시까지 영업하는 곳도 많아서 밤에는 종종 이용하게 된다. 하지만 낮 시간이라면 굳이 비싼 구멍가게 말고 평범한 파리의 슈퍼마켓을 찾자.

▶ 모노프리 MONOPRIX

일반적으로 쉽게 눈에 띄는 대형 슈퍼마켓이다. 샹젤리제 거리나 오페라 거리 등 대로변에 많이 있으며 실제적으로 1층에는 보통 의류나 생필품 등을 판매하기 때문에 슈퍼마켓이라고 생각하기보다 쇼핑센터라고 생각하는 분들이 많아서 지나치게 되는 곳이지만 지하나 2층으로 가면 슈퍼마켓이 있다.

주로 월~토 10시~22시까지 영업을 하지만 지점마다 조금씩 차이가 있으며, 샹젤리제 거리의 모노프리는 24시까지 영업한다.

▶ 프랑프리 FRANPRIX

모노프리와 달리 의류는 팔지 않고 규모도 작지만, 가격은 모노프리보다 조금 저렴한 편이다.

이 외에도 G20, Géant, Leader Price 등의 슈퍼마켓 등이 있다.

파리 여행 시 주의해야 할 점

1. 친절한 외국인을 조심하자!

처음 도착해서 지하철 표를 구입할 때 불어가 낯설어 당황할 수 있는데, 그럴 때 다가오는 친절한 외국인을 조심하자. 표를 끊어 주며 요금을 속인다. 말이 통하지 않더라도 차분히 창구 직원에게 직접 구입하자.

모노프리

카루젤 개선문

2. 소매치기를 조심하자!

지하철 타고 내릴 때나 관광지에서 소매치기를 주의해야 한다. 아름다운 풍경에 시선을 뺏겨 가방을 소홀히 하는 경우가 많은데, 소매치기의 대부분은 거의 본인의 부주의로 일어나니, 가방을 잘 챙기자.

3. 발 밑을 잘 살피고 걷자!

애완견을 사랑하는 파리 사람들. 요즘은 많이 나아진 편이지만, 그래도 여전히 거리에는 개똥이 많으니 조심할 것.

4. 계산할 때 잔돈을 확인하자!

간혹 잔돈을 속이는 경우가 있으니 계산하기 쉬운 작은 단위의 돈부터 꺼내어 계산하는 것이 좋다.

5. 함부로 쓰다듬지 말자!

종종 여행하면서 귀여운 아이들이나 애완동물을 만나게 되어도 절대로 예쁘다고 쓰다듬거나 사진을 함부로 찍으면 안 된다. 함께 있는 어른에게 양해를 구하거나 애완동물 주인에게 이야기를 하고 허락을 받은 후에 아이들이나 애완동물을 예뻐해 주자.

파리에서 조심해야 할 지역

레알 지역

파리의 중심이지만 교통의 중심이기도 해서 많은 사람들이 모여드는 곳이다. 특히 외곽 지역에 사는 가난한 젊은 아이들도 많이 모이니 특히 주의할 것. 이 지역은 특히 윤락가도 있어서 너무 늦은 시간이나, 너무 자세하게 구석구석 돌아보지 않을 것을 권한다.

몽마르트르

사크레쾨르 성당 아래에서 실을 묶어 주는 흑인들을 조심하자. 손목만 보여 주지 않으면 된다.

파리의 숙소

숙소의 종류

여행의 스타일에 따라, 혹은 취향에 따라 숙소의 종류를 먼저 선택한다. 신혼여행이라면 고급 호텔이나 일반 호텔들을 선호할 것이고 배낭여행이라면 호스텔이나 민박 등의 숙소를 선호하게 될 것이다. 어떤 숙소를 더 선호하는지, 여행의 스타일은 어떤지, 누구와 함께 하는지에 따라 숙소 종류를 정하자.

★ 추천! 이비스 호텔

파리에서 2~3성급의 호텔을 선택하고자 한다면, 편리하게 이용할 수 있는 곳인 이비스 호텔 체인을 추천한다. 이비스는 2성급 호텔이지만 시설과 식사가 나쁘지 않고 파리에만 45개 정도의 호텔이 있으며 가격도 비교적 저렴한 편이기에 이용하기 좋다.

숙소의 위치

숙소의 종류를 정했으면 자신이 정한 종류의 숙소를 확인할 수 있는 웹사이트나 여행사 등을 찾아서 선호하는 지역의 숙소를 찾는다. 위치를 선택할 때는 보통 파리로 처음 도착하는 역과 파리에서 마지막으로 떠나는 역을 중심으로 위치를 선택하면 좋다. 하지만 보통 기차역 주변은 관광지와 거리가 멀고 관광객들이 선호하는 지역이 아닌 경우가 많기 때문에 기차역에서 대중교통으로 편하게 갈 수 있는 곳 중에서 파리를 여행할 때 중심으로 삼고 싶은 지역을 고려해 위치를 잡으면 좋다.

★ 파리에서 가장 좋은 숙소의 위치

의외로 14호선 Cour Saint-Emilion 역 부근도 저렴한 호텔들이 많이 있고 교통이 편리해 추천하는 곳이다. 4, 6, 12, 13호선이 지나가는 Montparnass 역 부근에도 호텔들이 많이 있으며 이 지역은 공항 이동이 편리하기 때문에 선호한다. 에펠탑 부근에 숙소를 찾는 분들은 Duplex나 La Motte Picquet-Grenelle, 혹은 Cambronne 역 부근의 숙소도 괜찮다. 또한 République 역 부근에도 꽤 많은 호텔들이 모여 있다.

숙소의 가격

숙소 선택에서 가격도 중요한 요소 중 하나이다. 대부분 관광객들이 선호하는 지역의 숙소를 선택하게 되면 가격대가 다른 지역보다 높은 경우가 많다. 시설도 관광지 중심은 같은 가격이라도 외곽에 비해 조금 떨어지는 경우가 많기 때문에 가격 대비 좋은 시설, 그리고 위치 등 전반적인 것을 다 고려해야만 한다. 가격 대비 좋은 숙소를 선택하려면 내가 선호하는 1순위 지역보다 주택가나 선호 관광지에서 약간만 벗어난 곳이라면 괜찮은 곳을 쉽게 찾을 수 있다. 물론 가격을 고려하면서 숙소를 선택할 때는 대중교통 요금을 고려하지 않을 수는 없기 때문에 가격이 조금 차이가 난다고 해도 대중교통을 여러 번 이용해야 하는 지역이라면 가격이 조금 비싸지만 대중교통을 이용하는 횟수를 줄일 수 있는 곳이 더 편리하고 저렴해질 수도 있다.

파리 숙소 예약 사이트

대부분의 예약 사이트들은 전반적인 여러 숙소들을 한눈에 보여 주는 곳이 많이 있어서 편리하게 이용할 수 있지만 에어비앤비나 민박다나와처럼 특정한 숙소들을 모아 놓은 사이트들도 참고하면 숙소 포털 사이트보다 조금 더 다양한 숙소를 선택하는 데 도움이 된다.

이외에도 인터파크투어, 엔스타일투어 등의 한국 여행사 사이트를 활용하면 한국인들이 선호하는 호텔이나 숙소 등을 이용하기에 좋다. 특히 여행사에서는 검증된 숙소만을 소개하기 때문에 숙소 선택에 어려움을 겪는 분들에겐 고민하지 말고 여행사 추천 숙소를 선택하길 권한다.

민박다나와 www.theminda.com

전세계 한인 민박을 한눈에 볼 수 있도록 모아 놓은 한인 숙소 예약 사이트. 단, 한인 민박 같은 경우는 외곽에 숙소가 있는 경우가 많고 등록되지 않은 숙소가 많이 있기 때문에 예약을 할 때 후기 등을 꼼꼼히 따져 보고 신중히 결정해야 할 필요가 있다.

에어비앤비 www.airbnb.co.kr

전세계 현지인들의 숙소를 모아 놓은 사이트로 공식적인 숙소가 아닌 가정집의 방이나 집 전체를 대여해 주는 경우가 많다. 숙박 시설이라기보단 자신의 방을 공유해서 사용하는 개념이 많기 때문에 숙소를 예약할 때 꼼꼼하고 신중히 살펴보아야 한다. 에어비앤비 사이트 자체에서 숙소를 운영하는 것이 아니라 개인이 글을 올리기 때문에 불법 숙소도 많이 있으며 신뢰도가 확실치 않은 단점도 있다. 하지만 선택을 잘 한다면 파리에서 현지인처럼 살아 보기 좋은 숙소를 선택할 수 있다.

부킹닷컴 www.booking.com

고급 호텔부터 호스텔, 아파트까지 다양한 숙소들을 한눈에 볼 수 있으며 예약까지 가능한 사이트로 가장 대중적이고 편리하게 이용할 수 있는 사이트이다. 지역별로, 가격대별로 다양한 옵션을 선택할 수 있고 예약 수수료가 없다는 것도 장점이다.

파리 이비스 호텔

DU PRINTEMPS
RICOH
©Kiev.Victor

메트로 Metro

여행하면서 가장 쉽게 접할 수 있는 대중교통이 아무래도 메트로일 것이다. 파리에는 총 14호선의 메트로 노선이 있는데, 지하의 파리 세계라고 말할 정도로 파리 구석구석을 연결해 주고 있다. RER A선부터 E선까지 총 5개의 노선을 합치면 파리에만 19개의 지하철이 운행된다.

티켓 사는 법

Métro 또는 M이라고 써 있는 메트로 역 안으로 들어가면, 지하철 티켓을 구입할 수 있다. 창구에서 티켓을 팔기도 하지만, 관광객들이 많이 드나드는 큰 역을 제외하고는 요즘은 거의 기계를 이용해서 티켓을 구입해야 한다. 지하철역 내에 있는 창구는 지하철 인포메이션 역할만 하도록 많이 바뀌었다.

자동 판매기 사용법

화면 아래의 롤러를 돌리면서 원하는 항목을 선택한다. 티켓 1장(Ticket à l'Unité)과 까르네(Carnet de 10 Tickets), 또는 모빌리스(mobilis) 등 자신이 원하는 티켓 종류를 선택하고 롤러 바로 오른편 위의 녹색 버튼을 누른다. 구입할 횟수를 선택, 요금(Montant à Payer)을 확인하고 돈을 넣는다. 지폐를 사용할 수 있는 기계가 있기도 하지만 대부분 동전만 사용할 수 있으니 미리 동전을 준비하는 것이 좋다. 신용 카드로도 구입이 되긴 하는데, 칩이 있는 카드라야 구매가 가능하다. 잘 모를 때는 인포메이션 직원에게 부탁하면 친절하게 도와준다.

메트로 타는 법

지하철 이용 방법

한국의 지하철을 타는 것처럼 표를 넣으면 녹색 불이 들어오면서 '띠~' 소리와 함께 표가 나오고, 표를 빼면서 문을 힘차게 밀고 들어가면 된다. 간혹 빨간 불이 들어오는 경우도 있는데, 그럴 경우에는 사용한 표인지 확인하고, 잘 모를 경우나 사용하지 않은 표일 경우에는 티켓 창구에 문의하자.

파리 메트로는 1, 14호선을 제외하고는 문을 수동으로 열게 되어 있는데, 올려서 여는 것과 버튼식의 두 가지 종류가 있다. 물론 내릴 때도 수동으로 열어야 문이 열린다.

환승하는 법

환승역 플랫폼에 내리면 환승(Correspondence) 문자를 찾는다. 여러 노선이 지나고 있는 경우에는 타고자 하는 노선 번호와 최종 종착 역명을 찾고, 안내판을 따라가면 목적하는 플랫폼에 도착하게 된다.

하차, 나가는 법

출구로 나가려면 출구(Sortie)를 찾는다. 대형 역에는 출구가 여러 군데 있고, 출구 주변의 거리 이름이나 관광 명소 같은 랜드 마크가 표기되어 있다. 가고자 하는 주변을 지도로 확인하고 가장 가까운 출구를 찾자. 출구에서는 티켓을 다시 개찰할 필요는 없으며, 회전식 문이나 손으로 가볍게 터치해서 여는 문 등을 통해 밖으로 나가게 된다.
메트로 운행 시간은 보통 오전 5시 30분부터 새벽 1시까지 운행을 하고, 금요일과 토요일에는 새벽 2시 15분까지 운행한다.

RER 파리 외곽선

파리 메트로보다 RER 파리 외곽선은 조금 복잡하다. 파리 1~2zone만 운행하는 메트로에 비해 RER은 1~5zone까지 다양하게 운행하기 때문에, 먼저 목적지의 zone을 확인한 후에 티켓을 구입해야 한다. 1~2zone 내에서는 일반 파리 시내에서 이용하던 교통권으로 이용이 가능하고 3~5zone으로 가려는 경우에는 가격이 역마다 다르다.
또한, 메트로는 모든 열차가 모든 정류장에 정차하는 것에 반해, RER은 플랫폼에서 다음 열차의 정착역을 확인해야 한다. 보통 플랫폼의 다음 열차의 정착역이 램프가 켜져 있는 전광판을 찾을 수 있다.
메트로에서 RER로 환승할 때나 RER에서 메트로 환승할 때나, RER에서 나갈 때는 티켓을 개찰기에 넣어야 한다. 1회권으로 이동하더라도 당황하지 말고 같은 티켓을 계속 쓰면 된다.

지하철에서 지켜야 할 에티켓과 주의사항

1. 에스컬레이터에서는 걷는 사람을 위해 왼쪽은 비워 두는 것이 관례다.
2. 차내 입구 근처의 접이식 좌석은 차내가 붐빌 경우 사용하지 않고 세워 둔다.
3. 차내의 문 근처에 서 있을 때, 승차 또는 하차하려는 사람이 있으면 문을 열어 준다.
4. 차내, 구내 모두 금연이다.
5. 심야에는 유동 인구가 줄어들어 위험한 편. 되도록이면 타지 말자. 낮에도 소매치기는 주의.

트램 Tram

파리의 트램은 파리의 외곽을 따라 지나간다. T1의 1번 노선은 파리 북쪽의 생드니 지역부터 누와지 르 섹(Noisy-Le-Sec)까지 연결이 되고, T2의 2번 노선은 라데팡스에서 이시 발 드 센(Issy val de Seine)까지 이어지고, 얼마 전 새로 생긴 T3의 3번 노선 근처에는 한인 민박이 밀집해 있으며, 한국 사람들이 많이 사는 지역인 15구 아래쪽의 Pont du GarglIano부터 13구 차이나타운쪽의 Porte d'ivy까지 이어진다.

트램 티켓 사는 법

트램 정류장마다 티켓 자동 판매 기계가 있어서, 티켓은 자유롭게 구입을 하면 된다. 단, 카드나 지폐가 사용이 되지 않는 기계가 많기 때문에 동전을 준비하면 좋다. 까르네로도 이용이 가능하니, 조금 더 저렴한 티켓을 이용하려면 지하철이나 RER 창구, 또는 근처 Tabac에서 까르네를 구입하면 된다. 그리고 버스로 갈아탄다면, 처음 개시한 1시간 30분 동안 환승이 가능하다.
파리 교통 패스로도 이용 가능하지만, 트램 1, 2번 노선을 이용한다면, 3존을 지나가기 때문에 1~3

존 티켓을 가지고 있어야만 가능하다.

트램 타는 법

트램은 트램 라인을 따라 하나의 노선밖에 없기 때문에 잘못 탈 확률이 거의 없다. 내가 가고자 하는 목적지만 잘 확인하고, 목적지의 종착역 방향을 확인한 후 승차하면 된다.

버스와 달리 타고 내리는 문이 꼭 정해져 있는 것은 아니고, 뒷문으로도 승차를 하기 때문에 자유롭게 타고 자유롭게 내리면 된다.

버스 Bus

정확한 정류장 하차에 대한 불안감 때문에 여행객들이 쉽게 접하지 못하는 버스도 알고 보면 굉장히 간단하다. 간혹 지하철보다 더 편리한 이동 수단이 되기도 한다.

버스 티켓 사는 법

티켓 자동 판매기

운전 기사에게도 티켓을 구입할 수 있지만 운전 기사는 1회권(2유로)만 판매한다. 조금 저렴한 티켓을 구입하려면, 근처 티켓을 판매하는 Tabac에서 까르네(Carnet 10장 묶음, 14.90유로)를 구입하거나 지하철 티켓과 동일하기 때문에 지하철 티켓 판매 창구에서 구입하면 된다. 그리고 운전 기사에게 구입하지 않은 일반 티켓은 버스와 버스, 버스와 트램 간 처음 개시한 1시간 30분 동안 환승이 가능하다.

버스 타는 법

버스의 정류장에서는 그 정류장에 정차하는 버스 노선을 확인할 수 있다. 내가 가고자 하는 목적지의 버스가 있으면 현재 위치(Vous êtes ici)를 확인하고 종착역 방향을 확인한 후에 승차하면 된다. 만약 종착역이 반대편이라든지, 원하는 버스가 없다면, 버스 정류장의 안내도에서 근처 버스 정류장의 위치와 노선을 확인하면 된다. 같은 노선이라도 반대편으로 가는 버스가 꼭 길 건너에 있다는 보장은 없다. 보통 파리는 일방통행이 많기 때문에 버스 정류장에 표시되어 있는 반대편 버스 정류장 위치를 꼭 확인해야 한다.

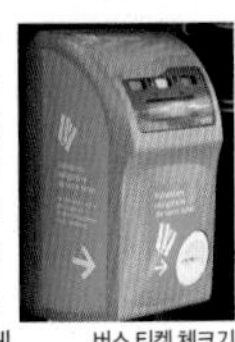

버스 티켓 체크기

버스의 종류는 일반 버스 사이즈의 짧은 버스와 버스 두 개가 붙어 있는 것 같은 긴 버스가 있는데, 우리나라에서 승차하는 것과 같다. 앞문으로 타고 뒷문으로 내리면 된다. 하지만 긴 버스는 뒷문으로도 탑승이 가능한데, 반드시 버스 문의 버튼을 눌러야 문이 열린다. 하차할 때도 마찬가지로 긴 버스는 출구 앞의 버튼을 눌러야만 버스에서 하차할 수 있다. 만약 문이 안 열리거나 모를 때는 "라 뽀르뜨 실 부 쁠레(La Porte, S'il vous plait) – 차 문 좀 열어 주세요." 라고 외치면 된다.

발라뷔스 Balabus

발라뷔스(Balabus)는 라데팡스에서 샹젤리제를 지나 콩코르드, 루브르, 시테 섬을 거쳐 마레 지구를 지나 리옹 역까지 가는 버스다. 반대로 리옹 역에서 라데팡스 방향으로 갈 때는, 마레 지구를 지나 생루이 섬을 지나서 생미셸 지역을 따라 오르세, 국회의사당, 에펠탑을 지나 다시 샹젤리제를 거쳐 라데팡스까지 향한다. 웬만한 주요 관광지를 다 지나가기 때문에 발라뷔스 노선을 따라 여행을 하는 것도 좋지만, 아쉽게도 주말과 휴일만 운행하는 버스다. 티켓은 일반 파리 교통 시내 티켓과 동일하다.

교통 티켓의 종류와 가격

1회권 Ticket t+

파리 시내의 지하철과 RER, 파리 시내/교외 버스에 공통으로 사용 가능.

1회권 1장 1.90유로(기사에게 구입 시 2유로)

까르네 Carnet(1회권 10장 묶음)

까르네는 1회권 10장 묶음을 말한다. 구입해서 여러 사람이 나누어 사용할 수 있다. 하루에 교통 이용량이 적을 경우 사용하기에 좋다.

까르네(Carnet) 성인 14.90유로, 어린이 7.45유로, 버스 안에서 파는 티켓 2유로(환승 안 됨)

모빌리스 Mobilis(1일권)

하루에 4번 이상 대중교통을 이용하면 1일권이 효율적이다.

1~2zone 7.50유로
1~3zone 10유로
1~4zone 12.40유로
1~5zone 17.80유로

티켓젠느 Ticket Jeune

공휴일용으로 만 26세 미만만 사용할 수 있다. 1일권인 모빌리스와 같은 개념이지만 토, 일, 공휴일에만 구입, 사용할 수 있다.
공항 가는 RER, Jetbus 등에는 이용할 수 없고 183, 285, 350, 351번 버스는 사용 가능하다.

1~3 zone 4.10유로
1~5 zone 8.95유로
3~5 zone 5.25유로

1일권 사용 시

1일권을 사용할 때는 티켓에 날짜, 성, 이름을 적는 곳이 있으니 반드시 적어 두자.

나비고 Le passe Navigo Découverte

파리에서 일주일권, 한 달권 등을 구입하려면 충전식 카드인 '나비고(Navigo)'를 사용해야 한다. 최근에는 1일권인 모빌리스를 Navigo Jour라는 이름으로 충전해서 사용할 수 있다. 가까운 지하철 창구나 판매처에서 7.60유로로 구입하면 되고, 25 x 30mm의 사진 1장이 필요하다.

홈페이지 www.navigo.fr

일주일권 Hebdomadaire

무조건 월요일에서 일요일까지 사용 가능. 수요일까지만 판매하며 수요일 날 구입해도 일요일까지만 사용 가능하다. 일주일에 4일 이상 머무른다면 일주일권이 저렴하다.

Zone Free(1-2, 1-3, 2-4zone 등) 22.80유로
2-3zone 20.85유로
3-4zone 20.20유로
4-5zone 19.85유로

한 달권 Mensuelle

매월 1일부터 말일까지 사용 가능하다. 한 달에 3주 정도 머물 때는 한 달권이 저렴하다.

Zone Free(1-2, 1-3, 2-4zone 등) 75.20유로
2-3zone 68.60유로
3-4zone 66.80유로
4-5zone 65.20유로

파리 비지트 Paris Visite

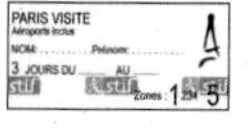

파리 시내와 교외의 대중교통을 자유롭게 이용할 수 있으며 관광지와 쇼핑센터에서도 할인이나 특전이 있다.

1~3zone

1일권 12유로
2일권 19.50유로
3일권 26.65유로
5일권 38.35유로

1~5zone

1일권 25.25유로
2일권 38.35유로
3일권 53.75유로
5일권 65.80유로

파리 비지트는 여러 박물관을 이용하려는 여행자들에게 할인 혜택도 제공한다. 아래 박물관을 계획중인 분들은 파리 비지트를 이용하면 저렴한 여행을 즐길 수 있다.

개선문 20% 할인
달리 미술관 6유로에 입장 가능
콩시에르주리 20% 할인
바토 파리지앵 10유로(입장료)
오픈 투어 27유로
퐁텐블로 성 2유로 할인
방센느 성 20% 할인
과학 박물관 25% 할인
피카소 미술관 2유로 할인
그레방 박물관 30% 할인
프로방 7.50유로
몽파르나스 타워 25% 할인
라파예트 쇼핑 10% 할인
리도쇼 10% 할인

파리의 교통 수단이 할인 또는 무료인 날

6월 21일 Fete de la musique
17시부터 22일 오전 7시까지 2.50유로로 파리와 파리 근교까지 이용할 수 있다.
또한 12월 31일 17시부터 1월 1일 12시까지 모든 파리 교통 수단은 무료이다.

Tip 교통 티켓, 어떤 걸 사야 할까?

여행 일정이 확실하게 정해져 있다면 일정 중에 대중교통을 몇 번 이용하게 되는지 따져보고 저렴한 방법을 찾아야 한다.
예를 들어, 2박 3일 일정 중에 첫째, 둘째 날은 대중교통을 4번 정도 이용하고 셋째 날은 2번만 이용하게 된다면 까르네(10장 묶음)를 사는 것이 저렴하고, 2박 3일 일정이라도 매일 5번씩 이용하게 된다면 모빌리스(1일권)를 세 장 사는 것이 더 효율적이다. 만약 일행이 있다면 까르네 3개를 구입해서 15장씩 나누어 써도 좋다.
3박 4일 일정인데 토요일부터 화요일까지 2주에 걸친 3박 4일이 아니라 월~일요일 사이의 3박 4일이라면 나비고(일주일권)를 구입하는 것도 좋다. 일주일에 4일 이상 머문다면 일주일권이 훨씬 효율적이다.

무임승차하지 말기

파리는 대중교통을 이용할 때 티켓 검사를 거의 하지 않는다. 그래서 그 법을 악용해 무임승차를 하는 경우를 종종 보았다. "어차피 한 달에 한 번 걸릴까 말까 하는 무임승차 단속이라서 한 번 정도 걸려서 벌금을 낸다고 해도 그 벌금이 한 달 교통 요금보다 저렴하기 때문에 그냥 벌금 내고 말지."라거나 그리고 안 걸려서 운 좋게 벌금이 없는 달도 있으니 더 저렴한 것이 아니냐는 생각에 무임승차를 하기도 하지만 하루에 한두 번 대중교통을 이용하는 현지인들과 달리, 대중교통을 많이 이용하게 되는 관광객들이라면 입장이 달라진다. 그리고 요즈음은 부쩍 무임승차 단속반이 많아져서 현지인들도 웬만하면 무임승차를 하지 않는 편이다.
그래도 교통비가 아까워서 무임승차를 꼭 하겠다면, 나 하나로 인해 대한민국의 이미지가 나빠진다는 것을 잊지 말았으면 좋겠다. 돈이 아깝다면, 차라리 걷는 것은 어떨까?

★이름으로 구분해 보는 파리의 도로

파리의 관광지나 호텔의 주소를 보면 여러 가지로 도로 이름을 구분한다는 것을 알 수 있는데, 그 이름만으로 거리의 규모를 짐작할 수 있다.

Rue
일반적인 길은 뤼(Rue)라고 부르는데, 파리에는 약 1000개 정도의 Rue가 있다. 파리의 Rue 중에서 가장 긴 길은 보지라 길(Rue de Vaugirard)로, 파리 지도를 보면 파리의 15구 끝부터 시작해서 파리의 중심까지 길게 뻗어 있는 것을 알 수 있다.

Boulevard
불르바르라고 불리는 이 거리의 명칭은 예전에 파리의 성곽이 있던 곳이 대로로 변경된 것이라고 한다. 그래서 파리 지도를 보면 파리를 동그랗게 둘러싸고 있는 거리 이름이 Boulevard라고 시작하는 것을 알 수 있다.

Avenue
가로수가 심어진 산책이 가능한 대로가 바로 아브뉘이다. 대표적인 곳으로 샹젤리제 거리가 있다.

Passage
길과 길을 연결하는 통로, 또는 아케이드로 되어 있어 상점들이 모여 있는 곳을 말하는데, 특히 오페라 지역 근처에 많이 있고, 상점들이 모여 있어서 쇼핑거리로도 많이 알려져 있다.

METRO

파리 지하철 노선도

메트로 1~14호선 Ⓜ
1호선
2호선
3호선
4호선
5호선
6호선
7호선
8호선
9호선
10호선
11호선
12호선
13호선
14호선

RER A~E선 (RER)
A선
B선
C선
D선
E선

TRAM A~C선 Ⓣ
A선
B선
C선

13
가브리엘 페리
마리 드 클리쉬
(RER) C
포르트 드 클리쉬
브로샤
3
퐁 드 르발루아 베콩
아나톨 프랑스
루이즈 미셸
포르트 드 샹페레
페레르 르발루아
페레르
바그람
말제르브
롬
빌리에
몽소
외로프
(RER) A
1 라 데팡스
Ⓣ 2
에스플라나드 드 라 데팡스
퐁 드 뇌이
레 사블롱
포르트 마요
뇌이 포르트 마요
아르장틴
쿠르셀
테른
생라자르
14
생오귀스탱
미로메닐
생필립 뒤 루르
샤를 드 골 에투알
2
아브뉘 포슈
포르트 도핀
빅토르 위고
6
조르주 생크
클레베르
프랭클린 D. 루즈벨트
부아시에르
샹젤리제 클레망소
마들렌
콩코르드
알마 마르소
튈르리
아브뉘 앙리 마르탱
뮈드 라 폼프
트로카데로
이에나
앵발리드
뮈제 오르세
퐁 드 알마
아상블레 나시오
라 뮈에트
파시
샹 드 막스 투르 에펠
라 투르 모부르
바렌
솔페리
불랭빌리에
케네디 라디오 프랑스
비르 아켐
에콜 밀리테르
뤼 뒤 바크
라넬라그
생 프랑수아 사비에르
뒤플렉스
라 모트 피케 그르넬
바노
자스민
아브뉘 에밀 졸라
미셸 앙주 오테이유
에글리즈 도테이유
자벨
샤를 미셸
캄브론
세귀르
뒤로
포르트 도테이유
자벨 앙드레 시트로엥
코메르스
세브르 르쿠르브
팔기에르
10
불로뉴 퐁 드 생클로드
불로뉴 장 조레스
미셸 앙주 몰리토
샤르동 라가슈
미라보
펠릭스 포르
파
보지라르
엑셀망
불바르 빅토르
부시코
포르트 드 생클로드
Ⓣ 3
발랑타르
마르셀 셈바트
루르멜
콩방시옹
8
발라르
9
빌랑쿠르
포르트 드 베르사유
퐁 드 세브르
Ⓣ 2
이시 발 드 센
포르트
이시
코랑땡 셀통
말라코프 플라토
12
마리 디시
말라코프 뤼 에티
샤티용 몽루즈
13
뫼동 발 플뢰리
샤빌 벨리지
(RER) C 베르사유 궁전행

생드니 유니베르시테
바실리크 드생드니
생드니 포르트 드파리
까르푸 플레옐
마리 드생투앙
샤를드골 공항행
라쿠르뇌브 8 메 1945
보비니 파블로 피카소
포르트 도베르빌리에
오베르빌리에 팡땡 카트르 슈맹
포르트 드클리냥쿠르
심플론
마르카데 푸아소니에
쥘 조프랭
라마르크 콜랭쿠르
포르트 드라샤펠
마르크스 도르무아
포르트 드라빌레트
보비니 팡땡 레몽 크노
코렌틴 카리오우
크리메
에글리즈 드 팡땡
샤토 루즈
아베쎄
바르베 로쉬슈아르
라샤펠
리케
피갈
앙베르
스탈린 그라드
우르크
포르트 드팡땡
오슈
가르 뒤 노르
루이 블랑
조레스
로미에르
다뉴브
프레 생제르베
마리 데 릴라
볼리바르
생조르주
샤또 랑동
보짜리
푸아 소니에르
콜로넬 파비엥
뷔트 쇼몽
노트르담 드로레트
가르 드 레스트
카데
피레네
주르뎅
플라스 데 페트
텔레그라프
포르트 데 릴라
르 펠레티에
샤토 도
자크 봉 세르장
벨빌
생 파르조
스트라스부르 생드니
쿠론
공쿠르
펠포르
리슐리외 드로
그랑 불르바르
본 누벨
탕플
레퓌블리크
메닐몽탕
레오뮈르 세바스토폴
아르 에 메티에
오베르 캄프
파르망티에
페흐 라세즈
부르스
상티에
피유 뒤 칼베르
뤼 생모르
강베타
포르트 드바그노레
갈리에니
에티엔마르셀
메리 드몽트뢰유
레알
샤틀레 레 알
랑뷔토
생세바스티엥 프루아사르
생앙브로와즈
필리프 오귀스트
크루아 드 샤보
퐁 뇌프
샤틀레
오텔 드 빌
리샤르 르느와르
볼테르
알렉상드르 뒤마
로베스 피에르
포르트 드 몽트뢰유
시테
생폴
슈맹 베르
브레게 사뱅
샤론느
퐁 마리
바스티유
뤼 데 불레
아브롱
마레셔
생미셸 노트르담
쉴리 모를랑
르드뤼 롤랭
뷔정발
뱅센느
생미셸
클뤼니 라소르본
페데르브 살리니
나시옹
포르트 드 뱅센느
생망데 투렐
베롤트
샤토 드 뱅센느
오데옹
모베르 뮈튀알리테
카디날 르무안
케드라 라페
뢰이 디드로
픽퓌스
뤽상부르
몽갈레
벨 에어
쥐시외
리옹
가르 드 오스텔리츠
도메닐
노트르담 데 상
플라스 몽주
미셸 비조
포르 루아얄
상시에 도방통
뒤고미에
바뱅
생마르셀
포르트 도레
라스파일
당페르 로슈로
레고블랭
캄프 포르미오
베르시
포르트 드샤랑통
생자크
플라스 디탈리에
케드라 가르
리베르떼
무통 뒤베르네
쿠르 생테밀리옹
글라시에르
코르비자르
나시오날
슈발레
샤랑통 에콜
알레지아
톨비악
올랭피아드
비블리오테크 프랑수아 미테랑
시테 유니베르시테르
메종 블랑쉬
에꼴 베테레네어드 메종 알포트
포르트 디탈리에
포르트 드초이시
포르트 디브리
피에르 에 마리 퀴리
이브리 쉬르 센
메종 알포트 스타드
장티
르크레믈린 비세트르
마리 디브리
메종 알포트 레쥴리어트
라플라스
빌쥐프 레오 라그랑주
메종 알포르 알포르티빌
크레테일 레샤
아르쾨유 카샹
빌쥐프 폴 바이앙 쿠튀리에
비트리 쉬르 센
크레테유 유니베르시테
크레테일 유니베르시테
크레테일 프리펙츄어
바뉴
빌쥐프 루이 아라공

파리 지하철 노선도

메트로 1~14호선 Ⓜ
- 1호선
- 2호선
- 3호선
- 4호선
- 5호선
- 6호선
- 7호선
- 8호선
- 9호선
- 10호선
- 11호선
- 12호선
- 13호선
- 14호선

RER A~E선 (RER)
- A선
- B선
- C선
- D선
- E선

TRAM A~C선 Ⓣ
- A선
- B선
- C선

13
Gabriel Péri
Mairie de Clichy
RER C
Porte de Clichy
Brochant
3
Pont de Levallois - Becon
Anatole France
Louise Michel
Porte de Champerret
Pereire-Levallois
Pereire
Rome
Wagram
Malesherbes
Villiers
Monceau
Europe
RER A
1 La Défense
T 2
Esplanade de La Défense
Pont de Neuilly
Les Sablons
Porte Maillot
Neuily Porte Maillot
Courcelles
Ternes
Saint-Lazare
14
Saint-Augustin
Miromesnil
Argentine
Charles de Gaulle - Etoile
2
Avenue Foch
Porte Dauphine
Victor Hugo
6
George V
Saint-Philippe-du-Roule
Oper
Kléber
Franklin D. Roosevelt
Boissière
Champs-Élysées-Clemenceau
Madeleine
Concorde
Tuile
Alma-Marceau
Avenue Henri Martin
Rue de la Pompe
Trocadero
Iéna
Invalides
Musee d'Orsay
Pont de l'Alma
Assemblee Nationale
La Muette
Boulainvilliers
Passy
Champ de Mars Tour Eiffe
La Tour-Maubourg
Varenne
Solfér
Kennedy Radio France
Ranelagh
Bir-Hakeim
École Militaire
Rue du Bac
La Motte-Picquet-Grenelle
Saint-François-Xavier
Dupleix
Jasmin
Vaneau
Avenue Emile Zola
Michel-Ange-Auteuil
Église d'Auteuil
Javel
Cambronne
Ségur
Duro
Charles Michels
Mo
Porte d'Auteuil
Commerce
Sèvres-Lecourbe
Falguière
10
Javel - Andre Citroën
Mirabeau
Pas
Boulogne-Pont de Saint-Cloud
Boulogne-Jean Jaurès
Michel-Ange-Molitor
Chardon-Lagache
Félix Faure
Exelmans
Boulevard Victor
T 3
Volontaires
Boucicaut
Porte de Saint-Cloud
Lourmel
Vaugirard
Marcel Sembat
Convention
8
Balard
Billancourt
9
Porte de Versailles
T 2
Pont de Sèvres
Issy Val de Seine
Porte de Vanves
Issy
Corentin Celton
Malakof Plateau Vanves
12
Mairie d'Issy
Malakof Rue Etie
Chatillo Montrou
13
Meudon-Val-Fleury
Chaville-Velizy
RER C

Saint-Denis - Université
Basilique de Saint-Denis
Saint-Denis - Porte de Paris
Carrefour Pleyel
RER D
RER B
Aeroport Charles de Gaulle
La Courneuve - Mai 1945
T 1
Bobigny - Pablo Picasso
RER E
Fort d'Aubervilliers
Aubervilliers - Pantin - Quatre Chemins
Porte de Clignancourt
Simplon
Jules Joffrin
Marcadet - Poissonniers
Porte de la Chapelle
Marx Dormoy
Porte de La Villette
Corentin Cariou
Crimée
Riquet
Bobigny - Pantin - Raymond Queneau
Église de Pantin
Château Rouge
Barbès - Rochechouart
Pigalle
Anvers
La Chapelle
Stalingrad
Ourcq
Porte de Pantin
Hoche
Gare du Nord
Louis Blanc
Jaurès
Laumière
Danube
Pré-Saint-Gervais
Bolivar
Botzaris
Mairie des Lilas
Poissonnière
Château-Landon
Gare de l'Est
Colonel Fabien
Buttes Chaumont
Cadet
Le Peletier
Pyrénées
Jourdain
Place des Fêtes
Télégraphe
Porte des Lilas
Château d'Eau
Jacques Bonsergent
Belleville
Strasbourg - Saint-Denis
Goncourt
Couronnes
Saint-Fargeau
Pelleport
Richelieu - Drouot
Grands Boulevards
Bonne Nouvelle
Temple
République
Ménilmontant
Réaumur - Sébastopol
Arts et Métiers
Oberkampf
Parmentier
Père Lachaise
Bourse
Sentier
Gambetta
Porte de Bagnolet
Gallieni
Étienne Marcel
Filles du Calvaire
Rue Saint-Maur
Philippe Auguste
Mairie de Montreuil
Châtelet Les Halles
Les Halles
Rambuteau
Saint-Sébastien - Froissart
Saint-Ambroise
Croix de Chavaux
Richard-Lenoir
Voltaire
Alexandre Dumas
Robespierre
Châtelet
Hôtel de Ville
Chemin Vert
Bréguet-Sabin
Charonne
Porte de Montreuil
RER A
Cité
Pont Marie
Saint-Paul
Bastille
Rue des Boulets
Avron
Maraîchers
Saint-Michel-Notre-Dame
Ledru-Rollin
Buzenval
Vincennes
Saint-Michel
Cluny - La Sorbonne
Sully - Morland
Faidherbe - Chaligny
Nation
Odéon
Porte de Vincennes
Saint-Mandé Tourelle
Berault
Château de Vincennes
Maubert - Mutualité
Reuilly - Diderot
Cardinal Lemoine
Quai de la Rapée
Luxembourg
Montgallet
Picpus
Bel-Air
Jussieu
Gare de Lyon
Gare d'Austerlitz
Place Monge
Daumesnil
Michel Bizot
Vavin
Port-Royal
Censier - Daubenton
Dugommier
Saint-Marcel
Porte Dorée
Raspail
Bercy
Denfert-Rochereau
Les Gobelins
Campo-Formio
Porte de Charenton
Saint-Jacques
Place d'Italie
Liberte
Mouton-Duvernet
Quai de la Gare
Cour Saint-Émilion
Glacière
Corvisart
Nationale
Chevaleret
Sharenton - Écoles
Tolbiac
Olympiades
Bibliotheque Francois Mitterrand
CitéUniversitaire
Maison Blanche
École Vétérinaire de Maisons-Alfort
T 3
Porte d'Italie
Porte de Choisy
Porte d'Ivry
Pierre et Marie Curie
Ivry sur Seine
Maisons-Alfort - Stade
Gentilly
Le Kremlin-Bicêtre
Mairie d'Ivry
Maisons-Alfort - Les Juilliottes
LaPlace
Villejuif - Léo Lagrange
Maisons-Alfort - Alfortiville
Creteil - l'Echat
Arcueil-Cachan
Villejuif - Paul Vaillant-Couturier
Vitry sur Seine
Creteil - Universite
Creteil - Universite
Bagneux
Villejuif - Louis Aragon
Creteil - Prefecture
RER B
RER C
RER D

파리 버스 노선

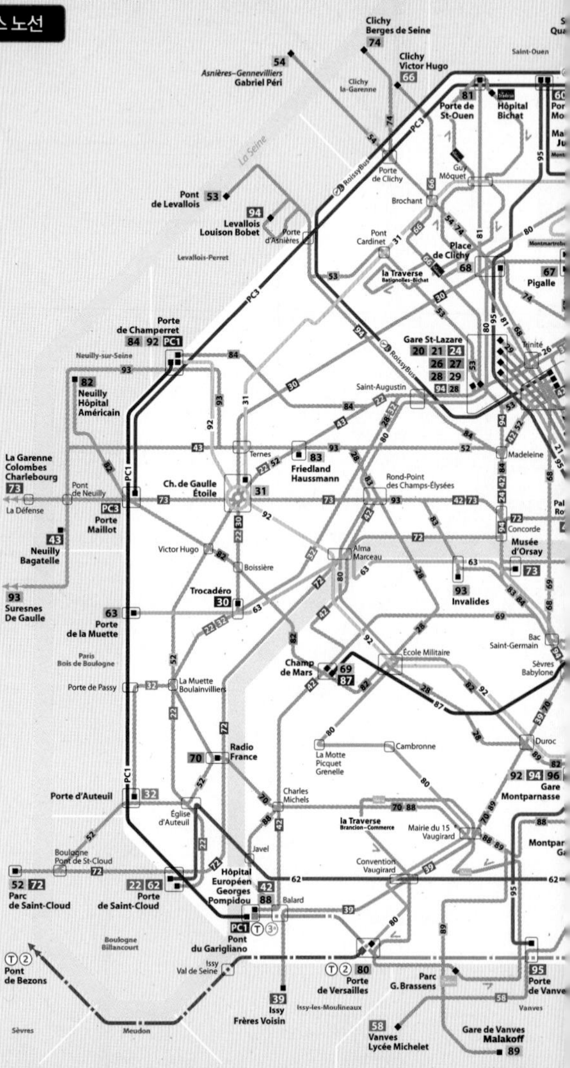

Clichy Berges de Seine 74
Clichy Victor Hugo 66
54 Asnières–Gennevilliers Gabriel Péri
Clichy la-Garenne
Saint-Ouen
81 Porte de St-Ouen
Hôpital Bichat
Guy Môquet
Porte de Clichy
Brochant
RoissyBus
La Seine
Pont de Levallois 53
94 Levallois Louison Bobet
Porte d'Asnières
Levallois-Perret
Pont Cardinet
Place de Clichy 68
la Traverse Batignolles–Bichat
67 Pigalle
Montmartrobus
Trinité
Porte de Champerret 84 92 PC1
Neuilly-sur-Seine
82 Neuilly Hôpital Américain
Gare St-Lazare 20 21 24 26 27 28 29 94 28
Saint-Augustin
Ternes
83 Friedland Haussmann
Madeleine
La Garenne Colombes Charlebourg 73
Pont de Neuilly
La Défense
Ch. de Gaulle Étoile 31
Rond-Point des Champs-Élysées
PC3 Porte Maillot
43 Neuilly Bagatelle
72 Concorde
Musée d'Orsay 73
Victor Hugo
Boissière
Alma Marceau
93 Suresnes De Gaulle
Trocadéro 30
93 Invalides
63 Porte de la Muette
Paris Bois de Boulogne
Bac Saint-Germain
École Militaire
Sèvres Babylone
Champ de Mars 69 87
Porte de Passy
La Muette Boulainvilliers
Duroc
La Motte Picquet Grenelle
Cambronne
70 Radio France
92 94 96 Gare Montparnasse
Porte d'Auteuil 32
Charles Michels
Église d'Auteuil
la Traverse Brancion–Commerce
Mairie du 15 Vaugirard
Javel
Boulogne Pont de St-Cloud
Convention Vaugirard
Hôpital Européen Georges Pompidou 42 88
52 72 Parc de Saint-Cloud
22 62 Porte de Saint-Cloud
Balard
PC1 T3a Pont du Garigliano
Boulogne Billancourt
T2 Pont de Bezons
Issy Val de Seine
T2 80 Porte de Versailles
Parc G. Brassens
95 Porte de Vanves
39 Issy Frères Voisin
Issy-les-Moulineaux
Vanves
58 Vanves Lycée Michelet
Gare de Vanves Malakoff 89
Sèvres
Meudon

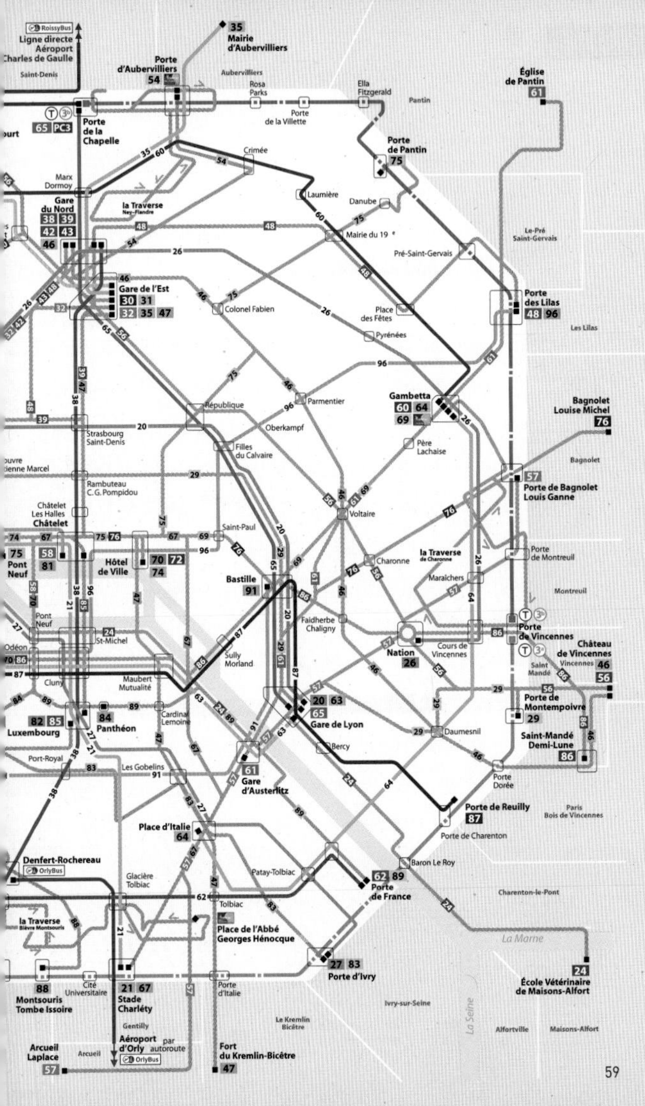
RoissyBus
Ligne directe Aéroport Charles de Gaulle
Saint-Denis
35 Mairie d'Aubervilliers
Porte d'Aubervilliers 54
Aubervilliers
Rosa Parks
Ella Fitzgerald
Pantin
Église de Pantin 61
Porte de la Villette
65 PC3
Porte de la Chapelle
Porte de Pantin 75
Crimée
Marx Dormoy
Laumière
Danube
Gare du Nord 38 39 42 43 46
la Traverse Ney-Flandre
Mairie du 19e
Le-Pré Saint-Gervais
Pré-Saint-Gervais
Gare de l'Est 46 30 31 32 35 47
Colonel Fabien
Place des Fêtes
Porte des Lilas 48 96
Les Lilas
Pyrénées
Gambetta 60 64 69
Bagnolet Louise Michel 76
République
Parmentier
Strasbourg Saint-Denis
Oberkampf
Père Lachaise
Filles du Calvaire
Bagnolet
Rambuteau C.G. Pompidou
Porte de Bagnolet Louis Ganne 57
Châtelet Les Halles
Châtelet
Voltaire
Saint-Paul
75 Pont Neuf
58 81
Hôtel de Ville 70 72 74
Porte de Montreuil
la Traverse de Charonne
Charonne
Bastille 91
Maraîchers
Montreuil
Pont Neuf
St-Michel
Faidherbe Chaligny
Porte de Vincennes
Château de Vincennes 46 56
Odéon
Sully Morland
Nation 26
Cours de Vincennes
Saint Mandé
Vincennes
Cluny
Maubert Mutualité
Porte de Montempoivre 29
Cardinal Lemoine
20 63 65
82 85 Luxembourg
84 Panthéon
Gare de Lyon
Daumesnil
Saint-Mandé Demi-Lune 86
Bercy
Port-Royal
Les Gobelins
61 Gare d'Austerlitz
Porte Dorée
Porte de Reuilly 87
Paris Bois de Vincennes
Place d'Italie 64
Porte de Charenton
Denfert-Rochereau
OrlyBus
Baron Le Roy
Patay-Tolbiac
62 89 Porte de France
Glacière Tolbiac
Charenton-le-Pont
Tolbiac
la Traverse Bièvre Montsouris
Place de l'Abbé Georges Hénocque
La Marne
27 83 Porte d'Ivry
24 École Vétérinaire de Maisons-Alfort
88 Montsouris Tombe Issoire
Cité Universitaire
21 67 Stade Charléty
Porte d'Italie
Ivry-sur-Seine
La Seine
Le Kremlin Bicêtre
Alfortville
Maisons-Alfort
Gentilly
Arcueil Laplace 57
Arcueil
Aéroport d'Orly par autoroute
OrlyBus
Fort du Kremlin-Bicêtre 47

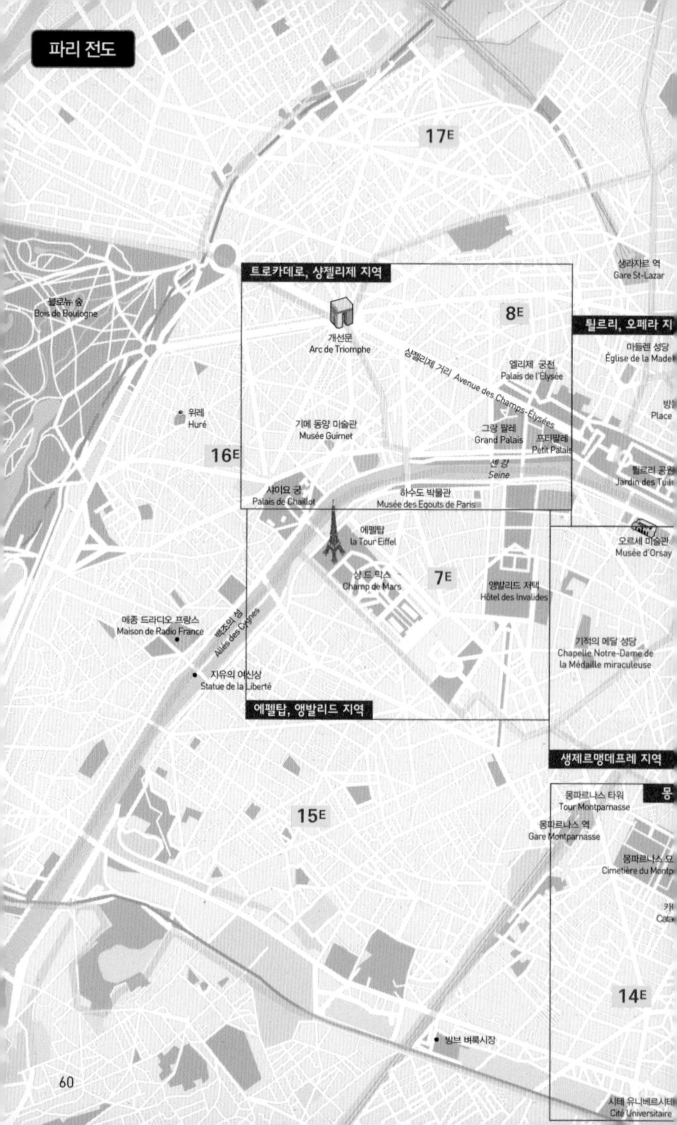
파리 전도
17E
트로카데로, 샹젤리제 지역
생라자르 역
Gare St-Lazar
블로뉴 숲
Bois de Boulogne
개선문
Arc de Triomphe
8E
틸르리, 오페라 지
마들렌 성당
Église de la Made
샹젤리제 거리 Avenue des Champs-Élysées
엘리제 궁전
Palais de l'Élysée
위레
Huré
기메 동양 미술관
Musée Guimet
그랑 팔레
Grand Palais
프티팔레
Petit Palais
Place
16E
센 강
Seine
Jardin des Tuile
샤이요 궁
Palais de Chaillot
하수도 박물관
Musée des Egouts de Paris
에펠탑
la Tour Eiffel
오르세 미술관
Musée d'Orsay
샹 드 막스
Champ de Mars
7E
앵발리드 저택
Hôtel des Invalides
메종 드라디오 프랑스
Maison de Radio France
백조의 섬
Allées des Cygnes
기적의 메달 성당
Chapelle Notre-Dame de
la Médaille miraculeuse
자유의 여신상
Statue de la Liberté
에펠탑, 앵발리드 지역
생제르맹데프레 지역
몽파르나스 타워
Tour Montparnasse
15E
몽파르나스 역
Gare Montparnasse
Cimetière du Montp
14E
방브 벼룩시장
시테 유니베르시테
Cité Universitaire

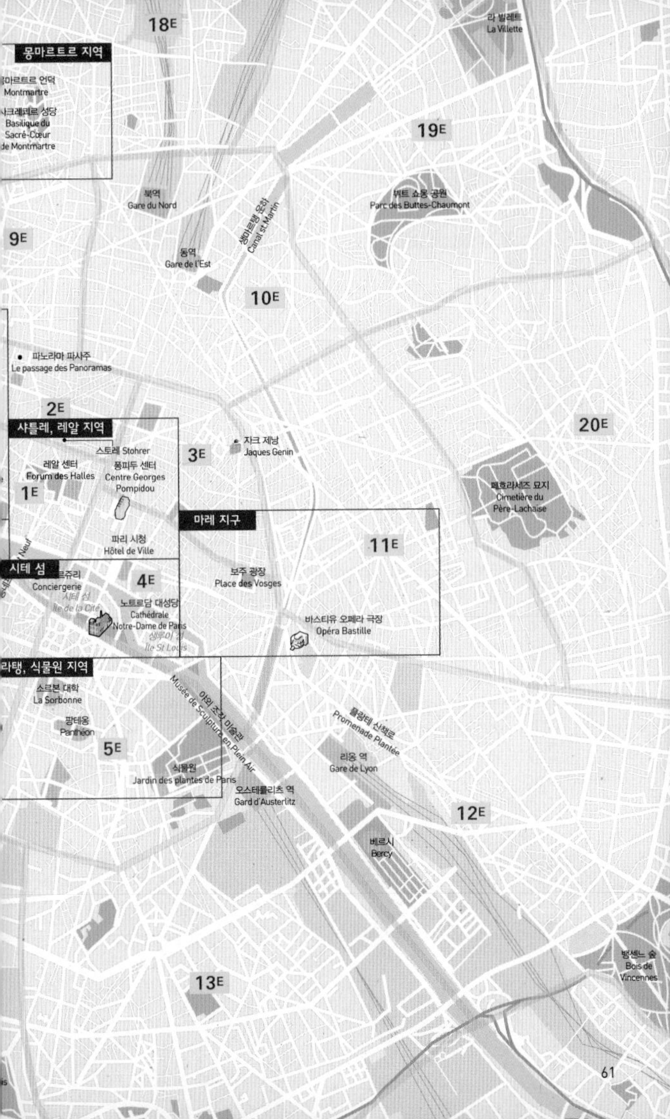
18E
라 빌레트
La Villette
몽마르트르 지역
마르트르 언덕
Montmartre
사크레쾨르 성당
Basilique du
Sacré-Cœur
de Montmartre
19E
북역
Gare du Nord
뷔트 쇼몽 공원
Parc des Buttes-Chaumont
생마르탱 운하
Canal St.Martin
9E
동역
Gare de l'Est
10E
파노라마 파사주
Le passage des Panoramas
2E
20E
샤틀레, 레알 지역
자크 제닝
Jaques Genin
스토레 Stohrer
3E
레알 센터
Forum des Halles
퐁피두 센터
Centre Georges
Pompidou
1E
페흐라셰즈 묘지
Cimetière du
Père-Lachaise
마레 지구
11E
파리 시청
Hôtel de Ville
시테 섬
콩시에르쥬리
Conciergerie
시테 섬
Île de la Cité
4E
보주 광장
Place des Vosges
노트르담 대성당
Cathédrale
Notre-Dame de Paris
생루이 섬
Île St Louis
바스티유 오페라 극장
Opéra Bastille
라탱, 식물원 지역
소르본 대학
La Sorbonne
야외 조각 미술관
Musée de Sculpture en Plein Air
플랑테 산책로
Promenade Plantée
팡테옹
Panthéon
5E
리옹 역
Gare de Lyon
식물원
Jardin des plantes de Paris
오스테를리츠 역
Gard d'Austerlitz
12E
베르시
Bercy
뱅센느 숲
Bois de
Vincennes
13E

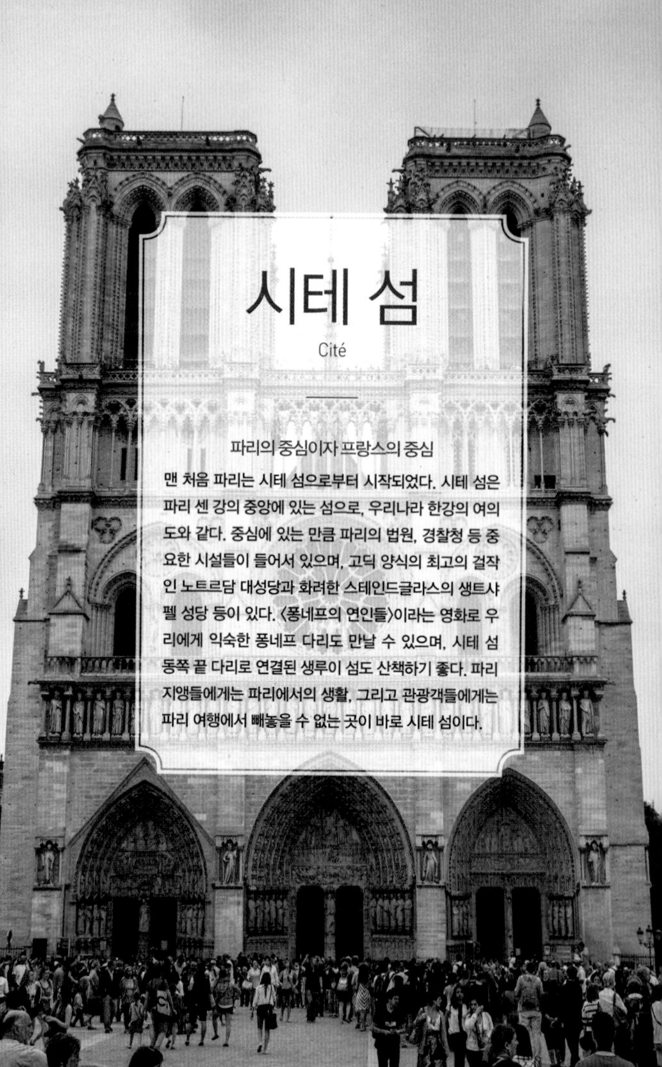

시테 섬

Cité

파리의 중심이자 프랑스의 중심

맨 처음 파리는 시테 섬으로부터 시작되었다. 시테 섬은 파리 센 강의 중앙에 있는 섬으로, 우리나라 한강의 여의도와 같다. 중심에 있는 만큼 파리의 법원, 경찰청 등 중요한 시설들이 들어서 있으며, 고딕 양식의 최고의 걸작인 노트르담 대성당과 화려한 스테인드글라스의 생트샤펠 성당 등이 있다. 〈퐁네프의 연인들〉이라는 영화로 우리에게 익숙한 퐁네프 다리도 만날 수 있으며, 시테 섬 동쪽 끝 다리로 연결된 생루이 섬도 산책하기 좋다. 파리지앵들에게는 파리에서의 생활, 그리고 관광객들에게는 파리 여행에서 빼놓을 수 없는 곳이 바로 시테 섬이다.

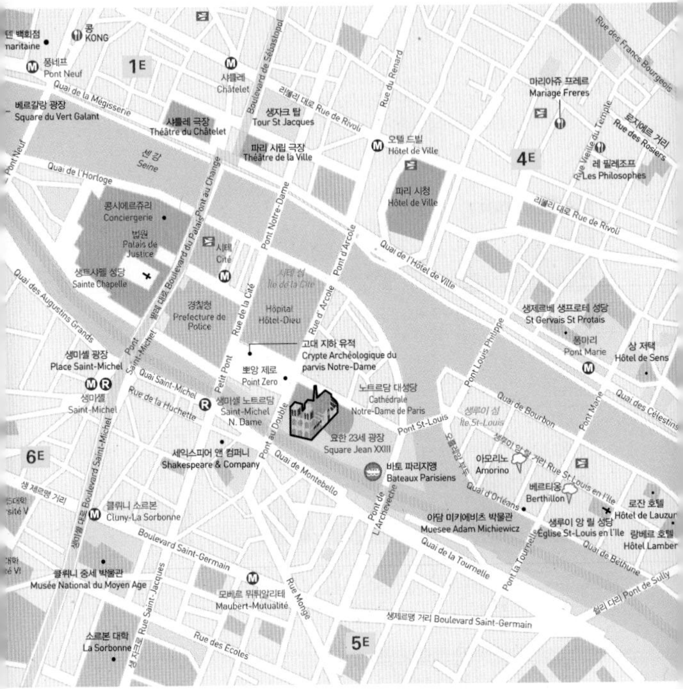

텐 백화점
naritaine
콩
KONG
퐁네프
Pont Neuf
1E
샤틀레
Châtelet
Boulevard de Sébastopol
Rue du Renard
Rue des Francs Bourgeois
마리아쥬 프레르
Mariage Freres
Quai de la Mégisserie
베르갈랑 광장
Square du Vert Galant
리볼리 대로 Rue de Rivoli
생자크 탑
Tour St Jacques
샤틀레 극장
Théâtre du Châtelet
로지에르 거리
Rue des Rosiers
Rue Vieille du Temple
오텔 드빌
Hôtel de Ville
파리 시립 극장
Théâtre de la Ville
센 강
Seine
4E
레 필레조프
Les Philosophes
Pont Neuf
Quai de l'Horloge
파리 시청
Hôtel de Ville
콩시에르주리
Conciergerie
Pont au Change
리볼리 대로 Rue de Rivoli
Pont Notre-Dame
법원
Palais de Justice
시테
Cité
Pont d'Arcole
Quai de l'Hôtel de Ville
생트샤펠 성당
Sainte Chapelle
Boulevard du Palais
시테 섬
Île de la Cité
Quai des Augustins Grands
경찰청
Prefecture de Police
Rue de la Cité
Hôpital
Hôtel-Dieu
Rue d'Arcole
생제르베 생프로테 성당
St Gervais St Protais
Pont Louis Philippe
생미셸 광장
Place Saint-Michel
Pont Saint-Michel
고대 지하 유적
Crypte Archéologique du parvis Notre-Dame
퐁마리
Pont Marie
상 저택
Hôtel de Sens
생미셸
Saint-Michel
Quai Saint-Michel
Petit Pont
뽀앙 제로
Point Zero
노트르담 대성당
Cathédrale Notre-Dame de Paris
Quai de Bourbon
Quai des Célestins
Rue de la Huchette
생미셸 노트르담
Saint-Michel N. Dame
생루이 섬
Île St-Louis
Pont Marie
Pont St-Louis
요한 23세 광장
Square Jean XXIII
Pont au Double
6E
세익스피어 앤 컴퍼니
Shakespeare & Company
생루이 앙 릴 거리 Rue St-Louis en l'Île
오를레앙 부두
아모리노
Amorino
Quai de Montebello
바토 파리지앵
Bateaux Parisiens
Boulevard Saint-Michel
생 제르맹 거리
베르티옹
Berthillon
로잔 호텔
Hôtel de Lauzun
Quai d'Orléans
Pont de L'Archevêché
클뤼니 소르본
Cluny-La Sorbonne
아담 미키에비츠 박물관
Muesee Adam Michiewicz
생루이 앙 릴 성당
Église St-Louis en l'Île
랑베르 호텔
Hôtel Lamber
Boulevard Saint-Germain
Quai de la Tournelle
Quai de Béthune
Pont la Tournelle
클뤼니 중세 박물관
Musée National du Moyen Age
모베르 뮈튀알리테
Maubert-Mutualité
Rue Monge
쉴리 다리 Pont de Sully
Rue Saint-Jacques
생제르맹 거리 Boulevard Saint-Germain
소르본 대학
La Sorbonne
Rue des Ecoles
5E

지하철 시테(Cité) 역

지하철 시테 역 바로 옆에는 꽃시장과 새시장이 있는데, 시장의 규모는 크지 않지만, 파리지앵들이 좋아하는 스타일의 꽃과 화분 등을 둘러보기에 좋으니, 잠시 시간을 내보는 것도 괜찮다. 시테 역은 시테 섬의 중심에 있기 때문에 시테 섬을 구석구석 둘러보려면 퐁네프(Pont Neuf) 역에서 하차해 시테 섬과 생루이 섬을 거쳐 퐁 마리(Pont Marie) 역까지 걸어 보는 것이 좋다.

시테 섬 추천 코스

맨 처음 파리는 시테 섬으로부터 시작되었다. 시테 섬은 파리 센 강의 중앙에 있는 섬으로, 우리나라 한강의 여의도와 같다. 중심에 있는 만큼 파리의 법원, 경찰청 등 중요한 시설들이 들어서 있다.

퐁네프
파리 센 강(La Seine)에 있는 다리 중 가장 오래된 다리

도보 5분

콩시에르쥬리
마리 앙투아네트가 갇혀 있던 파리 최초의 형무소

도보 7분

생트샤펠 성당
스테인드글라스로 장식된 파리에서 가장 아름다운 성당

도보 1분

노트르담 대성당
파리의 가장 중심에 있으며 가장 유명한 성당

도보 5분

요한 23세 광장
노트르담의 뒷모습을 아름답게 감상할 수 있는 광장

도보 1분

생루이 섬
시테 섬의 옆에 있는 작은 섬으로 17세기 귀족들의 집이 남아 있는 곳

퐁네프 Pont Neuf [뽕뇌프]

파리 센 강(La Seine)에 있는 다리 중 가장 오래된 다리

MAPECODE 11001

네프(Neuf)라는 말은 '새로운'이라는 뜻으로 '퐁네프'는 '새로 지어진 다리'를 의미하지만, 사실 퐁네프는 파리에서 가장 오래된 다리다. 이 다리는 1578년 건설되기 시작해 1607년에 완공되었는데, 퐁네프가 지어지기 전에는 목조 다리만 존재했었다. 이전에 지어진 다리의 나무들이 낡으면서 역병 등의 문제가 생기게 되어 새로 다리를 재건하는 사업이 시작되었는데 그 첫 번째로 건설된 석조 다리가 퐁네프다. 그후 이전에 지어진 다른 다리들이 모두 재건되면서 이 다리는 이름과는 달리 현재 파리에서 가장 오래된 다리가 되었다.

길이가 총 238m이고 12개의 아치가 있는데 각 아치에는 마스카롱(Mascarons)이라 불리는 285개의 조각들로 장식되어 있고, 다리 중앙 부분에는 앙리 4세(Henri IV)의 기마상이 놓여 있다.

Métro 7호선 퐁네프(Pont Neuf) 역에 내려서 바로 버스 21, 24, 27, 48, 58, 67, 69, 70, 72, 75, 81번

★ **Movie Story**

영화 〈퐁네프의 연인들(Les Amants du Pont Neuf)〉의 배경이 되어서 더 유명해진 퐁네프 다리. 하지만 영화를 촬영할 당시에는 파리 시에서 이 다리를 촬영 장소로 허락해 주지 않아 오를레앙(Orle'an) 도시 한쪽에 세트장을 만들어서 촬영했다고 한다. 점점 시력을 잃어가는 화가 미셸과 다리 위의 걸인인 알렉스의 순수한 사랑을 보여 주는 영화다.

Photo Spot

퐁네프 다리 중간에 인물을 넣어 사진을 찍으면 행운이 온다는 속설이 있다.

콩시에르쥬리 Conciergerie [꽁시에르즈리]

MAPECODE 11002

마리 앙투아네트가 갇혀 있던 파리 최초의 형무소

파리 법원의 일부인 콩시에르쥬리는 원래 궁전이었다. 하지만 14세기 말, 왕들이 루브르와 뱅센느로 궁전을 옮기게 되자 감옥으로 바뀌게 된다. 감옥에는 프랑스 혁명 기간 중에 주로 단두대에서 처형될 죄수들이 있었는데 앙리 4세를 암살했던 리바이악(François Ravaillac)과 마리 앙투아네트(Marie Antoinette), 루이 17세, 마담 뒤바리(Madame du Barry), 화학자 라브아지에(Lavoisier) 등 4,000명의 죄수가 수감되었고, 당시에는 집세 형식으로 수감자가 오히려 돈을 내고 가구 사용료까지 물어야 했다.

현재는 프랑스 대혁명 200주년을 맞아 공사를 한 후 감옥이었던 모습을 재현해 놓았다. 입구로 들어가면 먼저 고딕 양식의 대형 홀을 지나 위층의 당시 감옥을 재현해 놓은 독방과 자료실을 둘러보고, 끝쪽의 마리 앙투아네트가 이용하던 성당(Chapelle Expiatoire)을 지나고 건물 마당으로 나가 다시 건물로 들어오면 마리 앙투아네트가 갇혔던 독방이 있다. 마리 앙투아네트는 사치가 심하고 철없던 프랑스의 왕비였지만, 이곳에서는 죽는 날까지 검소하게 양말까지 손수 기어 신었다고 하는데, 그 모습을 재현해 놓았다.

최고 재판소에서 샹주교(Pont au Change) 쪽으로 걷다가 만나는 건물 가장 끝에 세워진 콩시에르쥬리의 시계탑은 1370년에 세워진, 파리에서 가장 오래된 시계탑이다.

주소 1 Quai de l'Horloge, 75001 오픈 9시 30분~18시 / 1월 1일, 5월 1일, 12월 25일 휴무 요금 (일반) 9유로, (할인) 7유로 / 생트샤펠 성당과 통합 티켓 (일반) 15유로, (할인) 12유로 / 뮤지엄 패스 10월~3월 매월 첫째 주 일요일 무료 /10월~3월 매월 첫째 주 일요일 무료 Métro 4호선 시테(Cité) 역에서 도보 1분 / 4호선 생미셸(St-Michel) 역에서 도보 2분 / 7호선 퐁네프(Pont Neuf) 역에서 도보 4분 RER B, C선 생미셸(St-Michel) 역에서 도보 2분 버스 21, 27, 38, 85, 96번, Balabus

생트샤펠 성당 Église Sainte Chapelle [에글리즈생뜨 샤벨]

스테인드글라스로 장식된 파리에서 가장 아름다운 성당

MAPECODE 11003

파리 법원 안으로 들어가면 세계에서 가장 아름다운 스테인드글라스로 장식된 생트샤펠 성당을 만날 수 있다. 루이 9세(Louis IX)가 예수님이 십자가에 못 박혔을 때 썼다는 가시나무 관과 십자가 파편 등을 보관하기 위해 이 성당을 건축하였으며 1248년에 완공되었다.

성당은 2개의 층으로 구성되어 있으며, 아래층은 주로 하인들과 평민들이, 위층은 왕과 왕가 사람들이 미사를 드리는 장소였다.

하층 성당은 어두운 분위기인데, 고딕 양식의 특징을 잘 나타내는 교차 리브와 기둥, 벽 등을 장식한 채색 조각이 어우러져서 아름답다. 상층 성당은 사방이 화려한 13세기 스테인드글라스로 장식되어 있는데, 총 1,134장면에 이르며 구약과 신약의 이야기들이 묘사되어 있다. 창세기의 아담과 이브부터 모세의 탈출기, 그리스도의 유년 시절 등 제단을 중심으로 왼쪽에서 오른쪽으로 시대순으로 내용이 전개되어 있다.

제대 반대쪽을 장식한 불꽃 양식의 86개의 창으로 이루어진 아름다운 장미창은 요한 계시록의 내용을 담고 있으며, 12개의 기둥에는 12사도의 동상이

있다. 화려한 스테인드글라스를 제대로 보려면 날씨가 좋은 날 오후에 방문하는 것이 좋다.

주소 4 Bd. du Palais, 75001 오픈 1월 2일~3월 31일 · 10월 1일~12월 31일 9시~17시, 4월 1일~9월 30일 9시~19시 / 1월 1일, 5월 1일, 12 월 25일 휴무 요금 일반 10유로, 할인 8유로 / 콩시에르쥬리와 통합 티켓 15유로, 할인 12유로 / 뮤지엄 패스 사용 가능 / 10월~3월 매월 첫째 주 일요일 무료 Métro 4호선 시테(Cité) 역에서 도보 1분 / 4호선 생미셸(St-Michel) 역에서 도보 2분 / 7호선 퐁네프(Pont Neuf) 역에서 도보 4분 (법원과 같은 입구를 사용하고 있다.) RER B, C선 생미셸(St-Michel) 역에서 도보 2분 버스 21, 27, 38, 85, 96번, Balabus 촬영 실내 사진 촬영 가능 홈페이지 www.sainte-chapelle.fr/en

★ 입장 시 주의사항

생트샤펠 성당은 법원과 입구를 같이 사용하고 있기 때문에 들어갈 때 소지품 검사를 받아야 한다. 들어갈 때 문제가 없도록 작은 칼 같은 소지품은 미리 빼놓고 가자. 법원 입구에서 줄은 두 줄로 서게 되는데, 왼쪽은 법원으로 들어가는 사람들의 줄이고, 오른쪽이 생트샤펠 성당으로 들어가는 관광객들의 줄이다.

노트르담 대성당 Cathédrale Notre-Dame de Paris [까떼드랄 노트르담 드 빠리]

파리의 가장 중심에 있으며 가장 유명한 성당

MAPECODE 11004

노트르담은 성모 마리아를 뜻하는 말로, 노트르담 대성당은 '성모 마리아 대성당'이라는 말이다. 노트르담 대성당은 파리의 중심인 시테 섬에 위치하고 있으며, 파리에서 가장 많은 관광객들이 찾는 곳 중의 하나이다. 1163년 건설을 시작한 이래 많은 건축가들의 손에 의해 무려 170년이라는 긴 시간에 걸쳐 1330년 완공된 성당으로 고딕 건축의 걸작으로 알려져 있다.

1455년에는 이곳에서 잔 다르크(Jeanne d'Arc)의 명예 회복 재판이 거행되어 잔 다르크는 마녀에서 성녀로 다시 태어났다. 그러나 혁명 시기에는 포도주 창고로 사용되는 수난을 겪기도 했다. 그 후 나폴레옹 1세(Napoléon I)가 다시 성전으로 회복하고 자신의 대관식을 이곳에서 거행했다. 그 외에도 수많은 왕과 황제의 대관식이 거행되고, 왕족들이 이곳에서 세례를 받았으며, 드골 장군, 미테랑 대통령의 장례식도 이곳에서 거행되었다. 내부의 중앙에는 13세기에 만들어진 지름 13.1m 크기로 유럽에서 가장 큰 장미창(Rosace)이 있으며, 창은 각각 성서에 나오는 인물로 구성되어 있다.

주소 Place du parvis Notre Dame, 75004 오픈 **대성당** 월~금 7시 45분~18시 45분, 토~일 7시 45분~19시 45분 / **전망대** 10시~18시 30분(겨울 10시~17시 30분. 7, 8월 금~토는 10시~23시) / **성물 박물관** 9시 30분~18시 요금 **전망대** (일반) 10유로 / (할인) 8유로 / 뮤지엄 패스 사용 가능 / **성물 박물관** (일반) 4유로, (학생) 2유로, (6세~12세) 1유로 Métro 4호선 시테(Cité) 역에서 도보 2분 / 4호선 생미셸(St-Michel) 역에서 도보 3분 RER B, C호선 생미셸(St-Michel) 역에서 도보 2분 버스 21, 38, 47, 58, 70, 72, 74, 81, 82번, Balabus 홈페이지 www.notredamedeparis.fr

노트르담 대성당 정면의 문

❶ 성모 마리아의 문

노트르담 대성당 정면의 문 중 가장 왼쪽에 있는 문이다. 성모 마리아의 승천과 천상 모후의 관을 받은 성모 마리아의 모습을 조각해 두었다.

❷ 최후의 심판 문

최후의 날에 심판하는 예수의 모습과 심판을 기다리는 사람들의 모습이 보이고 악마가 예수의 저울을 지옥 쪽으로 끌고 있다.

❸ 성녀 안나의 문

성모 마리아의 어머니인 성녀 안나의 문이다.

❹ 유대 왕들의 조각

세 개의 문 위에 28개의 입상이 있는데 각각 구약에 나오는 유대의 왕들이다.

❺ 장미창 아래의 조각

위쪽의 별자리를 나타내는 둥근 장미창 아래 성모자상과 두 명의 천사상이 있다. 양쪽으로는 아담과 이브의 조각상이 있다.

❻ 노트르담의 북쪽 탑

높이 69m에 이르는 두 개의 탑 안에서 387개의 계단을 올라가면 전망대가 있으며, 전망대는 북쪽 탑에서 남쪽 탑으로 이어진다.

❼ 노트르담의 남쪽 탑

무게 13t의 엠마누엘 종이 있다. 종 위쪽으로 전망대가 있어서 파리를 한눈에 내려다볼 수 있다.

노트르담 대성당 내부

❶ 오디오 가이드 대여소

❷ 남쪽 장미창

성모 마리아와 12사도들을 비롯한 성자들이 그리스도를 둘러싸고 있다.

장미창 아래에는 프랑스 제1의 성녀인 잔 다르크, 제2의 성녀인 소화 데레사 성녀의 조각상이 있다.

❸ 4세기에 만들어진 성모 마리아와 아기 예수상

❹ 성가대석의 벽의 부조

14세기의 작품으로 예수의 일생을 묘사하고 있는데, 성당이 지어질 당시 성직자와 일부 귀족들을 제외하고는 라틴어를 읽을 수 없어서 성경 내용을 알기 쉽게

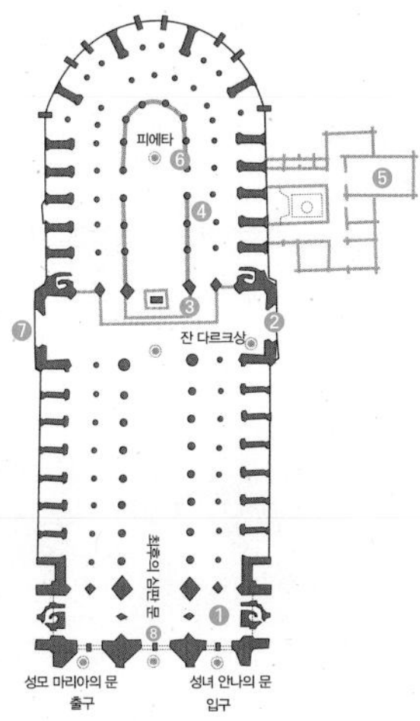

조각으로 만들어 놓은 것이다. 각각 예수의 탄생부터 이어지는 신약의 이야기가 조각되어 있다.

❺ 성물 박물관 (Le Trésor)
19세기에 성당을 복원할 때 만들어진 성물 박물관에는 예수님의 십자가 조각과 가시 면류관이 보관되어 있다.

❻ 피에타
성가대 뒤쪽으로는 프랑수아 지라르동(François Girardon)이 만든 단상 위에 니콜라 쿠스투(Nicolas Coustou)의 피에타가 있고, 피에타 옆에는 루이 13세(Louis XIII)의 동상이 있다.

❼ 북쪽 장미창
성모 마리아를 중심으로 구약성서에 나오는 인물들로 묘사되어 있다. 장미창 아래에는 파리 최초의 주교인 생드니 성인의 조각상과 성모 마리아상이 있다.

❽ 파이프 오르간
프랑스 성당에 있는 오르간 중 가장 큰 규모로 무려 8,000개의 파이프로 제작되었다고 한다.

Tip 뽀앙 제로 Point Zero

노트르담 성당 앞쪽에 있는 원점 포인트를 뽀앙 제로라고 하는데, 파리와 다른 도시 간의 거리를 측정할 때 기준점이 되는 곳이다. 여행객들은 이 지점을 그냥 지나칠 수 없는데, 그 이유는 바로 뽀앙 제로를 밟으면 파리로 다시 돌아온다는 속설이 있기 때문이다.
다시금 파리 여행을 꿈꾼다면 노트르담 성당에 갔을 때 바닥을 잘 살펴보자. 단, 올라가서 여러 번 발을 비비면 효과가 없다고 하니 한 번만 밟기!

요한 23세 광장 Square Jean XXIII [스꽈르 장 방뜨로아]

MAPECODE 11005

노트르담의 뒷모습을 아름답게 감상할 수 있는 광장

노트르담 대성당 옆의 센 강변에서부터 대성당 뒷부분까지 연결되어 있는 이 광장은 파리 주재 교황청 대사로 지내다가 259대 교황이 되었던 요한 23세에게 바쳐진 광장이다. 원래 이곳에는 17세기 주교의 관저가 있었지만 1831년 폭도들에 의해 약탈당한 후로 건물을 철거하고, 1844년 파리의 장관이었던 랑뷔토(Rambuteau)에 의해 광장으로 재건되었다. 혁명 당시에는 재현 의회가 자리잡고 성직자 재산 몰수 법령 등을 의결한 곳이기도 하다. 광장 중앙에는 네오 고딕 양식의 성모 마리아 분수가 있다.

주소 Rue du Cloître Notre Dame, 75004 Métro 4호선 시테(Cité) 역에서 도보 3분 / 4호선 생미셸(St. Michel) 역에서 도보 4분 RER B, C호선 생미셸(St. Michel) 역에서 도보 3분

생루이 섬 L'Ile St. Louis [릴 상 루이]

MAPECODE 11006

17세기 귀족들의 집이 남아 있는 곳

시테 섬에서 생루이교(Pont St-Louis)를 지나면 나오는 생루이 섬 안에는 17세기 귀족들의 집이 남아 있다. 특히 로잔 호텔(Hôtel de Lauzun)은 테오필 고티에(Théophile Gautier)가 '아편 클럽'을 설립하고 인공 낙원의 실현을 그리던 곳이며, 이 섬에서 가장 유명한 랑베르 호텔(Hôtel Lambert)에는 볼테르(Francois-Marie Arouet)와 장 자크 루소(Jean-Jacques Rousseau)가 머물기도 했다. 오를레앙 부두(Quai d'Orléans) 6번지에는 폴란드 시인 아담 미키에비츠(Adam Michiewicz)를 기리는 박물관이 있는데, 쇼팽의 악보와 조르주 상드, 빅토르 위고의 자필 원고가 보관되어 있다. 또한 베튄 부두(Quai de Béthune) 36번지는 노벨상을 받았던 마리 퀴리(Marie Curie)가 살았던 곳이다.

섬 중간에 있는 생루이 앙 릴 성당(Église St-Louis en l'Ile)은 정문의 철 시계와 뾰족한 철제 첨탑이 눈에 띄는데 내부는 대리석과 금박으로 화려하게 장식된 바로크 양식이며 십자가군의 칼을 들고 서 있는 생루이의 동상이 있다.

오픈 **생루이의 동상** 9시~12시, 15시~19시, 월요일 휴무 Métro 7호선 퐁마리(Pont Marie) 역에서 도보 1분 / 7호선 쉴리 모를랑(Sully Morland) 역에서 도보 1분 / 4호선 시테(Cité) 역에서 도보 4분 RER B, C호선 생미셸(St-Michel) 역에서 도보 3분 버스 27, 67, 86, 87번

★연인과 달콤한 키스를

생루이 섬에 연결된 다리 중 북쪽 중간에 있는 마리교(Pont Marie)는 연인이 키스를 하면 행운이 이루어진다고 알려진 다리다. 혹 연인과 함께라면 이곳에서 달콤한 키스를~!

Tip 생루이 섬에서 아이스크림을 먹어 보자

생루이 섬은 파리에서 가장 맛있는 아이스크림을 파는 곳으로도 유명하다. 노트르담 옆에 있는 생루이 섬은 힘든 여행 중에 잠시 아이스크림을 먹으며, 쉬어 가기에 딱 좋은 곳이다.
그 명성 때문에 아이스크림을 먹으러 생루이 섬을 찾는 관광객들이 많다. 그만큼 아이스크림 가게도 많다. 하지만 그중에서도 특히 생루이 앙 릴 거리(Rue St-Louis en l'Ile)의 베르티옹(Berthillon)을 추천한다. 항상 긴 줄이 늘어서 있으니 찾기는 쉽다.
그 옆쪽으로 아모리노(Amorino)도 맛있다.

시테 섬을 아름답게 볼 수 있는 곳

파리의 역사가 시작된 이곳 시테 섬은 파리를 여행하는 관광객들이 가장 좋아하는 장소이기도 하다. 로맨틱한 다리들이 이어져 작은 시테 섬을 둘러싸고 있고, 시테 섬 내에도 로맨틱한 스폿이 많기 때문에 이런 장소들을 찾아보는 것도 좋다. 특히 커플이 함께한 여행이라면 놓치지 말자.

마리교 Pont Marie

어떻게 생각하면 평범해 보이는 이 다리가 파리 센 강의 다리 중에서 로맨틱한 장소로 손꼽히는 이유는 바로 이 다리 위에서 키스를 하면 행운이 온다는 속설이 있기 때문이다. 믿거나 말거나, 마리교에서는 달콤한 키스를!

대주교 다리 Pont de l'Archevêché

노트르담 대성당을 더욱 로맨틱한 분위기에서 바라볼 수 있는 이 다리는 연인들의 사랑의 약속이 담긴 자물쇠가 걸려 있어 연인들에게 인기를 끌고 있는 곳이다. 파리 여행을 앞두고 자물쇠를 준비해 보자. 현지에서 자물쇠를 구입할 수도 있지만, 매직으로 적은 글씨는 쉽게 지워지니 미리 새겨 가는 센스를 발휘해 보자!

예술의 다리 Pont des Arts

파리에서 가장 낭만적인 다리를 손꼽는다면, 예술의 다리를 빼놓고 이야기할 수 없다. 예술의 다리는 보행자 전용 다리로 다리 위에서 시테 섬이 한눈에 들어올 뿐만 아니라 반대편을 보면 에펠탑까지도 보이기 때문에 인기가 높다. 특히 노을이 지는 저녁 무렵에 찾으면 더욱 낭만적인 모습을 볼 수 있다.

퐁네프 Pont Neuf

파리 센 강에서 가장 유명한 다리는 바로 퐁네프다. 〈퐁네프의 연인들〉이라는 영화 덕분에 이 다리는 파리에서 가장 인기가 높은 다리가 되었다. 근처에 있는 돌핀 광장과 베르갈랑 광장 덕분에도 많은 연인들이 찾는다.

마레 지구

Marais

파리에서도 가장 아름다운 지역

낭만의 도시, 예술의 도시로 손꼽히는 마레 지구는 파리에서도 가장 아름다운 지역으로 수많은 예술가들과 젊은이들의 사랑을 받고 있어 파리의 어느 곳보다 활기가 넘치는 곳이다. 마레 지구에는 피카소 미술관이나 카르나발레 박물관, 보주 광장 등 볼거리도 많지만 유명한 어느 관광지보다도 골목에 들어섰을 때 느껴지는 파리다움이나 낭만 가득한 카페가 눈길을 사로잡는다. 카페에 앉아 잠시 쉬어가면서 에스프레소 카페 한 잔을 마시며 여유로움이 가득한 파리지앵이 되어 볼 수 있다는 것이 마레 지구의 가장 큰 매력이다. 또한 쉽게 접할 수 없었던 동성애자들의 문화나 유대인들의 삶도 느껴볼 수 있다.

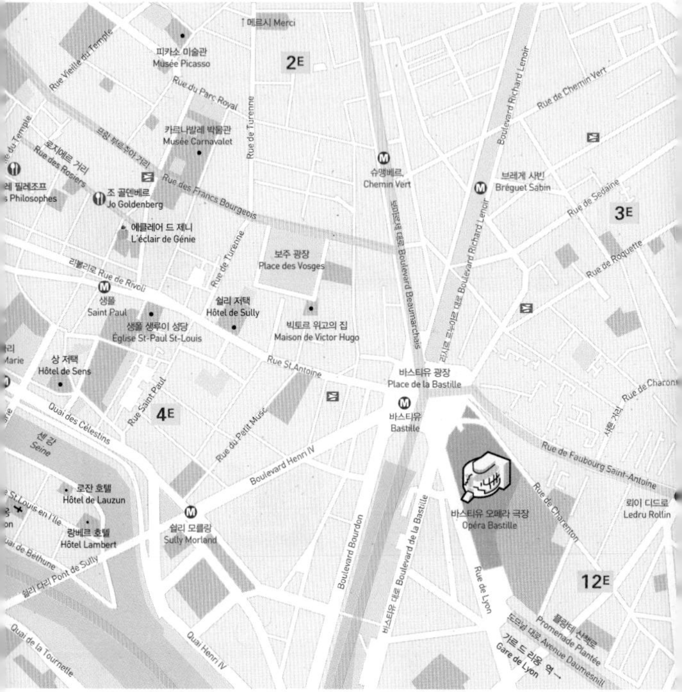

↑메르시 Merci
피카소 미술관
Musée Picasso
2E
Rue Vieille du Temple
Rue du Parc Royal
Rue de Turenne
카르나발레 박물관
Musée Carnavalet
프랑 부르주아 거리
로지에르 거리
Rue des Rosiers
Rue du Temple
레 필레조프
s Philosophes
조 골덴베르
Jo Goldenberg
Rue des Francs Bourgeois
에클레어 드 제니
L'éclair de Génie
슈맹베르
Chemin Vert
브레게 사뱅
Bréguet Sabin
Boulevard Richard Lenoir
Rue de Chemin Vert
Rue de Sedaine
3E
Rue de Roquette
보주 광장
Place des Vosges
Rue de Turenne
리볼리로 Rue de Rivoli
생폴
Saint Paul
쉴리 저택
Hôtel de Sully
생폴 생루이 성당
Église St-Paul St-Louis
빅토르 위고의 집
Maison de Victor Hugo
보마르셰 대로 Boulevard Beaumarchais
리샤르 르누아르 대로 Boulevard Richard Lenoir
상 저택
Hôtel de Sens
Rue St.Antoine
바스티유 광장
Place de la Bastille
바스티유
Bastille
Rue de Charonne
샤론 거리
Quai des Célestins
Rue Saint Paul
4E
Rue du Petit Musc
센 강
Seine
Boulevard Henri IV
Rue de Faubourg Saint-Antoine
로잔 호텔
Hôtel de Lauzun
St.Louis en l'île
쉴리 모를랑
Sully Morland
랑베르 호텔
Hôtel Lambert
바스티유 오페라 극장
Opéra Bastille
Rue de Charenton
르드뤼 롤랭
Ledru Rollin
Quai de Béthune
쉴리 다리 Pont de Sully
Boulevard Bourdon
바스티유 대로 Boulevard de la Bastille
Rue de Lyon
12E
Quai de la Tournelle
Quai Henri IV
플랑테 산책로
Promenade Plantée
도메닐 대로 Avenue Daumesnil
가르 드 리옹 역 →
Gare de Lyon

마레 지구

최근에 마레 지구를 중심으로 편집 숍이나 디저트 숍 등 특별함이 가득한 곳들이 많이 들어서고 있다. 간혹 마레 지구에서 무엇을 보고, 해야할 지 모르겠다는 분들이 많은데, 특별한 것을 찾기보다는 골목에서 만나는 작은 가게의 매력을 찾아보길 권한다.

마레 지구

낭만 가득한 카페에 앉아 에스프레소 카페 한 잔을 마시는 여유를 가져 보자.
파리 여행 중 파리지앵이 되어 보는 추억을 만들 수 있다.

플랑테 산책로
철길이 지나던 옛 고가 도로 위에 만들어진 건물 위 산책로

도보 3분

바스티유 광장
프랑스 혁명 때 많은 피가 흘렀던 광장

도보 5분

보주 광장
파리에서 가장 오래되고 아름다운 광장

도보 1분

빅토르 위고의 집
빅토르 위고가 살았던 집으로 유품이 전시되고 있는 곳

도보 3분

카르나발레 박물관
파리 시의 역사를 보여 주는 박물관

도보 4분

피카소 미술관
피카소의 작품을 전시하고 있는 미술관

도보 7분

생폴 생루이 성당
마레 지구를 대표하는 성당

피카소 미술관

플랑테 산책로 Promenade Plantée [프로므나드 쁠랑떼]

철길이 지나던 옛 고가 도로 위에 만들어진 건물 위 산책로

MAPECODE 11007

플랑테 산책로는 철로가 있던 고가 다리 윗부분에 조성된 산책로로 라벤더, 양귀비 등 다양한 식물들로 조성되었다. 길이가 총 1.75km로 걷는 시간만도 30~40분이 넘게 걸린다.

뱅센느 숲에서 바스티유 광장까지 약 4.5km에 달하는 도므닐 거리(Avenue Daumesnil)를 따라 바스티유 역(현재 바스티유 오페라 자리)에서 파리 동남쪽의 생모르(Saint-Maur)를 잇는 철도 길로 이용되던 고가 거리 위를 산책로로 조성하였다. 이 사업이 진행되면서 고가 다리 아래쪽도 재개발 공사를 시작해 파리 수공업자들의 작업 공간으로 조성되었다. '예술 고가 다리(Viaduc des Arts)'라고 불리는 이곳에는 화가와 조각가, 악기 · 금속 기술자 등 다양한 수공업자들의 공방을 만날 수 있으며, 중간의 육교를 통해 올라가면 고가 다리 옥상에서 '건물 위의 옥상 산책로'라는 독특한 공간으로 조성된 플랑테 산책로를 만날 수 있다. 교통량이 많은 도로를 따라 조성된 공방 거리와 그 위의 조용하고 한적한 플랑테 산책로는 독특한 경험을 할 수 있는 곳이다.

Métro 1, 5, 8호선 바스티유(Bastille) 역에서 도보 1~2분 / 1, 14호선 가르 드 리옹(Gare de Lyon) 역에도 도보 1~2분 / 1, 8호선 뢰이 디드로(Reuilly Diderot) 역에서 도보 2분 / 8호선 몽갈레(Montgallet)역에서 도보 2분 RER A, D호선 가르 드 리옹(Gare de Lyon) 역에서 도보 1~2분 버스 20, 29, 57, 63, 65, 87, 91번, Balabus

바스티유 오페라 극장 Opéra Bastille [오페라 바스티유]

유럽에서 가장 현대적이며 획기적인 오페라 극장

MAPECODE 11008

캐나다 국적의 까를로 오뜨(Carlos Ott)가 설계하고 만든 바스티유 오페라 극장은 프랑스 혁명 200주년이 되던 해인 1989년 7월 14일에 혁명으로 함락되었던 바스티유 감옥을 헐고 새로운 오페라 극장을 개관하여 상류층의 전유물로 여겨지던 오페라를 대중화시킨 곳이다. 그래서 이곳은 오페라 관람 시 편안한 복장으로도 입장할 수 있으며 주로 모차르트, 베르디, 베를리오즈 등의 거장들의 명작이 공연된다. 거대한 원형 유리 건물의 오페라 하우스는 2,700석의 객석을 갖추고 있다. 또한 오페라 역사상 세계 최초로, 공연되는 오페라에 필요한 모든 것을 바스티유 오페라에서 자체 제작, 조달하기 때문에 바스티유 오페라 전속 교향악단과 신발이나 가발과 같은 소도구를 만드는 부서에서부터 전기공 같은 기술자와 무대 미술, 의상 디자이너에 이르기까지 74개에 달하는 모든 부서가 바스티유 오페라 건물에 들어와 있다. 또한 한국 출신 지휘자 정명훈 씨가 한때 바스티유 오페라 극장의 음악 감독을 맡았던 것으로 유명하다.

주소 120 Rue de Lyon, 75012 요금 **투어** 일반 12유로 할인 10유로(1시간15분 동안 가이드와 함께 진행) **공연 티켓** 5~150유로(7, 8월에는 공연이 없음) Métro 1, 5, 8호선 바스티유(Bastille) 역에서 바로 버스 20, 29, 65, 69, 76, 86, 87, 91번, Balabus 홈페이지 www.operadeparis.fr

★ 오페라 관람과 티켓 예약

입석 티켓(62석)이 5유로로, 막 오르기 약 1시간 30분 전부터 구입이 가능하다. 만약 입석이 아닌 좌석 관람을 원한다면, 적어도 한 달 전에는 좌석을 예약하는 것이 좋다. 예약은 홈페이지에서 할 수 있다.

바스티유 광장 Place de la Bastille [쁠라스 드 라 바스티유]

프랑스 혁명 당시 많은 피가 흘렀던 광장

MAPECODE 11009

바스티유 오페라 극장이 세워져 있는 커다란 광장이 바스티유 광장(Place de la Bastille)으로, 광장 한가운데에는 7월 혁명을 기념하는 51.5m 높이의 7월의 기둥(Colonne de Juillet)이 세워져 있고, 꼭대기에는 뒤몽(Dumont)이 조각한 자유의 수호신이 올라가 있다. 이 기념탑은 알라브왼느(Alavoine)가 설계하여 1840년에 완공되었다. 이 탑의 기둥에는 1830년 혁명과 1848년 혁명 당시 희생된 사람들의 이름이 새겨져 있으며, 기둥 아래에는 7월 혁명과 1848년 2월 혁명의 희생자 504명의 유골이 안치되어 있다.

1789년 7월 14일 바스티유 감옥이 점령되면서 프랑스 대혁명이 일어나게 되는데, 현재도 파리에서 일어나는 데모는 주로 이곳에서 시작해 콩코르드 광장 쪽으로 움직인다.

Métro 1, 5, 8호선 바스티유(Bastille) 역에서 바로 버스 20, 29, 65, 69, 76, 86, 87, 91번, Balabus

바스티유 감옥

처음 바스티유에 갔을 때 바스티유 감옥이 어디 있을까 하고 찾았던 기억이 난다. '감옥'이라는 불어만 알았어도 지나가는 행인에게 물어볼 뻔했다. 그때의 나처럼 바스티유 감옥이 아직도 남아 있다고 생각하는 사람들이 생각보다 많다.

바스티유 감옥은 원래 100년 전쟁 당시 왕의 요새로 건축되었고 관문으로 사용했는데, 후에 새로운 관문이 건설되면서 폐쇄되었다가 감옥으로 사용하게 되었다. 감옥에는 주로 위조, 사기, 횡령 등의 범죄를 저지른 사람들과 신교도 같은 종교적인 이유로 투옥된 사람들, 그리고 금지된 서적을 저술하거나 출판한 사람들이 수감되었는데, 보통 50여 명의 죄수들이 수감되어 있었고, 근처의 교도소 중 가장 불결한 환경으로 유명했다.

1789년 7월 14일 파리 시민들은 바스티유 감옥에 관한 불길한 소문에 휩싸여 폭동을 일으켰고 총으로 무장한 채 이 감옥을 습격하는데 그것이 바로 프랑스 대혁명의 시작이었다. 무고한 사람들을 해방시키겠다는 생각으로 습격한 바스티유 감옥에는 7명의 죄수만 있었는데, 모두 죄질이 안 좋은 사람들이었다. 하지만 파리 시민들의 습격은 걷잡을 수 없이 확대되어 결국 바스티유가 함락되고 말았다. 그리고 감옥은 혁명 당시 점령된 후 여러 달이 흐른 후 완전히 철거되었다.

감옥에서 나온 돌은 혁명을 기념하기 위해 여러 가지 용도로 사용되었는데, 이 돌을 사용해 지은 가장 대표적인 건축물이 바로 콩코르드 다리(Pont Concorde)다. 구체제를 짓밟고 다니자는 의미로 가장 왕래가 많은 다리를 짓는 데 바스티유를 헐어서 나온 돌을 사용했던 것이다. 그러니 현재 바스티유에는 바스티유 감옥은 없다. 단지 메트로 역으로 가면 그림으로 예전 바스티유 감옥의 흔적을 살짝 엿볼 수 있다. 예전 바스티유 감옥이 있던 자리에 현재는 바스티유 오페라 극장이 세워져 있다.

메르시 Merci [메르시]

마레 지구의 대표적인 편집 숍

MAPECODE 11010

2009년 처음 문을 연 메르시 매장이 지금은 파리에서 대표적인 관광지들과 어깨를 나란히 할 정도로 인기가 좋은 스폿으로 자리 잡았다. 특히 전 세계의 셀럽들도 많이 방문하고 있어 패션과 유행을 좋아하는 사람들에겐 더욱 인기가 높다. 150년이 넘은 건물의 내부는 모던하고 시크릿한 느낌으로 꾸며져 있고 패션부터 주방용품, 가구, 액세서리 등 다양한 물품들을 판매하고 있다. 유기농 레스토랑도 함께 운영하고 있다. 특히 이곳에서 판매하는 메르시 팔찌는 파리를 여행하는 사람들의 가장 좋은 기념품으로 인기가 높다. 최근에는 메르시 팔찌 전용 부스도 만들어서 운영 중이고 인기가 많은 만큼 종류도 다양해졌다.

주소 111 Boulevard Beaumarchais 75003 전화 +33-1-4277-0033 오픈 **매장** 월~토 10시~19시(불특정하게 문을 닫는 경우도 있으니 오픈 시간을 홈페이지로 한번 더 확인할 것) **북카페** 월~토 10시~18시 30분, 일 11시~18시 **시네마 카페** 월~토 10시~18시 30분, 일 11시~18시 Métro 8호선 생세바스티엥 프루아사르(Saint-Sébastien-Froissart) 역 도보 1분 홈페이지 www.merci-merci.com

보주 광장 Place des Vosges [쁠라스 데 보쥬]

파리에서 가장 오래되고 아름다운 광장

MAPECODE 11011

1612년에 완성된 보주 광장은 원래 앙리 4세(Henri IV)의 명으로 그가 태어난 왕궁이 있던 곳에 만든 광장이다. 현재는 마레 지구를 대표하는 아름다운 광장으로서 완벽한 대칭 구조로 유명한 이 광장은 서로 붙어 있는 4층 건물이 한 면에 9채씩 총 36채가 사각형 광장을 형성하고 있다. 4개의 분수가 있는 광장 중앙에는 대리석으로 조각한 루이 13세(Louis XIII)의 기마상이 있는데, 프랑스 혁명 때 파괴되었던 것을 1818년에 재건했다.

이 광장에는 세비네 부인, 보쉬에, 리슐리외, 빅토르 위고, 테오필 고티에, 알퐁스 도테 등 많은 작가, 예술가, 정치인들이 평생을 살았던 집이 있다. 또한 지금은 아케이드가 설치되어 카페, 부티크, 갤러리 등이 들어서 있다.

주소 Place des Vosges, 75004 Métro 1, 5, 8호선 바스티유(Bastille) 역에서 도보 4분 / 1호선 생폴(St-Paul) 역에서 도보 4~5분 버스 29, 69, 76, 96번, Balabus

빅토르 위고의 집 Maison de Victor Hugo [메종 드 빅토르 위고]

빅토르 위고가 살았던 집으로 유품이 전시되고 있는 곳

MAPECODE 11012

프랑스의 시인이자 극작가, 소설가인 빅토르 위고(Victor Hugo)는 17세기 초에 건립된 건물 3층(프랑스식 2층)에서 1832년부터 1848년까지 16년 동안 살았는데 〈레 미제라블(Les Misérables)〉의 대부분을 이곳에서 집필했다고 한다. 〈레 미제라블〉은 1861년 6월 워터루 전투 장면을 쓰기 위해서 찾은 워터루 현장에서 완성하였다. 그리고 시집 〈빛과 그림자〉, 희곡 〈뤼 블라〉 등을 이 집에서 집필했다. 1902년 극작가인 폴 뫼리스(Paul Meurisse)가 위고의 유품들을 많이 기증함으로써 이곳이 기념관으로 꾸며져 1903년 개관하였다. 3층에는 그가 거주했던 방이 그대로 남아 있고, 위고의 자필 원고, 편지 등과 그의 손 모형과 머리카락 한 타래가 있으며, 펜과 잉크로 그린 데생과 그림, 조각, 사진 및 손수 만든 가구와 기타 유품들이 전시되어 있다.

주소 Hôtel de Rohan-Guéménée 6 Place des Vosges, 75004 오픈 10시~18시(월요일 휴관) 요금 무료(특별 전시만 유료) 위치 보주 광장 내 촬영 실내 촬영 가능 홈페이지 www.maisonsvictorhugo.paris.fr

카르나발레 박물관 Musée Carnavalet [뮈제 까르나발레]

파리의 역사를 보여 주는 박물관

MAPECODE 11013

카르나발레 박물관은 카르나발레 대저택과 펠르티에르 저택의 두 건물로 이루어져 있는데, 카르나발레 저택은 1568년 주거 목적으로 지어진 것을 17세기 중엽 박물관으로 변경한 것이고, 펠르티에르 저택은 17세기 양식의 대저택으로 내부는 20세기 초기의 아름다운 인테리어를 자랑한다. 박물관 내부는 기원전 4400년 전의 오래된 유물부터 선사시대, 1789년 현대에 이르기까지 파리의 역사 전체를 보여 주는 회화, 가구, 판화, 각종 서류와 자료, 모형, 조각 등 예술품과 유물들을 전시하고 있다.

박물관은 시대순으로 전시되어 있다. 카르나발레 저택 1층은 르네상스, 2층엔 프랑스 혁명 때까지의 소장품들이 있고, 펠르티에르 저택에는 1층은 선사시대부터 갈로-로만(Gallo-Romaine) 시대와 제1, 2제정 시대의 유물을, 2층에는 제2제정 시대부터 현재, 3층에는 프랑스 혁명 시의 파리의 거리를 보여 주고 있다.

※ 2019년 말까지 개조 공사가 진행 예정이라 입장이 불가하다.

주소 23 Rue de Sevigne, 75003 오픈 (화~일) 10시~18시 / 월요일, 공휴일 휴무 요금 무료(특별 전시만 유료) Métro 1호선 생폴(St-Paul) 역에서 3~4분 / 8호선 슈맹베르(Chemin vert) 역에서 도보 3~4분 버스 29, 69, 76, 96번 촬영 실내 촬영 가능 홈페이지 www.carnavalet.paris.fr

피카소 미술관 Musée Picasso [뮈제 삐까소]

피카소의 작품을 전시하고 있는 미술관

MAPECODE 11014

생의 대부분을 프랑스에서 보낸 스페인 태생의 화가 파블로 피카소(Pablo Picasso)가 사망한 후 프랑스 정부는 그의 유족들로부터 유산 상속세 대신 작품들을 기증받아 미술관을 세웠다. 여러 도시에 피카소 미술관이 있지만, 그중에서도 이곳 파리의 미술관을 가장 높이 평가한다.

미술관이 세워진 건물은 17세기에 지은 바로크풍의 호화로운 살레 저택(Hôtel Salé)으로 1656년 소금세 징수원인 오베르 드 퐁트네(Aubert de Fontenay)가 건설한 저택이다.

이 미술관엔 연대기에 따라 바르셀로나 시절의 고전적 스타일에서 청색 시대, 입체파 시대, 흑색 시대 등에 이르기까지 체계적으로 250여 점의 회화와 160여 점의 조각 작품들을 전시해 놓았다. 피카소 작품 세계의 변천뿐만 아니라 그의 개인적인 삶과 예술적 생애까지 더듬어 볼 수 있다. 특히 〈자화상〉, 〈해변을 달리는 두 여인〉, 〈키스〉 등이 유명하다.

주소 Hôtel Salé, 5 Rue de Thorigny, 75003 오픈 (화~금) 10시 30분~18시, (주말, 공휴일) 9시 30분~18시, (10월 20일~11월 5일 화~일) 9시 30분~18시 / 월요일, 12월 25일, 1월 1일, 5월 1일 휴관 요금 (일반) 12.50유로, (할인) 11유로 / 뮤지엄 패스 사용 가능 / 매월 첫째 주 일요일 무료 Métro 1호선 생폴(St-Paul) 역에서 도보 5~7분 / 8호선 생세바스티앵 프루아사르(St-Sébastien Froissart) 역에서 5분 버스 20, 29, 65, 75, 69, 96번 홈페이지 www.museepicassoparis.fr

로지에르 거리 Rue des Rosiers [뤼 데 로지에르]

파리에서 가장 아름다운 유대인 밀집 거리

MAPECODE 11015

장미 덩굴을 의미하는 이름인 로지에르 거리는 파리에서 가장 아름다운 거리라고도 말할 수 있는 거리로, 유대인 밀집 지역에 있다.

유대인들은 13세기부터 이곳에 정착하기 시작했으며 19세기에도 러시아, 폴란드, 중부 유럽 등지로부터 한 무리의 유대인들이 이주해 왔다. 1950~60년대에 이르러서는 알제리, 튀니지, 모로코 그리고 이집트로부터 스페인-포르투갈계 유대인들이 이곳에 이주해 왔다.

오늘날 이 거리에는 유대교 회당, 유대인 제과점, 음식점 등이 들어서 있는데, 유대인의 표시인 유대 별이 간판에 그려져 있는 곳이 유대인이 운영하는 가게다. 가장 유명한 유대인 음식점은 조 골덴베르(Jo Goldenberg)이다.

주소 Rue des Rosiers, 75004 Métro 1호선 생폴(St-Paul) 역에서 도보 1~2분 버스 67, 69, 76, 96번, Balabus

생폴 생루이 성당 Église St-Paul St-Louis [에글리즈 상 폴 상 루이]

마레 지구를 대표하는 성당

MAPECODE 11016

다른 성당에 비해 밝은 분위기의 생폴 생루이 성당은 1580년 수도사들을 위한 수용 시설과 수도원을 세운 것을 계기로 세워졌는데, 1627~1641년에 걸쳐서 확장되었다. 그 후 이 성당은 1762년 프랑스에서 예수회가 금지될 때까지 예수회가 지녔던 영향력의 상징이었다.

현재의 생폴 생루이 성당은 성 바오로와 성 루이에게 바치기 위해서 1796년에 다시 새롭게 세워진 것으로, 이 성당의 회중석은 로마에 있는 예수회 교회를 모델로 만들어졌고, 60m에 달하는 예수회의 상징인 돔은 앵발리드 저택의 돔 교회와 소르본 성당의 모델이 되었다.

성당 입구에는 조개 껍데기 모양의 성수통이 있는데 빅토르 위고가 기증한 것이다. 그리고 성당 한쪽에는 피롱(Germain Pilon)의 작품인 〈슬픔의 마리아(La vierge del Douleur)〉 조각과 들라크루아(Delacroix)의 걸작인 〈올리브 정원의 그리스도(Le Christ au jardin des Oliviers)〉가 있다.

주소 99 Rue St-Antoine, 75004 오픈 8시~20시 Métro 1호선 생폴(St-Paul) 역에서 도보 1분 버스 67, 69, 76, 96번, Balabus

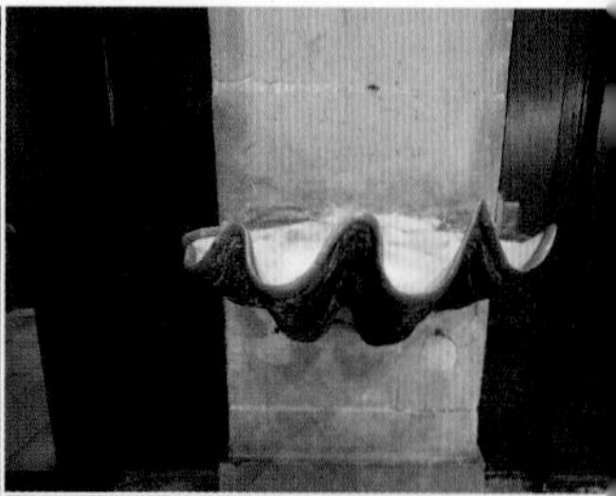

스페이스 인베이더

무심코 파리의 거리를 걷다 보면 파리와 어울리지 않을 것 같으면서도 교묘하게 어울리는 재미있는 캐릭터의 모습이 건물에 붙어 있는 것을 볼 수 있는데, 바로 '스페이스 인베이더'라는 게임의 캐릭터이다.
작은 타일 조각으로 만들어져 있는데, 거리를 걷다 보이는 다양한 캐릭터들을 찾는 재미도 쏠쏠하다. 이 캐릭터 타일 조각들은 정체불명의 작가가 남겨 놓은 것인데, 이 작가는 전 세계 대도시를 돌아다니며 스페이스 인베이더 타일 조각을 벽에 붙여 놓고 있다고 한다. 아무렇게나 붙이는 것 같지만 그는 주위 환경이나 분위기, 색깔과도 조화를 이루면서 은근히 눈에 잘 띄는 곳에 붙여 놓는다. 파리에서는 특히 마레 지구나 몽마르트르 주변에 많이 있으니 한번 찾아 보자.

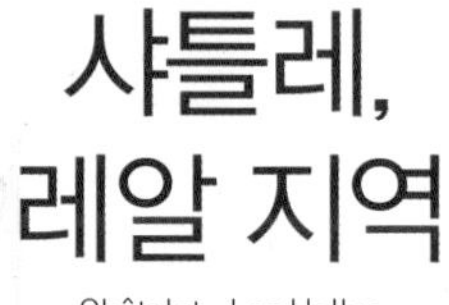

샤틀레, 레알 지역

Châtelet - Les Halles

파리 대중교통의 중심

지리적으로 파리의 가장 중심에 위치해 있는 이 지역은 RER A, B, D선과 Métro 1, 4, 7, 11, 14호선의 총 8개의 라인이 지나가는 대중교통의 중심이다. 이동하기 유리한 위치와 교통 덕에 많은 상점들과 도서관, 박물관, 레스토랑 등이 밀집해 있다. 특히 다양한 상점들이 모여 있는 레알 센터와 도서관, 현대 미술관이 들어서 있는 퐁피두 센터, 파리의 공공 기관인 파리 시청 등이 있어서 많은 학생들, 예술가, 관광객들이 즐겨 찾는 이 곳은 아침부터 밤까지 활기가 가득 넘친다.

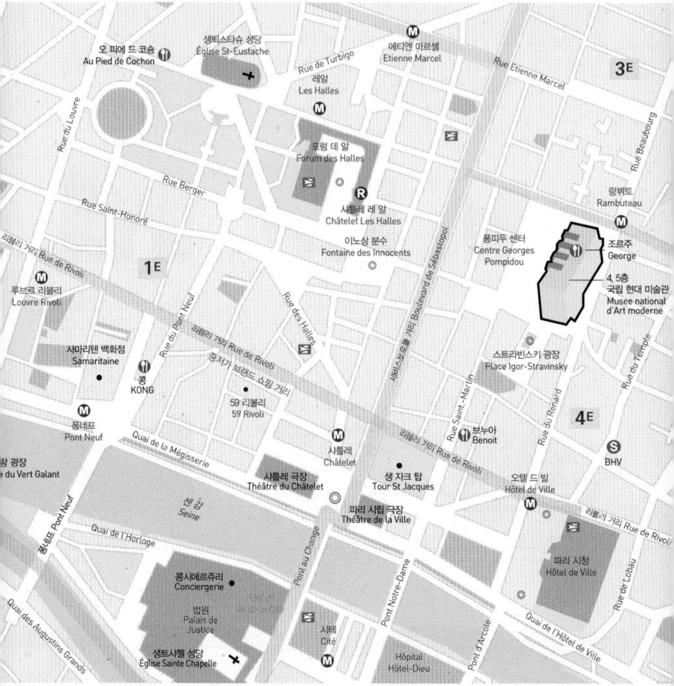

오 피에 드 코숑
Au Pied de Cochon
생퇴스타슈 성당
Église St-Eustache
Rue de Turbigo
에티엔 마르셀
Etienne Marcel
Rue Etienne Marcel
3E
레알
Les Halles
Rue du Louvre
포럼 데 알
Forum des Halles
Rue Beaubourg
Rue Berger
Rue Saint-Honoré
샤틀레 레 알
Châtelet Les Halles
랑뷔토
Rambuteau
리볼리 거리 Rue de Rivoli
이노상 분수
Fontaine des Innocents
퐁피두 센터
Centre Georges
Pompidou
조르주
George
1E
4, 5층
국립 현대 미술관
Musee national
d'Art moderne
루브르 리볼리
Louvre Rivoli
Rue des Halles
세바스토폴 거리 Boulevard de Sébastopol
Rue du Pont Neuf
리볼리 거리 Rue de Rivoli
중저가 브랜드 쇼핑 거리
사마리텐 백화점
Samaritaine
스트라빈스키 광장
Place Igor-Stravinsky
Rue du Temple
콩
KONG
59 리볼리
59 Rivoli
Rue Saint-Martin
Rue du Renard
4E
퐁네프
Pont Neuf
Quai de la Mégisserie
브누아
Benoit
리볼리 거리 Rue de Rivoli
BHV
샤틀레
Châtelet
광장
du Vert Galant
샤틀레 극장
Théâtre du Châtelet
생 자크 탑
Tour St Jacques
오텔 드 빌
Hôtel de Ville
센 강
Seine
파리 시립 극장
Théâtre de la Ville
리볼리 거리 Rue de Rivoli
퐁네프 Pont Neuf
Quai de l'Horloge
Pont au Change
파리 시청
Hôtel de Ville
콩시에르쥬리
Conciergerie
Pont Notre-Dame
Rue de Lobau
법원
Palais de
Justice
Quai des Augustins Grands
Quai de l'Hôtel de Ville
생트샤펠 성당
Église Sainte Chapelle
시테
Cité
Hôpital
Hôtel-Dieu
Pont d'Arcole

이 지역을 여행할 때 주의할 점!

샤틀레, 레알 지역은 파리에서 범죄율이 가장 높은 지역이다. 편리한 교통편으로 인해, 많은 사람들이 모이는 곳이기 때문에 소매치기나 강도도 많은 편이니, 되도록이면 너무 구석구석 둘러보지 말고, 늦은 시간에 방문하지 않는 것이 좋다.

샤틀레, 레알 지역

대중교통의 중심이며, 유리한 위치와 교통 덕분에 많은 상점들과 도서관, 박물관, 레스토랑 등이 밀집해 있다. 그래서 이 지역은 항상 활기가 넘친다.

파리 시청
파리에서 가장 멋진 양식의 관공서

도보 3분

스트라빈스키 광장
파리에서 가장 재미있는 분수가 있는 광장

도보 1분

퐁피두 센터
파리에서 가장 현대적이고 독특한 양식으로 지어진 미술관 겸 도서관

도보 4분

이노상 분수
파리의 젊은이들이 약속 장소로 가장 많이 이용하는 장소

도보 1분

포럼 데 알
파리 중심에 있는 대형 쇼핑 센터

도보 1분

생퇴스타슈 성
파리의 4대 성당 중 하나로 오르간 연주가 유명한 성당

스트라빈스키 광장

파리 시청 Hôtel de Ville [오뗄 드 빌]

파리에서 가장 멋진 양식의 관공서

MAPECODE 11017

센 강변에 멋지게 자리잡고 있는 시청은 17세기의 시공회당 건물이었는데 1871년 화재로 전소되었으나 지금은 다시 복구되었다.

시청 앞의 광장은 예전에는 교수형, 화형 등을 집행하던 곳으로 쓰였는데, 이 광장에서 사형당한 사람은 1610년 앙리 4세를 암살한 리바이악(François Ravaillac) 외 수많은 사람들이 있다. 리바이악은 특히 사지가 네 마리 말에 묶여서 처참하게 죽었다고 한다. 하지만 지금 시청 앞 광장은 여름에는 모래밭, 겨울에는 스케이트장, 그리고 평소에는 각종 전시회를 개최하는 곳으로 사용되고 있어, 일년 내내 다양한 행사가 열린다.

주소 4 Pl. de l'Hôtel de Ville, 75004 Métro 1, 11호선 오텔 드 빌(Hôtel de Ville) 역에서 바로 버스 67, 69, 70, 72, 74, 76, 96번, Balabus

스트라빈스키 광장 Place Igor-Stravinsky [쁠라스 이고-스트라방스끼]

파리에서 가장 재미있는 분수가 있는 광장

MAPECODE 11018

스트라빈스키 광장은 퐁피두 센터(Centre Pompidou)와 생메리(Saint-Merri) 성당의 가운데에 있는 광장이다. 이 광장에는 니키 드 생팔르(Niki de Saint Phalle)와 장 틸겔리(Jean Tinguely)가 만든 특이한 모양으로 아무렇게나 물을 뿜어 대는 분수대들이 있다. 이 분수대는 러시아 현대 작곡가인 스트라빈스키의 '봄의 제전'을 분수 조각으로 표현한 것이다.

Métro 11호선 랑뷔토(Rambuteau) 역에서 도보 2분 / 1, 11호선 오텔 드 빌(Hôtel de Ville) 역에서 도보 2~3분 RER A, B, D호선 샤틀레 레 알(Châtelet Les Halles) 역에서 도보 2~3분 버스 38, 47, 75번

퐁피두 센터 Centre Georges Pompidou [성트르 조르쥐 뽕삐두]

파리에서 가장 현대적이고 독특한 양식으로 지어진 미술관 겸 도서관

MAPECODE 11019

건물 내에 있어야 할 계단, 엘리베이터, 에스컬레이터, 전기 배선, 상하수도 등이 모두 건물 밖으로 나와 있어 재미있는 이 건축물은 리차드 로저(Richard Rogers)와 랑조 피아노(Renzo Piano)가 1977년에 완공시킨 퐁피두 센터이다. 건물 밖으로 나와 있는 파이프에 칠해진 색은 미적인 배려뿐만 아니라 기능적으로 구분이 가능하도록 해 놓은 것인데, 노랑색으로 칠해진 파이프에는 전선이 있고, 녹색은 수도관, 파란색은 환기구, 빨간색은 엘리베이터를 나타낸다.

이 건물은 드골 장군에 이어 프랑스 대통령을 지낸 퐁피두 대통령의 이름을 따 퐁피두 센터라 불리는데, 내부에는 국립 현대 미술관(MNAM), 대중 정보 도서관(BPI), 음악음향 조율 연구소(Ircam)와 같은 기관이 있고 기획 전시실과 공연장, 극장, 식당, 카페 등도 있다.

4, 5층에 있는 국립 현대 미술관(Musée National d'Art Moderne)에는 1905년 피카소 이후의 미술 작품 3만 점을 감상할 수 있다. 피카소의 〈비둘기와 함께 있는 여인〉, 마티스의 〈왕의 슬픔〉, 샤갈의 〈러시아로 가는 노새와 그 밖의 것들〉, 브라크의 〈기타를 든 남자〉, 레제의 〈기계 시대〉, 칸딘스키의 〈흰색 평면 위의 구성〉, 미로의 〈투우〉, 달리의 〈부분적 환각〉, 딕스의 〈실비아 봉 아르당의 초상화〉 등이 있다. 퐁피두 센터 앞 광장에는 많은 예술가들이 모여들어, 마술 쇼부터 악기 연주, 판토마임, 퍼포먼스 등 공연이나 예술 활동을 펼친다.

주소 Pl. Georges Pompidou 오픈 11시~22시(전시장은 21시까지) **아뜰리에 브랑쿠시**(Atelier Brancusi) 14시~18시 / 화요일, 5월 1일 휴관 요금 **현대 미술관** 일반 14유로, 할인 11유로 / **파노라마 전망대** 5유로(미술관 입장권을 구매했다면 따로 구매할 필요 없음) / 매월 첫째 주 일요일 무료 Métro 11호선 랑뷔토(Rambouteau) 역에서 바로 / 1, 11호선 오텔 드 빌(Hôtel de Ville) 역에서 도보 3분 RER A, B, D호선 샤틀레 레 알(Châtelet Les Halles) 역에서 도보 2~3분 버스 29, 38, 47, 75번 홈페이지 www.centrepompidou.fr

퐁피두 센터의 박물관으로 갈 때는 밖으로 나와 있는 에스컬레이터를 타고 올라가게 된다. 박물관은 4층에 있지만, 일단 에스컬레이터를 타고 꼭대기에 올라가 보자. 에스컬레이터 꼭대기에서 바라보는 파리의 전경이 매우 아름답다.

이노상 분수 Fontaine des Innocents [뽕뗀느 데지노상]

파리의 젊은이들이 약속 장소로 가장 많이 이용하는 장소

MAPECODE 11020

이노상 분수는 앙리 2세의 파리 입성을 축하하기 위해 1549년 피에르 레스코(Pierre Lescot)가 설계하고 장 구종(Jean Goujon)이 조각한 분수대다. 이 분수는 원래는 생드니 거리에 세워졌는데 1786년 이곳 이노상 광장(Square des Innocents)으로 이사왔다. 하지만 원본은 루브르 박물관에 있고, 광장에 세워진 것은 모조품이다.

원래 이노상 광장은 묘지가 있던 곳으로 18세기쯤 묘지가 없어지고 광장으로 조성되었다. 그리고 묘지에 있던 200만 구의 유골은 현재 '카타콩브(Catacombes)'라고 불리는 곳으로 이전되었다.

이노상 광장의 조성과 함께 이곳으로 옮겨온 이노상 분수대는 세밀하게 복구되었고, 현재 레알 지역의 상징이 되었다. 또한 파리에 남아 있는 르네상스 시대의 마지막 분수대이다.

Métro 1, 4, 7, 11, 14호선 샤틀레(Châtelet) 역에서 도보 1~3분 / 4호선 레 알(Les Halles) 역에서 도보 2~3분
RER A, B, D호선 샤틀레 레 알(Châtelet Les Halles) 역에서 도보 1분

포럼 데 알(레알 센터) Forum des Halles [포럼 데알]

파리 중심에 있는 대형 쇼핑 센터

MAPECODE 

1983년 과일과 채소를 파는 재래시장 한가운데에 세워진 쇼핑 센터로 지하와 지상에 걸쳐 무려 7ha에 이르는 면적을 차지한다. 예전에는 일주일에 두 번 3일장이 서는 곳이었고, 식료품과 여러 가지 물품들이 거래되었던 곳이지만, 2차 세계 대전 이후로 시장은 파리 외곽인 오를리 공항 근처로 옮겨졌다.

현재 이 센터 안에는 파리에서 가장 큰 영화관이 있고, 세련된 부티크에서 대형 상점까지 220여 개의 다양한 상점들이 들어서 있다. 건물 구조가 지상으로 올라가 있지 않고 지하로 4층까지 내려가게 되어 있는 것이 독특하다.

특히 지하철 8개 노선이 지나는 교통의 요지에 자리잡고 있어 방문이 편리하다.

오픈 10시~20시 Métro 1, 4, 7, 11, 14호선 샤틀레(Châtelet) 역에서 도보 1~3분 RER A, B, D호선 샤틀레 레 알(Châtelet Les Halles) 역에서 바로

생퇴스타슈 성당 Église St-Eustache [에글리즈 상뛰스따슈]

파리의 4대 성당 중 하나로 오르간 연주가 유명한 성당

MAPECODE 11022

처음에 성 아네스에게 봉헌되었다가, 성 위스타슈 성인에게 봉헌된 생퇴스타슈 성당은 105년이나 걸려 1637년에 완성된 고딕 양식에 르네상스 양식의 장식이 가미된 성당이다. 1844년에는 화재로 소실되었다가 다시 복구되었는데, 그때 르네상스 양식의 작은 두 개의 종루가 첨가되었다.

성당 내부는 노트르담 대성당을 본떠 다섯 개의 본당 회중석과 측면 소성당, 방사선형 소성당을 갖추고 있고, 시몽 부에, 루벤스, 마네티 등의 성화와 피갈 등의 조각이 장식되어 있다.

또한, 파리 3대 파이프 오르간 연주로 유명한 곳으로, 7,000개의 파이프 오르간으로 연주되며 특히, 예전에 이곳에서 리스트와 베를리오즈가 작품을 발표한 것으로도 알려져 있다.

이 성당에서는 몰리에르(Molière), 리슐리외(Richelieu) 추기경, 마르키스 드 퐁파두르(Marquise de Pompadour) 등 유명한 인물들이 세례를 받았고, 몰리에르는 이곳에 묻혀 있다. 1778년에는 모차르트 어머니의 장례식도 이곳에서 치러졌다고 한다. 이 성당 밖에는 앙리 드 밀레(Henri Miller)가 조각한 두상인 레쿠트(L'écoute)가 조각되어 있다.

주소 Place du Jour, 75001 오픈 월~금 9시 30분~19시, 토 10시~19시 15분, 일 9시~19시 15분 Métro 4호선 레 알(Les Halles) 역에서 도보 1분 / 4호선 에티엔 마르셀(Etienne Marcel) 역에서 도보 2분 / 1, 4, 7, 11, 14호선 샤틀레(Châtelet) 역에서 도보 2~3분 RER A, B, D호선 샤틀레 레 알(Châtelet Les Halles) 역에서 도보 1~2분 버스 29, 67, 74, 85번

59 리볼리 59 Rivoli [쌩껑뜨 네프 리볼리]

예술인들이 무단 점령해 예술 활동을 하던 건물

MAPECODE 11023

파리 시청 근처 리볼리가 59번지를 주인이 자리를 잠시 비운 사이, 예술가들이 하나 둘씩 이 건물로 몰려와 예술 활동을 했다. 그 소문은 계속 퍼져 건물 전체가 모두 예술가들에게 점령당한 채, 예술인들을 위한 작업실로 꾸며졌다. 무단 침입으로 인해 이들이 쫓겨날 위기에 처했지만, 예술가들의 활약에 파리 시에서는 정식 허가를 내주고 이들의 예술 활동을 지지하게 된다. 덕분에 무명의 예술가들은 파리의 가장 중심가의 비싼 건물 전체를 자유롭게 예술 활동을 하는 공간으로 사용할 수 있게 되었다. 그래서 뮤지엄처럼 꾸며 놓고, 그들의 작품과 퍼포먼스를 보여주거나 판매도 하고, 때로는 음악 콘서트도 열고 뮤직 비디오도 촬영하는 장소로 활용하고 있다. 예술 활동을 하는 사람들이라면 누구든 포트폴리오를 제출해서 전시를 기획할 수 있으며, 일정 기간 체류하는 것도 가능하다. 그리고 관람객들은 파리의 무명의 현대 작가들의 작품들을 자유롭게 무료로 관람할 수 있다.

주소 59 rue Rivoli 전화 +33-1-4461-0831 오픈 화~일 13시~20시 Métro 1, 4, 7, 11, 14호선 샤틀레(Châtelet) 역에서 도보 약 1분 홈페이지 www.59rivoli.org/main.html

사마리텐 Samaritaine 백화점

사마리텐 백화점 옥상 카페는 파리에서 전경을 바라보기 좋았던 곳이다. 카페(프랑스에서는 커피를 카페라고 함) 한 잔도 비싸지 않고, 파리 중심에 있기에 정말 '공짜'로 전경을 바라볼 수 있는 곳이었다. 물론 파리에서 가장 낭만적인 카페이기도 했다. 하지만 지난 2005년 6월 15일 센 강 범람으로 사마리텐 백화점이 무기한 폐업에 들어가는 바람에 지금은 드라마 속에만 등장하는 명소가 되어 버렸다.

센 강 범람이 일어났던 2005년 6월 15일의 파리는 정말 암흑과 같았다. 약 2~3시간 정도 이어졌던 우박을 동반한 폭우로 대낮인데도 어둠이 깔려 버리고 하늘에 구멍이 난 것 같았다. 안타깝게도 아르데코의 화려한 실내 장식을 자랑하고 아르누보 양식의 철 계단과 튀어나온 발코니가 아름다웠던 사마리텐 백화점을 비롯한 많은 곳들이 피해를 입었다. 특히 사마리텐 백화점은 오래된 건물이기도 하고, 보수 공사를 해야 하는 시점에서 피해를 입었기 때문에 복구하는 데 30년 이상 걸린다고 했다. 그렇다고 새로 짓기에는 건물 자체의 가치가 있어서 쉽게 붕괴시킬 수도 없는 입장이라고 한다.

현재 사마리텐 백화점은 2019년 재오픈을 목표로 공사 중이다. 그래서 아마도 재오픈 이후에 파리를 여행하는 사람은 사마리텐 백화점에서 멋진 뷰를 감상할 수 있을 것이다.

옥상 카페에서 내려다본 풍경

튈르리, 오페라 지역

Tuileries, Opéra

프랑스의 역사와 문화가 숨 쉬고 있는 지역

콩코르드 광장부터 루브르 박물관까지, 센 강변에서 오페라 가르니에까지 넓게 펼쳐져 있는 이 구역에는 세계 3대 박물관 중의 하나인 루브르 박물관은 물론 루이 14세가 태어난 루아얄 궁전, 마리 앙투아네트가 단두대의 이슬로 사라진 콩코르드 광장, 화려한 오페라 가르니에까지 프랑스 역사와 문화가 곳곳에 숨 쉬고 있다. 또한 쇼핑의 중심가답게 갤러리 라파예트, 프랭탕 등 대형 백화점과 각종 상점, 레스토랑, 은행, 극장, 관광 안내소, 여행사들이 즐비하다.

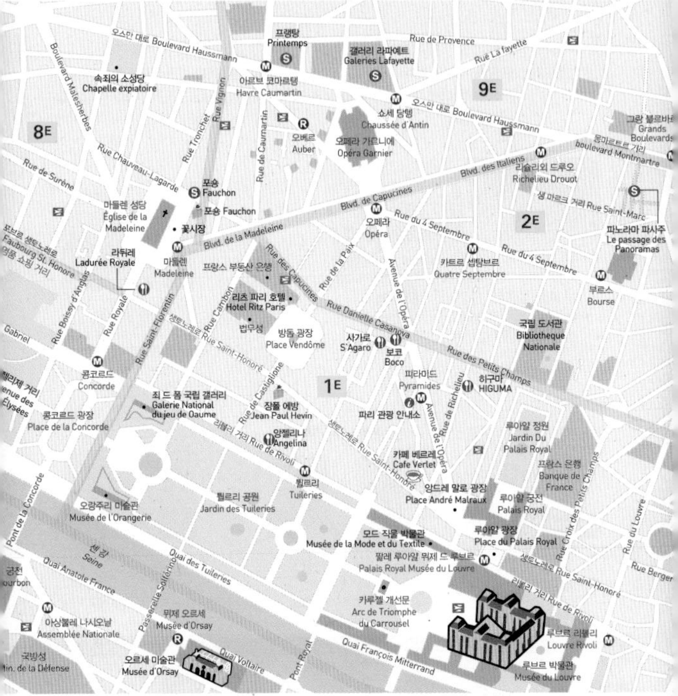

오스만 대로 Boulevard Haussmann
Boulevard Malesherbes
속죄의 소성당
Chapelle expiatoire
8E
Rue Chauveau-Lagarde
Rue de Surène
Rue Tronchet
Rue Vignon
프랭탕
Printemps
아르브 코마르탱
Havre Caumartin
Rue de Caumartin
오베르
Auber
갤러리 라파예트
Galeries Lafayette
Rue de Provence
Rue La fayette
9E
쇼세 당탱
Chaussée d'Antin
오스만 대로 Boulevard Haussmann
오페라 가르니에
Opéra Garnier
그랑 불르바르
Grands
Boulevards
몽마르트르 거리
boulevard Montmartre
Blvd. des Italiens
리슐리외 드루오
Richelieu Drouot
생 마르크 거리 Rue Saint-Marc
포숑
Fauchon
포숑 Fauchon
마들렌 성당
Église de la
Madeleine
꽃시장
Blvd. de la Madeleine
Blvd. de Capucines
오페라
Opéra
Rue du 4 Septembre
2E
파노라마 파사주
Le passage des
Panoramas
포부르 생토노레 명품 쇼핑 거리
Faubourg St. Honoré
라뒤레
Ladurée Royale
마들렌
Madeleine
프랑스 부동산 은행
Rue des Capucines
Rue de la Paix
카트르 셉탕브르
Quatre Septembre
Rue du 4 Septembre
부르스
Bourse
Avenue de l'Opéra
리츠 파리 호텔
Hotel Ritz Paris
법무성
방돔 광장
Place Vendôme
Rue Danielle Casanova
Rue Cambon
생토노레 Rue Saint-Honoré
Rue Saint-Florentin
Rue Royale
Rue Boissy d'Anglas
Gabriel
사가로
S'Agaro
보코
Boco
국립 도서관
Bibliothèque
Nationale
Rue des Petits Champs
콩코르드
Concorde
샹젤리제 거리
Avenue des Champs-Élysées
콩코르드 광장
Place de la Concorde
죄 드 폼 국립 갤러리
Galerie National
du jeu de Oaume
Rue de Castiglione
장폴 에방
Jean Paul Hevin
1E
피라미드
Pyramides
하구마
HIGUMA
파리 관광 안내소
Rue de Richelieu
Avenue de l'Opéra
리볼리 거리 Rue de Rivoli
앙젤리나
Angelina
생토노레 Rue Saint-Honoré
루아얄 정원
Jardin Du
Palais Royal
카페 베를레
Cafe Verlet
프랑스 은행
Banque de
France
튈르리
Tuileries
튈르리 공원
Jardin des Tuileries
오랑주리 미술관
Musée de l'Orangerie
앙드레 말로 광장
Place André Malraux
루아얄 궁전
Palais Royal
Rue des Petits Champs
Rue Croix des Petits Champs
Pont de la Concorde
센 강
Seine
Quai des Tuileries
모드 직물 박물관
Musée de la Mode et du Textile
루아얄 광장
Place du Palais Royal
Rue du Louvre
Rue Berger
팔레 루아얄 뮈제 드 루브르
Palais Royal Musée du Louvre
생토노레 Rue Saint-Honoré
궁전
Bourbon
Quai Anatole France
Passerelle Solférino
리볼리 거리 Rue de Rivoli
카루젤 개선문
Arc de Triomphe
du Carrousel
아상블레 나시오날
Assemblée Nationale
뮈제 오르세
Musée d'Orsay
루브르 리볼리
Louvre Rivoli
국방성
Min. de la Défense
오르세 미술관
Musée d'Orsay
Quai Voltaire
Pont Royal
Quai François Mitterrand
루브르 박물관
Musée du Louvre

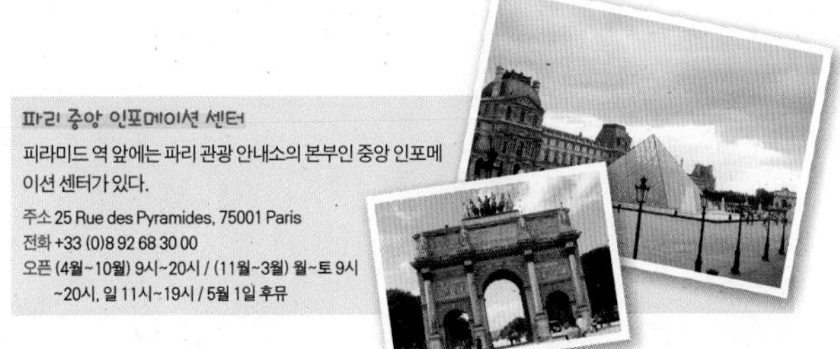

파리 중앙 인포메이션 센터

피라미드 역 앞에는 파리 관광 안내소의 본부인 중앙 인포메이션 센터가 있다.

주소 25 Rue des Pyramides, 75001 Paris
전화 +33 (0)8 92 68 30 00
오픈 (4월~10월) 9시~20시 / (11월~3월) 월~토 9시 ~20시, 일 11시~19시 / 5월 1일 후뮤

튈르리, 오페라 지역

프랑스 역사와 문화가 숨 쉬고 있는 지역이다. 또한 쇼핑의 중심가답게 라파예트, 프랭탕 등 대형 백화점과 각종 상점, 레스토랑, 은행, 극장, 관광 안내소, 여행사들이 즐비하다.

루브르 박물관
세계 3대 박물관 중 하나이자
파리 최고의 박물관

루브르 궁전

도보 2분

루아얄 궁전
루이 14세가 베르사유로 궁전을
옮기기 전에 머물던 궁전

도보 15분
또는
버스나 메트로 3분

오페라 가르니에
세계적으로 손꼽히는
화려한 오페라 극장

도보 5분

생토 노레 거리
파리의 대표적인
명품 쇼핑 거리

도보 5분

콩코르드 광장
파리에서 가장 크고, 유럽에서도
가장 크며 역사가 깊은 광장

오페라 가르니에

루아얄 궁전 Palais Royal [빨레 루아얄]

루이 14세가 베르사유로 궁전을 옮기기 전에 머물던 궁전

MAPECODE 11024

루아얄 궁전은 원래 리슐리외(Richelieu) 추기경의 궁전으로 건설된 것이다. 어린 시절을 이곳에서 보낸 루이 14세가 베르사유로 궁전을 옮긴 후에는 오를레앙가의 소유가 되었고, 당시에는 귀족들의 모임과 도박을 비롯한 각종 연회가 개최되었다.

그러나 1763년에 화재로 재건축되면서 정원의 3면에 동일한 모양의 집을 60채나 지었고, 1784년쯤에는 정원에 회랑을 두르고 그곳에 늘어서 있는 방을 점포와 아파트로 임대했다. 회랑은 카페와 술집이 들어선 상점가로 변했고 혁명기에는 시민들의 집합소가 되었다. 1789년 7월 13일 카페 드 푸아(Café de Foy)에서 변호사 까미유 데물랭(Camille Desmoulins)이 연설을 하게 되는데, 그 연설을 들은 파리 시민들이 흥분해서 바스티유 감옥을 습격하게 된다.

루아얄 궁전 정원 입구에는 다니엘 뷔랑(Daniel Buren)의 석조 기둥이 있는데 260개의 원기둥, 원형 분수 등 현대적인 장식물로 이루어져 있다. 그리고 정원을 둘러싸고 있는 회랑에는 골동품 가게와 레스토랑이 들어서 있다. 특히 가장 안쪽의 그랑 베푸로(Grand Véfour)라는 18세기 양식의 아름다운 레스토랑에서는 나폴레옹과 빅토르 위고가 식사를 했다고 한다. 궁전 건물은 개방하지 않는데 지금은 프랑스 최고의 법률 기관인 행정 재판소와 헌법 재판소와 문화부가 들어서 있다.

주소 2 Place Colette, 75001 Métro 1, 7호선 팔레 루아얄 뮈제 드 루브르(Palais Royal Musée du Louvre) 역에서 도보 1분 버스 21, 39, 48, 67, 69, 72, 81번

★ 동전을 던져 파리로 다시 돌아오는 행운을 잡아보자!

다니엘 뷔랑의 석조 기둥 중간에는 동전을 던질 수 있는 기둥이 하나 있는데, 동전을 던져 기둥 위에 동전이 올라가면 행운이 따르고, 그렇지 않으면 액운이 온다고 한다. 또한 관광객이 던진 동전이 기둥 위에 올라가면 다시 파리를 찾을 수 있다고 하니, 재미 삼아 한번 던져 보아도 좋을 것이다.

★ 아르데코, 아르누보 양식의 메트로 입구

팔레 루아얄 메트로는 여러 개의 입구가 있는데 그중 앙드레 말로 광장(Place André Malraux)에 있는 입구는 왕관 모양으로 꾸며져 있다. 이는 파리 메트로 100주년을 맞아서 원래 꼴레뜨 광장(Place Colette)에 2000년 10월에 세워진 것을 이곳으로 옮겨온 것이다. 장 미셸 오토니엘(Jean-Michel Othoniel)에 의해 만들어졌는데, 입구의 둥근 지붕은 알루미늄 진주에 색깔을 칠하고 뚫은 다음 이어서 만들었다.

그리고 팔레 루아얄 광장(Place du Palais Royal)에는 엑토르 기마르(Hector Guimard)가 만든 아르누보(Art Nouveau) 양식으로 지어진 메트로 역 입구가 있는데, 아르누보 양식의 지하철역 입구는 파리에 딱 두 군데, 아베쎄 역과 이곳에 남아 있다.

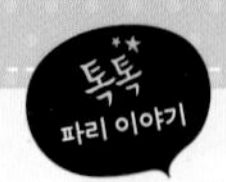

파리의 박물관들

문화와 예술의 중심에 있는 파리에는 크고 작은 수많은 박물관들이 있다. 유명한 유적지들을 둘러보는 것과 더불어 파리의 박물관들을 둘러보면, 다양한 문화와 미술, 건축 등의 예술에 관해서도 자세하게 알 수 있다. 특히 파리에는 세계 3대 박물관으로 불리는 루브르 박물관과 우리에게도 친숙한 작품들을 많이 소장하고 있는 오르세 미술관 등 볼거리가 너무나 많다.

뮤지엄 패스 Paris Museum Pass

파리의 여러 박물관에 가고 싶다면, 파리 뮤지엄 패스를 이용하는 것이 효율적이다. 파리 뮤지엄 패스는 2일권, 4일권, 6일권이 있는데, 무려 60여 개의 박물관이나 관광지에 입장할 수 있다. 특히 인기 많은 관광지도 줄을 길게 서지 않고 입장할 수 있어서, 짧은 시간에 많은 곳들을 둘러보고자 하는 사람들에겐 유용하다. 패스에 기재된 유효한 날짜 내에 입장 가능한 뮤지엄들은 패스만으로 무료로 입장하거나, 입장권 창구에서 무료 티켓을 받아서 입장하면 된다. 뮤지엄 패스 판매처는 각 뮤지엄 입장권 창구나 파리 인포메이션 센터, 공항, 프낙(파리의 대형 서점) 등에서 구매할 수 있다. 한국에서 미리 구매를 원한다면 소쿠리패스를 이용하자.

이용 가능한 뮤지엄들 개선문, 퐁피두 현대미술관, 장식미술관, 캐 브랑리, 콩시에르쥬리, 들라크루아 박물관, 하수도 박물관, 아랍센터, 루브르 박물관, 노트르담 대성당 전망대, 오랑주리 미술관, 오르세 미술관, 팡테옹, 피카소 미술관, 로댕 미술관, 생샤펠 성당, 베르사유 궁전 등 **요금** 2일권 48유로, 4일권 62유로, 6일권 74유로 **홈페이지** www.parismuseumpass.com

★ 파리의 박물관 관람 순서

1848년 이전의 작품은 루브르 박물관, 1914년 이후의 작품은 퐁피두 센터에 전시되어 있다. 시대순으로 관람한다면 '루브르 → 오르세 → 퐁피두' 순으로 관람하면 된다.

파리 내 뮤지엄 패스 이용 박물관

루브르 박물관 Musée du Louvre **오르세 미술관** Musée d'Orsay
퐁피두 현대미술관 Centre Pompidou - Musée national d'art moderne
오랑주리 미술관 Musée national de l'Orangerie **개선문** Arc de Triomphe
노트르담 대성당 전망대 Tours de Notre-Dame
앵발리드 군사 박물관&돔 성당 Musée de l'Armée - Tombeau de Napoléon 1er
플랑릴리프 박물관 Musée des Plans-reliefs **생트 샤펠 성당** Sainte-Chapelle
콩시에르쥬리 Conciergerie **노트르담의 지하 유적** Crypte archéologique de Notre-Dame
중세 박물관 Musée national du Moyen Âge - Thermes et hôtel de Cluny **팡테옹** Panthéon
로댕 미술관 Musée Rodin **파리 유태 역사 예술 박물관** Musée d'Art et d'Histoire du Judaïsme
들라크루아 미술관 Musée national Eugène Delacroix **해양 박물관** Musée national de la Marine **기메 동양 박물관** Musée national des Arts asiatiques - Guimet
브랑리 박물관 Musée du quai Branly **장식 공예 박물관** Musée des Arts décoratifs **공예 박물관** Musée des Arts et métiers
하수도 박물관 Musée des Égouts de Paris **아랍 세계 연구소** Musée de l'Institut du Monde arabe **프랑스 문화제 박물관** Musée des Monuments Français
과학 박물관 Cité des Sciences et de l'Industrie - La Villette **속죄의 소성당** Chapelle Expiatoire **귀스타브 모로 박물관** Musée Gustave Moreau
의상 박물관 Musée de la Mode et du textile **광고 박물관** Musée de la Publicité **니쌍 카몽도 박물관** Musée Nissim de Camondo
영화 박물관 La Cinémathèque française - Musée du Cinéma **음악 박물관** Cité de la Musique - Musée de la Musique

파리 근교 뮤지엄 패스 이용 박물관

베르사유 궁전 Musée national des Châteaux de Versailles et de Trianon **퐁텐블로 궁전** Château de Fontainebleau
생 드니 대성당 Basilique cathédrale de Saint-Denis **샹티이 성** Musée Condé - Château de Chantilly
콩피에뉴 성 Musée et domaine nationaux du Château de Compiègne **뫼동의 로댕 미술관** Maison d'Auguste Rodin à Meudon
피에르퐁 성 Château de Pierrefonds **생제르맹 앙 레 국립 고고학 박물관** Musée d'Archéologie nationale de Saint-Germain-en-Laye
뱅센느 성 Château de Vincennes **말메종 성** Musée national des Châteaux de Malmaison et Bois-Préau **랑부이에 성** Château de Rambouillet
모리스 드니 Musée départemental Maurice Denis - Le Prieuré **에쿠앙 성** Musée national de la Renaissance - Château d'Ecouen
세라믹 박물관 Musée national de Céramique de Sèvres **빌라 사부와이에** Villa Savoye **루아얄 드 카리스 수도원** Abbaye royale de Chaalis

박물관 휴일

[일 무료 : 첫째 주 일요일에 무료인 박물관(루브르 박물관, 팡테옹은 상기된 기간에만 적용)]

	월	화	수	목	금	토	일	일 무료
루브르			~21시 45분		~21시 45분			10월~3월
오르세				~21시 45분				O
퐁피두								O
오랑주리					~21시			O
앵발리드		~21시						
팡테옹								11월~3월
로댕								O
중세								O
기메								O
브랑리				~21시	~21시	~21시		O
들라크루아								O
피카소								O
아랍 세계 연구소								

매월 첫째 주 일요일 박물관 무료 관람

매월 첫째 주 일요일엔 입장료가 무료인 박물관들이 많이 있다. 오르세 미술관, 퐁피두 미술관 등을 비롯해서 많은 국립 박물관은 무료인 곳들이 있으니 여행 중에 첫째 주 일요일이 겹친다면 잘 활용해 보자. 하지만 무료이므로 사람들이 많이 붐빈다. 박물관을 둘러보는 가장 좋은 코스는 로댕 미술관 → 오르세 미술관 → 루브르 박물관 → 퐁피두 미술관 순으로 관람하는 것이 좋다(점심 시간에 한가한 오르세 미술관, 오전에 많은 사람들이 몰려서 오후에는 그나마 한가해지는 루브르 박물관, 오후 늦은 시간까지 문을 여는 퐁피두 미술관 순서이다).

루브르 박물관 Musée du Louvre

MAPECODE 11025

세계 3대 박물관 중 하나

루브르 박물관은 원래는 바이킹의 침입으로부터 파리를 방어하기 위해 세운 요새였다. 이후 16세기 르네상스 양식의 궁전으로 새롭게 개조되었고, 이어 카트린 드 메디시스 등 많은 왕족들이 4세기에 걸쳐 루브르 궁전을 확장하고 개조했다. 하지만 루이 15세가 베르사유로 궁전을 옮기고 나서 주인 없는 궁전으로 방치되다가 나폴레옹 1세가 미술관으로서의 기초를 다지게 되었고, 나폴레옹 3세가 1852년에 북쪽 갤러리를 완성하면서 오늘날 루브르의 모습을 갖추게 된다. 이후 1981년 미테랑 대통령의 그랑 루브르 계획으로 전시관이 확장되고 1989년 박물관 앞에 건축가 I.M.페이의 설계로 유리 피라미드를 세우면서 대변신을 하게 되었다. 225개 전시실에는 고고학 유물과 그리스 도교 전례 이후의 서양 문명, 중세 예술, 르네상스 예술, 근대 미술 및 극동 지역 미술품으로 나누어 예술품들이 전시되어 있다.

운영 (월, 목, 토, 일) 9시~18시 (수, 금) 9시~21시 45분까지 / 화요일, 1월 1일, 5월 1일, 5월 8일, 12월 25일 휴관 요금 15유로 (당일 들라크루아 미술관 입장 포함) Metro 1, 7호선 팔레 루아얄 뮈제 드 루브르(Palais Royal Musée du Louvre) 역에서 1분 / 1호선 튈르리(Tuileries) 역에서 도보 1~2분 / 1호선 루브르 리볼리(Louvre Rivoli) 역에서 도보 1~2분 / 7호선 퐁네프(Pont Neuf) 역에서 도보 2~3분 홈페이지 www.louvre.fr

★루브르 박물관 입장하기

루브르 박물관 마당 중앙의 유리 피라미드는 박물관으로 들어가는 가장 큰 출입구라서 항상 사람들이 많이 붐빈다. 메트로를 이용해 루브르에 간다면, 1호선 7번 출구로 빠져나가면 바로 루브르 지하로 도착하니 입장이 훨씬 수월하다. 만약 다른 방법으로 도착했거나 출구를 잘못 나왔다면, 카루젤 개선문 양옆으로 내려가는 지하도를 따라 내려가면 곧바로 루브르 박물관 안으로 들어갈 수 있다.

★한글 오디오 가이드 사용하기

루브르에는 한국어 오디오 가이드가 있다. PDA로 되어 있는 루브르 오디오 가이드는 꽤 만족스러운 편이다. 빌릴 때는 신분증을 맡겨야 하고, 금액은 6유로이다. PDA 화면으로 작품을 보고, 음성을 들을 수 있다.

리슐리외관

반지층, 1층 프랑스의 5~18세기 조각들과 메소포타미아 유물이 전시되어 있다. 2층 중세실, 르네상스실, 17세기실, 나폴레옹 3세실, 19세기실 등으로 나뉘어 장식 미술품을 전시한다. 특히 르네상스실과 나폴레옹 3세실은 호화로움의 극치를 이루는 장식 미술의 세계를 보여 준다. 3층 회화관으로 플랑드르 화파와 네덜란드 화파, 독일 및 14~17세기의 프랑스 회화를 전시한다. 가장 유명한 곳은 18전시실 메디치 갤러리(Galerie de Médicis)이다. 플랑드르파의 대표적인 화가 루벤스가 마리 드 메디시스의 의뢰를 받아 제작한 마리 드 메디시스의 일대기를 표현한 24점의 대형 그림이 있다.

쉴리관

반지층 중세의 루브르 궁전의 모습을 복원한 성채. 1층 고대 이집트, 그리스, 지중해 및 페르시아 유물들이 전시되어 있다. 12전시실에 있는 〈밀로의 비너스〉가 가장 유명하다. 2층 그리스의 토기 작품과 테라코타, 이집트 유물이 있으며, 북쪽으로는 17~19세기까지의 오브제 미술품이 전시되어 있다. 3층 회화 전시관으로 17~19세기까지의 프랑스 회화 작품을 관람할 수 있다.

드농관

반지층 11~15세기의 이탈리아와 스페인의 조각 작품 및 로마 시대의 이집트와 고대 그리스 시대의 작품이 전시되어 있다. 1층 고대 에트루리아와 로마의 유물들이 전시되어 있으며 16~19세기의 이탈리아 조각 작품도 전시되어 있다. 2층 입구에는 양 날개를 뒤로 젖힌 채 비상을 준비하는 듯한 머리 없는 여신인 〈사모트라케의 승리의 여신(니케상)〉이 있다. 이탈리아 회화 전시실 중 6전시실에는 레오나르도 다빈치의 〈모나리자〉가 있다. 77전시실과 75전시실은 프랑스 대형 회화 작품이 전시되어 있다.

★박물관 관람 순서는 이렇게

루브르 박물관을 관람할 때 작품을 시대별로 관람하거나, 각 관별로 관람한다면, 시간이 아주 많이 소요된다. 그래서 최소한으로 동선을 줄이면서 최대한 많은 작품을 두루 둘러볼 수 있도록 박물관 관람 순서를 추천한다.

박물관 관람은 반지층의 쉴리관으로 입장해서 → 중세의 루브르를 둘러본 후 스핑크스를 보며 → 1층으로 올라가 → 고대 그리스 7전시실의 〈밀로의 비너스〉를 관람하며 → 드농관으로 넘어가 고대 에트루리아 및 로마의 유물들을 관람한 후 → 16~19세기의 이태리 조각들을 보고 → 다시 니케상 쪽으로 2층으로 올라간다. → 니케상을 본 후 13~15세기 이탈리아 회화와 16~17세기 이탈리아 회화까지 관람하며 → 레오나르도 다빈치의 모나리자를 비롯한 작품들과 라파엘로 등의 대작들을 보고 → 프랑스 회화 대작이 있는 77, 75전시실을 관람한 후 → 다시 니케를 지나 아폴로 갤러리의 루이 15세 대관식 왕관의 다이아몬드를 관람한 후 → 쉴리관을 통해 3층으로 올라간다. → 3층의 프랑스, 네덜란드, 플랑드르 회화를 둘러보고 → 2층으로 내려가 → 리슐리외관의 나폴레옹 3세의 아파트를 둘러본 후 → 1층으로 내려와 → 함무라비 법전 등 메소포타미아의 유물들을 관람 후 → 1층과 반지층에 걸쳐 있는 프랑스 1~19세기 조각들을 관람하면 된다.

©Tupungat

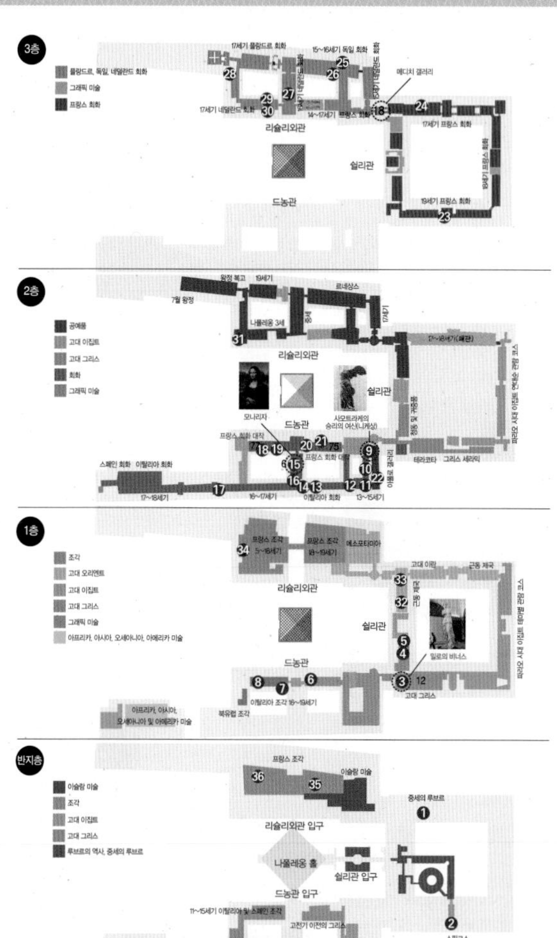
3층
플랑드르, 독일, 네덜란드 회화
그래픽 미술
프랑스 회화
17세기 플랑드르 회화
15~16세기 독일 회화
메디치 갤러리
17세기 네덜란드 회화
14~17세기 프랑스 회화
리슐리외관
17세기 프랑스 회화
쉴리관
18세기 프랑스 회화
드농관
19세기 프랑스 회화
2층
공예품
고대 이집트
고대 그리스
회화
그래픽 미술
왕정 복고
19세기
르네상스
7월 왕정
나폴레옹 3세
17세기
17~18세기(폐관)
리슐리외관
모나리자
쉴리관
사모트라케의 승리의 여신(니케상)
드농관
프랑스 회화 대작
스페인 회화
이탈리아 회화
테라코타
그리스 세라믹
17~18세기
16~17세기
이탈리아 회화
13~15세기
아폴론 갤러리
1층
조각
고대 오리엔트
고대 이집트
고대 그리스
그래픽 미술
아프리카, 아시아, 오세아니아, 아메리카 미술
프랑스 조각 5~18세기
프랑스 조각 18~19세기
메소포타미아
고대 이란
근동 제국
리슐리외관
쉴리관
밀로의 비너스
드농관
고대 그리스
이탈리아 조각 16~19세기
북유럽 조각
아프리카, 아시아, 오세아니아 및 아메리카 미술
반지층
이슬람 미술
조각
고대 이집트
고대 그리스
루브르의 역사, 중세의 루브르
프랑스 조각
이슬람 미술
중세의 루브르
리슐리외관 입구
나폴레옹 홀
쉴리관 입구
드농관 입구
11~15세기 이탈리아 및 스페인 조각
고전기 이전의 그리스
이집트 콥트
북유럽 조각
스핑크스

⊙ 루브르 박물관의 작품들

1. 중세의 루브르 Louvre Medieval

루브르가 궁전으로 파리 시의 성채로 사용될 때의 흔적으로 벽면을 자세히 보면 ♡ 같은 표시를 볼 수 있는데, 벽돌을 쌓을 때 제대로 맞추기 위해서 방향을 표시한 것이다.

2. 커다란 스핑크스 Le Grand Sphinx

루브르의 이집트 문명 전시 작품 중 가장 대표적인 것으로 높이 1.83m, 너비 4.80m의 대형 작품이다. 머리는 사람, 몸은 사자인 스핑크스의 얼굴은 왕의 모습을 나타냈다. 원래 스핑크스는 그리스어로 괴물이란 뜻이나, 이집트에서는 신전의 수호신 역할을 한다. 머리에는 메메스라고 부르는 풀을 먹인 두건을 쓰고 있는데, 사자는 힘을 나타내며 이집트인들에게는 태양의 상징이라고 한다. 스핑크스 위에는 역대 이집트 왕들이 자신의 이름을 새겨 놓았는데, 가장 오래된 것은 기원전 20세기의 아메네마트 2세의 것이다.

3. 밀로의 비너스 Vénus de Milo

작가가 알려져 있지 않은 이 조각상은 팔이 없다는 사실로 더 유명해졌는데 반쯤 입은 옷 때문에 비너스라고 여겨졌다. 약 2m 높이로 1820년에 밀로스 섬에서 출토되어 〈밀로의 비너스〉라고 불린다.

왼쪽 다리가 약간 더 긴 형태로 기원전 130~100년 때 유행하던 스타일이었고 가장 완벽한 인체 비율을 구현한 것으로 유명하며 두 팔도 없이 비스듬하게 몸을 비틀고 서서 신비로운 미소를 짓는 여신의 모습이다. 하지만 약간 남아 있는 오른팔에 비해서 왼팔은 상상이 어려운데, 팔을 들어 물건을 드는 모습일 수도 있고 팔을 그냥 기둥에 기대게 했거나, 신상이 여러 개 있어서 옆의 인물에 왼팔을 두르고 있는 모습일 수도 있다고 추정한다. 고전 양식과 헬레니즘 양식이 적절히 조화된 이 조각은 정교한 세부 묘사와 부드러운 표정 묘사가 특징으로, 고대 그리스 조각 중 가장 아름다운 것으로 손꼽힌다.

4. 다이아나 Artémis à la biche, Diane de Versailles

벨베데르의 아폴론과 닮은 다이아나는 프랑스 왕 앙리 2세의 소장품이었다. 베르사유 궁전의 거울의 방을 장식하는데 사용하려고 만들어져서 베르사유의 다이아나라고 불린다.

5. 잠든 양성구유 Hermaphrodite endormi

헤르메스와 아프로디테의 사랑으로 태어난 양성구유는 잠이 들어 뒤척이고 있는 듯한 느낌을 준다. 이불이 마치 몸을 구속하고 있는 듯한 모습이며 반대쪽을 보면 남자와 여자의 모습을 가지고 있는 것을 알 수 있다.

6. 전투 병사 또는 보르게제 검투사 Guerrier combattant dit Borghèse

고대 이탈리아 미술품 중 걸작으로 손꼽히는 이 작품은 공격을 피하려는 듯한 모습이다. 왼편 약간 높은 곳에 있는 사람과 전투 중인데 아마도 말을 탄 적과 싸움 중일 듯하다. 모델은 검투사일 듯하지만 시대 상황으로 보아 검투사이기엔 어린 나이이고, 그리스는 검투사가 없기 때문에 그리스 신화의 영웅으로 추정한다.

7. 큐피트의 키스로 소생된 프시케 Psyche Revived by Cupid's Kiss

미모가 뛰어나 미의 여신 비너스에게 미움을 산 프시케는 자신의 불신으로 말미암아 떠나 버린 큐피트와의 이별을 후회하며 비너스에게 찾아간다. 비너스는 프시케에게 갖가지 시련을 주는데, 어느 날 프시케는 절대로 열지 말라고 했던 병을 호기심에 열어 보고 그만 죽음의 잠에 빠지게 된다. 안토니오 카노바의 이 작품은 치명적 죽음의 잠에 빠진 프시케를 큐피트가 사랑의 키스로 깨우는 장면을 묘사하고 있다.

8. 포로, 일명 죽어가는 노예 Michel-Ange

미켈란젤로가 만든 이 노예상은 율리우스 2세의 묘비 아래에 설치하려고 만들어졌다. 하지만 율리우스 2세의 거대한 영묘는 완성되지 못했으며, 모세상과 노예상만 남아 있다. 오른쪽 노예는 청년의 몸으로 졸리거나 잠이 든 모습이고 왼쪽의 노예는 반항하며 벗어나려고 하지만 실패하고 만 모습이다. 역동적이며 속박에도 불구하고 천상을 바라보고 있다.

9. 사모트라케의 승리의 여신/니케상 La Victoire de Samothrace

기원전 190년경에 제작된 이 여신상은 몸을 3/4 정도 각도를 튼 형태로 여신이 배에 내려 앉은 상태며 옷의 모양에서 역동성이 느껴진다. 특히 배 부분에서 배꼽이 움푹 들어간 곳의 살집이 인상적이고 얇고 투명한 옷은 바람의 힘에 의해서만 몸에 지탱되고 있다.

머리 부분이 없기 때문에 더더욱 극적인 분위기를 풍기는데, 배에 막 내려 앉아 날개를 접고 있는 이 여신상은 에게 해의 작은 섬 사모트라케에서 발굴되어 사모트라케의 승리의 여신이란 이름이 붙었다. 나중에 손이 발견되어 승리의 여신의 바로 옆에 전시되어 있다.

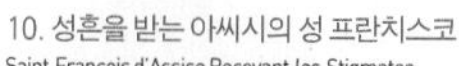

10. 성흔을 받는 아씨시의 성 프란치스코
Saint François d'Assise Recevant les Stigmates

지오토(Giotto)의 작품으로 성흔(그리스도의 상처)을 받고 있는 프란치스코 성인의 모습을 묘사한 것이다. 그리스도는 천사의 모습으로 나타나고 있으며 한가운데에 앉아 있는 성인과 오른쪽 위로 그리스도와의 시선이 교환되고 있다. 아랫 부분에 그려진 세 개의 그림은 성 프란치스코 수도원에 그려진 프레스코 벽화를 그대로 옮겨 놓은 것으로 각각 교황 인노센트 3세의 모습과 그가 수도회의 규약을 승인하는 모습, 그리고 마지막으로 새들에게 설교하는 성인의 모습이 나타나 있다.

11. 여섯 천사들에게 둘러싸인 성 모자 La Vierge et l'Enfent en Majeste

치마부에(Cimabue)의 초기 작품으로 예전에 성당을 장식했던 패널화인데 윗부분이 뾰족한 5각형으로 되어 있다. 액자는 그리스도, 천사들, 예언가들과 성인들을 나타내는 총 26개의 메달로 장식되어 있다. 13세기 후반에 그려진 것으로 추정되는데, 황금색 바탕과 정형화된 인물의 표정에서는 비잔틴 성화의 특징이 보인다. 그러나 섬세한 옷의 주름과 입체감, 표정 등에는 비잔틴 회화가 주는 어두운 느낌보다는 르네상스의 밝은 모습이 시작되고 있다.

12. 성모 마리아의 대관식 Coronation de la Vierge

프라 안젤리코(Fra Angelico)의 작품으로 프라 안젤리코는 최초로 회화에 건축학적 기법을 도입한 화가로서, 피렌체 르네상스의 선두에 섰던 화가다. 15세기 초 · 중반에 그려진 이 작품은 본격적인 르네상스가 시작하는 성당의 제단 패널이다. 하늘과 성모 마리아를 비롯해 성인들이 입은 푸른 옷 색깔은 화사하고 투명하며 원근법이 도입되어 그림의 앞쪽과 뒤쪽 사이의 공간이 명확히 구분된다.

13. 성 세바스티아누스 Saint Sébastien

안드레아 만테냐(Andrea Mantegna)의 작품으로 세바스티아누스 성인의 모습을 그린 것이다. 그는 로마의 사수대장이었는데 자신의 부하에게 화살을 맞고 죽었다. 그를 쏜 부하의 얼굴은 그림의 아래쪽에 묘사되어 있는데 좌측 인물은 이가 없고 우측 인물은 눈이 돌출되어 있다. 성인의 몸은 근육이 발달되어 있고 고통은 얼굴에서만 느껴진다. 특히 이 그림은 캔버스에 그린 그림으로 그 전에는 그림을 나무에 그렸기 때문에 굉장히 혁신적이었다고 한다. 왼쪽에 위치한 돌과 잎사귀 장식이 꽤 정확히 묘사되어 있고, 앞쪽 오른쪽에 사람들을 넣어서 원근법의 효과를 강조했다.

14. 암굴의 성모 La Vierge aux rochers

동굴 속에 성모 마리아가 무릎을 꿇고 있고, 마리아를 중심으로 오른쪽에 어린 세례자 요한, 왼쪽에 천사와 아기 예수가 삼각형 구도를 이루고 있다. 성모 마리아는 어린 세례 요한을 수호의 팔로 감싸고 있고 세례 요한은 아기 예수를 경배하고 있으며, 아기 예수는 이에 답하여 오른손을 들어 축복하고 있다. 천사는 아기 예수를 보호하고 있으면서 세례 요한을 가리키고 있다. 이 작품은 흐리게 표현하는 스푸마토 기법으로 유명하다. 다빈치는 이 작품을 두 점을 그렸는데 두 번째 작품은 런던 내셔널 갤러리에 전시되어 있다.

15. 모나리자 Mona Lisa

나무 판에 그려진 비교적 자그마한 그림인 모나리자는 레오나르도 다빈치의 대표작으로 손꼽히는 작품으로, 루브르 박물관에서도 가장 많은 관광객이 찾는 작품 중 하나이다. 그림 속의 주인공은 부유한 상인의 딸 리자 게라르디니로 후에 지오콘도 부인이라는 이름으로 불리게 되었다고 하는데, 확실한 것은 아니다. 때로는 작가 본인의 모습을 그렸다고 추정하기도 한다. 아름다운 시골 풍경을 뒤로 하고 발코니의 팔걸이 의자에 편안하게 앉아 살짝 몸을 틀고 있는 모델은 임신 또는 결혼 등 기쁜 일이 있음을 암시하는 신비스럽고 자연스러운 미소를 띠고 있는데 아마도 다빈치와 가까운 사이였을 것이라고 추정된다. 이 작품 역시 스푸마토 기법으로 자연스러운 효과를 냈다. 다빈치는 이탈리아에서 이 그림을 그렸지만, 훗날 프랑스의 왕 프랑스와 1세에게 팔기 전까지 언제나 가지고 다닐 만큼 애착을 보였던 작품이다.

16. 가나의 결혼식 Les Noces de Cana

베로네즈라고 불리는 파올로 칼리아리가 그린 작품으로 루브르에 전시된 작품 중에 가장 큰 규모의 작품이다. 폭이 거의 10m에 가까운 크기의 이 그림엔 130명이 등장하는데 베니스 회화의 거장들을 음악가로 등장시켰다. 이 그림의 주제는 가나의 결혼식인데, 배경은 마치 베니스의 한 연회처럼 묘사했다. 하지만 실제로 가나의 결혼식은 아주 가난한 결혼식이었다. 그림에 등장하는 인물들 중 말을 하고 있는 인물은 한 명도 없지만 마치 음악소리가 들리는 것과 같은 느낌을 받는다. 우측에 노란 옷을 입고 있는 남자가 항아리에 붓고 있는 물의 색이 붉은 것으로 보아 예수의 첫 번째 기적, 물을 포도주로 바꾼 기적을 표현하고 있다. 그리고 포도주는 미사 중에 그리스도의 피를 상징하는 것으로 곧 성찬식이 있을 것이라는 것을 암시한다.

17. 성모 마리아의 죽음 La Mort de la Vierge

겹겹히 겹친 주름으로 육중한 목선과 부푼 발에서 볼 수 있듯 마치 물속에서 익사한 시체처럼 묘사된 성모 마리아는 실제로 그림을 그릴 당시 강에서 발견된 창녀의 시체를 모델로 그렸다고 한다. 이 그림은 산타 마리아 델라 스칼라 성당에 걸어 두기 위해서 의뢰된 작품인데, 작품을 접한 사람들은 성스러운 모습이 하나도 표현되지 않은 이 작품에 강한 거부감을 느꼈다.

성모의 죽음을 예수의 제자들이 둘러싸고 있는 모습이지만 그림에는 성부, 천사, 영적인 인물 등 성스러운 인물이 한 명도 등장하지 않는다. 성모 마리아의 시신 앞 의자에 앉아 고개를 숙이고 우는 여인은 마리아 막달레나이며 주변에 둘러선 제자들도 슬픔을 감추지 못하고 흐느끼는 보통 사람의 모습으로 묘사되어 있다. 사선으로 비추는 한 줄기 빛으로 등장인물들에게 깊이를 더해 주는데 이러한 효과를 명암 대조법이라고 하며 카라바조가 그 창시자였다.

18. 민중을 이끄는 자유의 여신 La Liberté

들라크루아 작품. 공화국을 세우려는 민중들이 일으킨 1830년 7월 혁명의 모습을 묘사한 그림인데, 여신의 뒤를 따라 죽은 동지들의 시체를 넘으면서 삼색기를 들고 진격하는 군중들의 모습을 담았다. 삼각형의 구도로 그려진 그림으로 자유의 여신의 오른편에 총을 들고 있는 인물이 들라크루아 자신이다.

19. 메두사 호의 뗏목 La Radeau de la Méduse

테오도르 제리코(Théodore Géricault)의 작품으로 삶, 죽음, 희망을 묘사했다. 배경은 실제 세네갈 해안에서 범선 메두사가 난파되어 150명이 하나의 뗏목을 타야 했고, 바다에서 12일간 버티다 15명만 구출되었던 사건을 묘사했다. 피라미드형 구도로 그려진 이 그림 속에는 영웅이 없고 모든 사람에게 일어나는 인간의 비극을 그렸다. 이 그림으로 낭만주의가 탄생하였다.

20. 그랑드 오달리스크 The Grand Odalisque

앵그르의 작품으로 오달리스크라는 뜻은 터키 황제 술탄의 애첩들을 표현하는 말이다.

이 그림은 작가가 이탈리아에서 체류하는 동안 라파엘로의 영향을 많이 받은 작품이다. 커튼과 침대 보의 주름에 대한 치밀한 묘사가 돋보이며 유난히 긴 허리를 가진 이 여인의 척추를 실제로 측정해 보면 정상적인 인간보다 뼈마디가 3개 정도가 많은 것으로 나왔다고 한다. 그래서 해부학적으로 잘못된 점 때문에 비난을 받았지만 작가는 아름다움을 강조하기 위해 해부학적인 상식을 깨는 데 주저하지 않았다.

21. 나폴레옹 1세 황제의 대관식 La Coronation d'Empereur Napoléon et d'Emperesse Josephine

나폴레옹이 직접 선택한 궁정 화가인 루이 다비드(Louis David)는 왕족의 모습을 단순하게 초상화로만 그리기보다는 그 역사적 의의를 교묘하게 담은 대작을 주로 그린 화가이다. 이 작품은 9.8mX6.2m의 거대한 그림으로, 나폴레옹 황제의 관을 받기 위해 로마로 가는 대신 교황을 파리로 초청하여 파리 노트르담 대성당에서 거행한 대관식을 묘사하고 있다. 하지만 나폴레옹의 대관식을 재현하는 대신 나폴레옹이 조세핀에게 왕관을 씌어 주고 있는 모습을 선택했다. 이 그림은 3년 동안 그려졌으며 등장하는 200명의 인물 중 약 75명이 구체적으로 묘사되어 있다. 또한 이 그림에는 당시에 참석하지 않은 나폴레옹의 어머니도 등장하는데 그녀는 조세핀과의 결혼을 반대해서 대관식에 참석하지 않았다.

22. 루이 15세의 왕관 Couronne de Louis XV

생 드니 수도원 보물고의 보물 중 하나인 이 왕관은 현재 유일하게 남아 있는 프랑스 왕의 왕관으로 대관식이 끝난 후 원래의 보석들을 미리 본떠 수도원에 기증한 것이다. 왕관의 앞쪽에는 세계에서 2번째로 큰 왕관에 붙어 있던 실제 다이아몬드가 보관되어 있는데, 이 다이아몬드는 루이 16세, 샤를 10세 등 다른 대관식마다 계속 사용되었다고 한다.

23. 터키탕 Le Bain turc

앵그르가 82세 때 완성한 작품으로 처음에는 사각형으로 만들었던 작품이었는데 나폴레옹이 구입하고 난 후 다음해에 다시 찾아 원형으로 만들었다.

24. 사기 도박꾼 Le Tricheur à l'as de Carreau

조르주 드 라 투르의 작품으로 어둠과 빛의 강렬한 대비 속에서 인물들의 심리를 잘 묘사했다. 부자답게 옷을 입은 돈 많고 어리숙한 귀족집 아들이 노련한 사기 도박꾼들에게 농락당하는 장면을 표현한 것으로 옆의 하인이 포도주를 따라 주면서 청년의 시선을 다른 곳으로 끌고 그 사이 다른 여인은 뒤에 감추었던 카드를 꺼낸다.

25. 가브리엘 데스트레와 그녀의 자매
Gabrielle d'Estrèes au bain avec de ses Soeur

앙리 4세의 애첩과 그 여동생을 그린 그림으로 오른쪽이 가브리엘 데스트레, 왼쪽은 여동생이다. 젖꼭지를 잡는 행위는 곧 그녀가 임신을 할 것임을 나타낸다고 전해지고 반지를 쥐고 있는 것은 정조의 증거이다.

26. 대금업자와 그의 아내 Le Prêteur et sa femme

캉탱 메치스의 작품으로 이 그림은 공정성, 정평성, 도덕적인 암시를 묘사한다. 영혼의 무게를 재는 듯한 여인은 성무일도를 읽으면서 남편의 행동을 지켜보고 있다. 좌측 하단의 물병은 성모 마리아의 순결을 나타낸다.

27. 루벤스 전시실 Rubens La Galrrie Medicis

루벤스가 그린 24점의 메디시스의 생애 그림은 앙리 4세의 왕비였던 마리 드 메디시스의 일대기 중 가장 영광스러운 순간만을 골라 모두 24점의 거대한 회화로 남겼다. 1번부터 24번까지 일련 번호와 함께 그림이 전시되어 있다.

28. 목욕하는 밧세바 여인 Bethsabée au Bain

네덜란드의 램브란트(Rembrandt Harmenz van Rijin)의 그림으로 은유와 상징을 절묘하게 결합시킨 걸작으로 인정받고 있다. 밧세바는 성서 속의 인물로, 남편을 잃고 나서 다비드 왕의 청혼을 받고 재혼한 후 그 후손을 낳은 여인이다. 그림 속의 밧세바는 고민스러운 표정으로 욕조에 걸터앉아 뭔가를 생각하고 있다. 다비드 왕은 실제로 모습을 드러내지 않으면서 밧세바가 손에 쥔 편지 한 장으로 가장 극적인 역할을 한다. 즉, 목욕하는 밧세바의 모습을 보고 반한 다비드 왕이 그녀에게 청혼을 한 상황을 묘사한 것이다. 은은한 빛은 여인의 누드를 사실적이면서도 따뜻하게 묘사하는데, 이는 베네치아 화풍의 영향을 받은 것이다.

29. 레이스를 뜨는 여인 La Dentellière

베르메르의 걸작 중 하나로, 24X21cm의 작은 사이즈의 그림이다. 그 당시 유행하던 레이스를 뜨는 장면을 묘사한 것인데 작은 화면에 빛과 색채가 절묘하게 묘사되어 있다.

30. 눈부신 햇빛 Le Coup de Soleil

네덜란드의 풍경 화가인 자코브 반 루이스달(Jacob van Ruisdael)의 작품으로 전혀 사실 같지 않은 풍경을 묘사했는데 자연의 모습을 재창조해 완벽한 순간을 묘사했다.

31. 나폴레옹 3세의 아파트

나폴레옹 3세에 의해 루이 비스콩티와 엑토르 르퓌엘 등이 만든 이 아파트는 천장, 샹들리에, 태피스트리 등이 화려하게 장식되어 있다. 특히 가장 큰 응접실과 식당 등이 볼 만하며 궁전으로 사용되기 위해 실제로 장식된 것이다. 가구도 원래의 가구들이 그대로 보존되어 있다고 한다.

눈부신 햇빛

나폴레옹 3세의 아파트

32. 앗사리아의 날개 달린 황소 Taureau androcéphale qilé

높이 4m의 사람 머리에 날개를 가진 황소상은 코르사바드의 사르곤 2세 왕궁(Le Palais de Sargon II à Khorsabad)의 정문을 장식하던 것으로 기원전 8세기의 것이다. 사르곤 2세는 니느베 부근에 새로운 도시를 건설하고 거대한 성채를 지었는데 라마쑤로 불렸던 이 수호신들은 세상의 기초를 보호하는 정령들이었다. 다섯 개의 다리를 가지고 있는데 정면에서 보면 서 있는 것 같지만 옆에서 보면 마치 걷는 것처럼 보인다.

33. 함무라비 법전 Le Code de Hammurabi

기원전 19세기 초 바빌론에 설립되었던 함무라비 법전은 여러 비석에 새겨지는데 루브르 박물관에서 단 하나밖에 없는 완본을 보유하고 있다. 이 법전은 높이 2.25m의 검정색 현무암으로 1901년에 자크 드 모르간에서 발굴되었다. 법전 맨 윗부분에 새겨진 부조는 왕과 신이 만나는 장면을 묘사한 것인데, 오른쪽이 신으로 소의 뿔로 만든 왕관을 쓰고 있다. 그리고 왕의 상징인 지팡이와 반지를 건네고 있다.

이 법전에는 300개의 판결문이 적혀 있는데 이는 함무라비 자신의 업적을 기리기 위한 것이다. 대강의 내용은 눈에는 눈, 이에는 이를 나타내고 있는데, 자신의 눈을 멀게 한 자는 똑같이 눈을 멀게 하고, 자신의 다리를 부러뜨린 자 역시 다리를 부러뜨리라는 내용이다. 또한 아내가 순종적이지 않고 외도하면 물속에 던지라는 내용도 있다.

34. 필립 포의 무덤 La Tombeau de Philippo Pot

중세 조각 중 가장 대표적인 것으로 브르고뉴에서 만들어졌다.

거의 실물 크기로 제작되었는데 검은 두건을 쓰고 옆구리에 방패를 단 채 고개를 푹 숙인, 수도자로 보이는 여덟 명의 사람들이 죽은 사람의 상여를 메고 무덤가로 가는 장면을 묘사한 것이다. 시토 수도회 내의 성당에 있던 것을 미술관으로 옮겨 왔는데, 인물의 표정을 표현함으로써 감정을 이입시켰던 고대 조각과는 달리 인물의 행동과 분위기로 감정을 전달한다. 여덟 명의 수도사는 망자를 천국으로 인도하는 역할을 하는데, 옆에 찬 방패는 죽은 이의 신분을 상징하는 것이라고 한다.

마를리 궁의 말들
크로톤의 밀론

35. 마를리 궁의 말들 Cheval retenu par un palefrenrer, Cheval de Marly

기욤 쿠스투 1세가 만든 이 조각은 아프리카 혹은 아메리카산의 야생마를 붙잡으려는 마부의 모습을 묘사한 것으로 말 길들이기의 어려움을 표현했다.

36. 크로톤의 밀론 Milon de Crotone

높이 2.70m의 대리석으로 이루어진 이 조각상은 크로톤의 힘과 지혜의 영웅 밀론을 묘사한 것이다. 늙은 투사 경기자 밀론은 나무 기둥을 맨손으로 자르며 강한 힘을 증면해 보이고 있는데 벌어진 나무 사이에 손이 끼어 빼지 못하고 있는 사이 사자가 뒤에서 공격해 오는 모습이다.

★ 세계 3대 미술관 관람 순서

세계 3대 미술관인 바티칸의 바티칸 박물관, 영국의 영국 박물관, 프랑스의 루브르 박물관은 모두 유럽에 있다. 대부분 박물관은 다양한 시대의 작품들을 전시해 두었지만, 주요 작품들로 관람 순서를 정하자면 영국 박물관→바티칸 박물관→루브르 박물관 순서로 관람하면 좋다.

©S-F

오페라 가르니에 Opéra Garnier [오뻬라 갸르니에]

세계적으로 손꼽히는 화려한 오페라 극장

MAPECODE 11026

오페라 가르니에를 짓기 위해 1860년에 디자인 콩쿨이 개최되었는데 171명의 응모자 중에서 샤를 가르니에(Charles Garnier)의 작품이 뽑혀서 그의 설계로 건축이 시작되었다. 가르니에는 그 당시 유행하던 그리스풍 고전주의를 타파하고 화려하면서도 새로운 양식을 만들어 내려고 했으며, 그 결과 고전에서 바로크까지 다양한 건축 양식이 혼합된 호화로운 건물로 완성되었다.

오페라 가르니에는 1978년까지 오페라 극장(Académie Nationale de Musique-Théâtre de l'Opéra)이라고 불렸고, 그 후 국립 오페라 극장(Théâtre National de l'Opéra de Paris)이라고 불렸으나, 1989년 이후 바스티유 오페라 극장이 생기면서 건축가의 이름을 따서 오페라 가르니에라고 불리게 되었다. 이름도 바뀌고 오페라단이 바스티유 오페라 극장으로 이동했음에도 불구하고 여전히 오페라 가르니에는 파리의 오페라 극장으로 유명하다.

화려하게 꾸며진 내부 장식은 오페라 공연을 보지 않는다 해도 볼 만한 가치가 있다. 내부 장식은 외부 장식보다 훨씬 호화로운데 높이 30m의 천장까지 뚫려 있는 홀과 중앙의 큰 계단이 가장 볼거리이다. 무대는 안 길이 24m, 폭 50m로 한 번에 450명이 춤출 수 있을 만큼 규모가 크다. 또한 관객 2,200명을 수용할 수 있는 극장이다.

주소 Place de l'Opéra, 75008 오픈 박물관 10시~17시 요금 **박물관** (일반) 14유로, (할인) 12유로 / **오페라 공연** 약 7유로~172유로 **발레나 콘서트** 약 5유로~85유로 / 좌석에 따라 다양한 가격으로 관람할 수 있다. 하지만 유명한 공연은 대부분 티켓이 초기에 매진되는 경우가 많아서 티켓 구하기가 쉽지 않다. Métro 3, 7, 8호선 오페라(Opéra) 역에서 바로 버스 20, 21, 22, 27, 29, 42, 52, 53, 66, 68, 81, 95번 홈페이지 www.operadeparis.fr

★ 세상에서 가장 아름다운 스타벅스

우리에게는 아주 익숙한 커피 전문점인 스타벅스는 각 지역별로 특색도 다양하지만, 파리 오페라 근처에 있는 스타벅스는 특히 세상에서 가장 아름다운 스타벅스로 유명한 곳이다.

겉에서 보면 다 같은 스타벅스지만, 내부에 들어서면 마치 베르사유 궁전 속에 들어와 있는 듯한 화려한 샹들리에와 중세풍 인테리어가 매우 아름답다. 그래서 현지인들 뿐 아니라 관광객들 사이에 언제나 인기가 높은 곳이다. 파리에는 유명한 카페가 많지만, 오페라 근처에서 커피를 한잔 마시고 싶다면 이곳 스타벅스에 들러 보는 것도 즐거운 추억이 될 것이다.

주소 3, Boulevard des Capucines 75002

방돔 광장 Place Vendôme [쁠라스 방돔]

프랑스의 전형적인 고전주의 건축 양식을 대표하는 광장

MAPECODE 11027

방돔 광장은 1702년 루이 14세의 명으로 건축가 쥘 아르두앙 망사르(Jules Hardouin-Mansart)의 설계로 만들어졌는데 원래 처음에는 가운데 루이 14세의 동상이 세워져 있었으나, 혁명 때 파괴되었다.
현재 중앙에는 나폴레옹이 오스텔리츠(Auster litz) 전투의 승리를 기념하여 로마의 트라야누스 기념탑(Trajan's Column)을 본떠서 세운 44m 높이의 기념탑이 있다. 방돔 기둥(la colonne Vendôme)은 전투에서 획득한 133개의 대포를 포함하여 유럽 연합군에서 빼앗은 대포를 녹여 만들어졌으며, 기둥에는 나선형으로 무늬가 나 있는데 조각가 베르제레(Pierre-Nolasque Bergeret)가 전투 장면을 새겨 놓은 것이다. 광장 주변에는 음악가 쇼팽이 생을 마감했던 리츠 파리 호텔(Hotel Ritz Paris)을 비롯하여 고급 호텔들과 유명한 명품 가게, 보석상들이 있다.

Métro 3, 7, 8호선 오페라(Opéra) 역에서 도보 5~7분 / 7,14호선 피라미드(Pyramides) 역에서 도보 5~7분 / 8, 12, 14호선 마들렌(Madeleine) 역에서 도보 5~7분 버스 21, 27, 29, 42, 52, 68, 81, 95번

생토노레 거리 Rue Saint Honoré [휘 생토노레]

파리의 대표적인 명품 쇼핑 거리

MAPECODE 11028

루브르 박물관에서 샹젤리제까지 이어지는 생토노레 거리와 포브르 생토노레 거리는 파리의 최고급 명품 상점들이 몰려 있는 고급 패션 거리다. 프랑스의 대표 브랜드인 에르메스, 고야드 등의 본점과 다양한 편집 숍도 이 거리에 있다. 이외에도 샤넬 본점은 생토노레 거리에서 이어지는 깡봉 거리에 위치하고 있어 함께 쇼핑하기에도 좋다. 파리스러운 거리를 걸으면서 대표적인 명품 브랜드의 본점을 아이쇼핑만 하더라도 패션의 중심가에 있는 것 같은 묘한 기분이 느껴지는 곳이다. 쇼핑을 목적으로 하지 않는 여행이라고 해도, 파리의 대표적인 명품 거리의 풍경은 꼭 느껴보길 권한다.

주소 Rue Saint Honoré, Rue du Faubourg Saint Honoré Métro 1호선 튈르리(Tuileries) 역, 1, 8호선 콩코르드(Concorde) 역, 7, 14호선 피라미드(Pyramides) 역 부근 버스 42, 52번

생토노레 거리에서 만날 수 있는 상점

카페 베르레 Cafe Verlet

생토노레 거리의 끝 부근에 위치한 카페로, 루브르 박물관과도 가까운 곳에 있다. 카페 베르레는 파리에서 가장 오래된 카페 중 하나로, 1880년부터 운영되고 있는 곳이다. 직접 로스팅한 원두를 이용한 핸드 드립 커피를 맛보고 싶다면 이곳을 추천한다. 커피뿐만 아니라 디저트도 유명하다. 최근에는 옆 가게를 인수하여 더 큰 규모로 확장하였다. 1층뿐만 아니라 2층도 운영하고 있다.

주소 256 Rue Saint Honoré, 75001 **전화** +33-1-4260-6739 **오픈** 월~토 9시 30분~19시 **위치** 메트로 1, 7호선 팔레 루아얄 뮈제 드 루브르(Palais Royal Musee du Louvre), 7, 14호선 피라미드(Pyramides) 역 부근

장폴 에방 Jean-Paul Hévin

파리에서 가장 유명한 수제 초콜릿 전문점이라고 하면, 장폴 에방을 꼽을 수 있다. 장폴 에방은 프랑스뿐 아니라 전 세계적으로도 유명한 쇼콜라티에의 이름으로 이 매장이 그의 이름을 걸고 만든 판매점이기 때문이다. 위치도 방돔 광장 근처에 있고, 고야드 매장 바로 옆에 있기 때문에 쉽게 찾아갈 수 있다. 정말 맛있는 초콜릿을 사고 싶다면 꼭 한번 가 보자. 2층에는 살롱도 있어서 가벼운 점심 식사나 커피, 음료와 함께 초콜릿을 먹을 수 있다.

주소 231 Rue Saint Honoré 75001 **전화** +33-1-5535-3596 **오픈 매장** 월~토 10시~19시 30분 / **살롱** 월~토 12시~18시 30분 / 일, 공휴일 휴무 **홈페이지** www.jeanpaulhevin.com

마들렌 성당 Église de la Madeleine [에글리즈 드 라 마들렌]

파리의 수호 성녀 막달라 마리아를 기리는 성당

MAPECODE 11029

마들렌 성당은 파리의 수호 성녀인 막달라 마리아를 기리기 위해 세워진 성당이다. 성당의 건설은 부르봉 왕조의 말기에 시작되었는데, 프랑스 혁명으로 중단되었다가, 나폴레옹 1세가 프랑스 군대의 승리를 기리기 위하여 1842년에 완성하였다.

외관은 고전 스타일로 높이 30m의 기둥 52개가 일렬로 세워져 있는 고대 그리스, 고대 로마의 신전을 본뜬 네오 클래식 양식이다. 정면은 르메르(Henri Lemaire)의 최후의 심판의 조각으로 꾸며져 있고, 청동 문에는 토리케티(Henri de Triqueti)의 십계명을 주제로 한 부조가 꾸며져 있다. 마들렌 성당에 들어서서 왼편을 보면 각 나라별로 설명서가 있는데 한글 안내서도 있으니 참고해서 관람하면 좋다.

주소 Place de la Madeleine, 75008 오픈 7시~19시
Métro 8, 12, 14호선 마들렌(Madeleine) 역에서 바로 버스 24, 42, 52, 84, 94번

★ 마들렌 광장 둘러보기

마들렌 성당을 둘러싸고 있는 마들렌 광장의 뒤쪽으로는 포숑이라는 상점이 있는데, 우리나라에도 체인을 가지고 있을 정도로 초콜릿, 샴페인 등이 유명한 고급 상점이다. 또한 마들렌 성당을 바라보고 오른편으로는 무료 화장실이 있으며(간혹 돈을 요구하는 경우도 있지만 무료라고 적혀 있으니 무료로 이용하면 된다.), 그 뒤쪽으로는 공연 티켓을 싸게 파는 티켓 창구가 있고, 그 뒤쪽으로는 작은 꽃 시장이 들어서 있다.

콩코르드 광장 Place de la Concorde [쁠라스 드 라 꽁꼬드]

유럽에서도 가장 크며 역사가 깊은 광장

MAPECODE 11030

팔각형으로 이루어진 이 광장은 원래 루이 15세의 기마상을 세우기 위해 만들어졌고 이름도 루이 15세 광장(Place Louis XV)이었다. 루이 16세(Louis XVI)와 마리 앙투아네트(Marie-Antoinette)의 결혼식이 이곳에서 거행되었다. 하지만 프랑스 혁명 때 기마상은 파괴되고, 그 자리에 단두대가 놓여 마리 앙투아네트, 루이 16세 등 1,343명의 목숨이 이곳에서 사라졌다. 그 후 1795년에 들어서 미래에 대한 희망을 담아 화합의 의미인 콩코르드 광장이라고 불리게 되었다.

가운데 우뚝 솟은 높이 23m의 3,200년 된 룩소르 신전 오벨리스크(l'Obélisque de Louqsor)는 1830년에 모하메드 알리가 프랑스의 왕 루이 필립에게 기증한 것으로 이집트의 람세스 2세(Ramsès II)의 사원에 있던 것이다. 오벨리스크의 네 면에는 파라오를 찬양하는 노래가 상형 문자로 새겨져 있다.

오벨리스크의 좌우에는 1836년부터 만들어진 각각 바다와 강을 상징하는 로마의 산 피에트로 광장을 본뜬 분수가 있고, 8개의 모퉁이에 여신상이 놓여 있다. 이 여신상은 마르세유, 낭뜨, 리옹, 보르도 등 프랑스의 8대 도시를 상징하는 것이다.

Métro 1, 8, 12호선 콩코르드(Concorde) 역에서 바로 버스 24, 42, 52, 72, 84, 94번, Balabus

카루젤 개선문 Arc de Triomphe du Carrousel [뜨리앙프 뒤 까루젤]

나폴레옹이 만든 파리의 첫 번째 개선문

MAPECODE 11031

카루젤 개선문은 나폴레옹 1세가 오스테를리츠 전투를 비롯한 전적을 기념하기 위하여 1806년~1808년에 세운 개선문이다. 이 개선문은 로마의 콘스탄티누스 대제의 개선문을 모방하여 만들어졌는데 하얗고 빨간 8개의 대리석 기둥 위에는 나폴레옹 군대의 모습이 묘사되어 있다.

개선문이 세워질 당시엔 문 위에 나폴레옹이 베네치아의 산마르코 성당에서 가져온 4마리 말 조각이 장식되어 있었다. 하지만 말 조각은 1815년 다시 베네치아로 되돌아가고, 여신상과 마차 조각으로 바뀌었다. 하지만 완성된 개선문을 본 나폴레옹은 규모가 너무 작다고 다시 건축하라는 명을 내렸고 그렇게 다시 만들어진 개선문이 바로 샹젤리제에 있는 개선문이다.

루브르 박물관에서 튈르리 공원으로 이어지는 출구에 위치한 이 문은 샹젤리제 거리 끝에 위치한 개선문(Arc de Triomphe)과 라 데팡스의 신 개선문(Grande Arche de la Défense)과 일직선상에 위치하고 있다.

주소 Place du Carrousel, 75001 Métro 1, 7호선 팔레 루아얄 뮈제 드 루브르(Palais Royal Musée du Louvre) 역에서 바로 버스 27, 39, 68, 69, 95번

튈르리 공원 Jardin des Tuileries [자르당 데 튈르리]

파리의 중심에 있으며 루브르에서 이어지는 공원

MAPECODE 11032

1564년 만들어진 튈르리 공원은 앙드레 르 노트르(André Le Nôtre)가 자연과 과학의 조화를 기하학적으로 표현하려고 설계한 공원으로 왕비 카트린 드 메디시스가 튈르리 궁전과 이탈리아식 정원을 만들게 하면서 만들어졌다. 그 후에 앙리 4세가 추가로 양잠장과 오렌지 농원을 만들었고, 지금은 오렌지 농원 자리에 오랑주리 미술관이 있다.

남북으로 길게 늘어서 있는 테라스는 과거 귀족들의 유흥장이었다고 하는데, 특히 센 강변을 따라 있는 남쪽의 테라스에서 바라보는 전망이 매우 아름답다.

최근에는 밤나무와 라임나무 정원이 조성되고, 조각가 마이욜(Aristide Maillol)의 브론즈상과 그리스, 로마 신들의 조각상이 놓여 있다.

오픈 (4~9월) 7시~21시, (10~3월) 7시 30분~19시 30분
Métro 1호선 튈르리(Tuileries) 역에서 바로 / 1, 8, 12호선 콩코르드(Concorde) 역에서 바로 버스 24, 27, 39, 52, 42, 68, 69, 72, 84, 94, 95번

★ 한여름의 튈르리 공원

7~8월에는 이곳에 놀이 기구들이 들어서서 관광객들을 맞이한다. 놀이 기구가 들어선 여름에는 밤 12시까지 여름밤의 야경을 즐길 수 있는데, 특히 대관람차는 풍경과 야경을 제대로 즐길 수 있는 최적의 장소이다.

읽기 어려운 불어 단어 Tuileries

불어를 모르고 파리에 처음 온 사람들이 가장 읽기 어려운 지명이 바로 Tuileries이다. 한번 읽어 보자. 당신은 어떻게 읽히는가?
불어식 발음의 정답은 튈르리와 뛸흐히의 중간 정도라고 생각하면 된다. 하지만 불어식 발음을 모르는 사람들은 정답을 알고도 왜 튈르리라는 발음으로 읽히는지 모른다.
그럼 Champs-Elysées는 어디일까? 바로 우리들이 잘 알고 있는 샹젤리제이다. 하지만 이렇게 잘 알려진 지명 외에 다른 곳은 우리나라의 외래어 표기법상 불어식 발음대로가 아닌 영어식으로 적어야 하는 곳이 많다. Pont Neuf(퐁네프)도 불어식으로 읽으면 뽕뇌프에 가깝게 발음되지만 책에서는 외래어 표기법대로 퐁네프라고 적고 옆에 현지 발음을 한 번 더 적었다.

오랑주리 미술관

Musée de l'Orangerie
MAPECODE 11033

모네의 〈수련〉 연작을 볼 수 있는 파리 4대 미술관 중 하나

오랑주리 미술관은 도메니카 월터(Domenica Walter)의 첫 번째 남편인 미술 중개상 월터 기욤(Walter Guillaume)과 두 번째 남편인 장 월터가 수집한 것을 루브르에 기증함으로써 개장한 소규모 미술관이다.

특히 이 미술관에는 클로드 모네(Claude Monet)의 걸작인 〈수련(les Nymphéas)〉 연작이 전시되어 있다. 수련 시리즈는 파리 근처의 지베르니(Giverny)에 있는 모네의 정원에서 그린 것으로 모네는 59세에 〈수련〉 연작을 시작해 71세가 되는 1911년에 끝냈다가 5년 후인 76세부터 이곳 미술관에 전시할 수련의 패널 연작을 다시 그리기 시작했다. 백내장으로 작업이 불가능하게 된 81세까지 그렸고, 그림은 그가 죽은 지 1년 만인 1927년에 이 미술관에서 공개되었다.

이 미술관에는 후기 인상파와 제2차 세계 대전 사이의 작품들이 전시되어 있는데, 카임 수틴(Chaim Soutine), 세잔, 르누아르(Renoir), 루소(Douanier Rousseau), 피카소(Picasso), 마티스(Matisse), 모딜리아니(Modigliani) 등의 작품이 있다. 이곳의 모든 작품은 창을 통해 들어오는 자연광 속에서 감상할 수 있다.

주소 Musée de l'Orangerie Jardin des Tuileries, 75001 오픈 수~월 9시~18시 / 화요일, 5월 1일, 7월 14일 오전, 12월 25일 휴관 요금 (일반) 9유로, (할인) 6.50유로 / 오랑주리 미술관+오르세 미술관 일반 16유로 / 뮤지엄 패스 사용 가능 / 매월 첫째 주 일요일 무료 Metro 1, 8, 12호선 콩코르드(Concorde) 역에서 도보 2분 / 1호선 튈르리(Tuileries) 역에서 도보 2~3분 버스 24, 42, 52, 72, 73, 84, 94번 홈페이지 www.musee-orangerie.fr

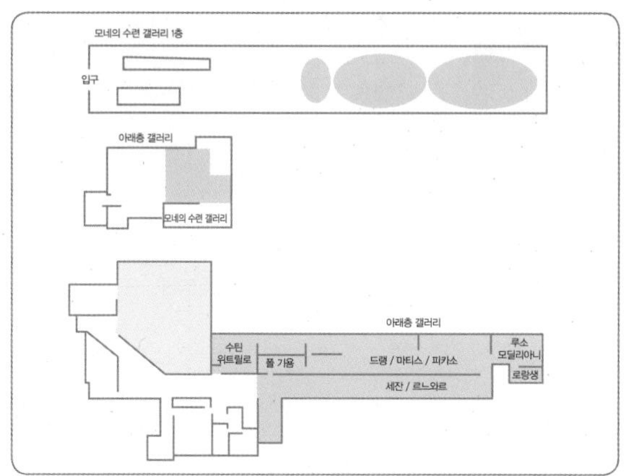

폴 세잔 Paul Cézanne

후기 인상파의 대표 화가인 폴 세잔의 작품은 그 어느 인상화 화가보다도 밝고 명쾌한 색상을 표현했다.

1. 붉은 지붕이 있는 풍경 혹은 성당의 소나무
Paysage au Toit Rouge ou le Pin à l'Eglise

굉장히 입체적이고 사실적이라고 느껴지는데 더 자세하게 보면 대충 그려 놓은 것 같은 느낌이다. 전통적인 원근법 구도 대신 자신만의 독창적인 관점에서 바라본 풍경을 그렸다.

2. 꽃병과 설탕통과 사과
Vase paillié, sucrier et pommes

주로 정물화를 그렸던 폴 세잔이 그린 이 그림은 보는 형태와 시각에 따라서 색상이 변하는 사과인데 세잔은 고유의 색을 찾아서 그리려고 노력했다. 색을 이루는 수많은 조각을 수없이 계산해 넣어서 입체적인 이미지를 만들어내는 색채 분할법으로 사물을 그렸다.

3. 화가의 아들의 초상 Portrait du fils de l'artiste

폴 세잔의 〈화가의 아들의 초상〉이라는 작품이다. 1872년에 태어난 세잔의 아들이 9살~10살쯤 되었을 때다. 신기하게도 아들의 초상의 작품들은 거의 같은 표정과 같은 구도를 하고 있다.

폴 세잔

1

2

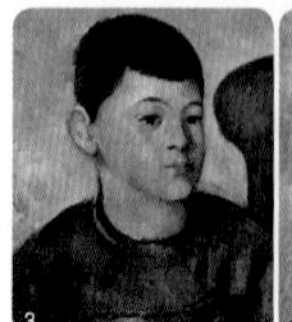

4. 세잔 부인의 초상화 Portrait de Madame Cézanne
세잔의 부인인 오르탕스가 40살이 되던 해에 그려진 그림이다. 아들과는 조금 다르게 정면을 보고 있다. 하지만 아들과 얼굴은 정말 닮았다.

5. 사과와 비스킷 Pommes et Biscuits
평생 먹은 것보다 더 많은 사과를 그린 폴 세잔의 그림에서 사과를 빼놓을 수 없다. 그는 사과로 파리를 놀라게 하고 싶다고 하기도 했다.

르누아르 Pierre-Auguste Renoir

19세기 후반 미술사의 격변기를 지냈던 뛰어난 대가들 가운데 '비극적인 주제를 그리지 않은 유일한 화가'라고 일컬어지는 르누아르는 "그림은 즐겁고 유쾌하고 예쁜 것이어야 한다."는 예술 철학으로 삶의 기쁨과 환희를 현란한 빛과 색채의 융합을 통해 무려 5만여 점이 넘는 유화 작품을 남겼다.

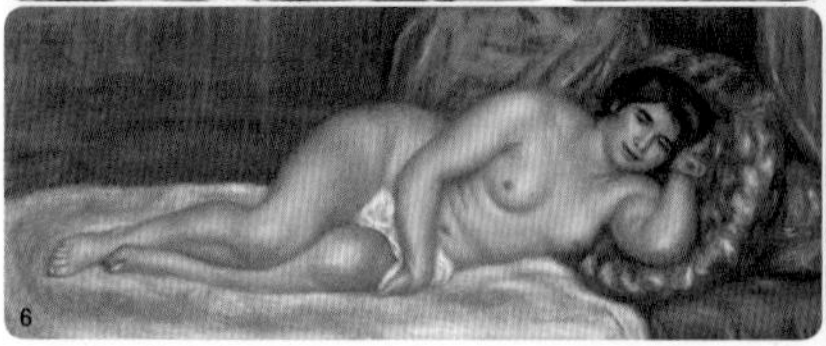

1 2 3 4 5 6 7

1. 피아노를 치는 소녀들 Jeune Fille au Piano

굉장히 따뜻한 느낌의 그림으로 르누아르 하면 빠질 수 없는 그림 중 하나이다. 완만한 곡선과 부드러운 이미지와 따뜻한 색조가 조화를 이뤄서 화면이 아름답게 표현되고 있다.

2. 풍경 속의 나체 여인 Femme nue dans un paysage

여성의 풍만한 나체와 삼각형의 구도가 잘 나타나 있는 그림이다. 르누아르는 그림을 그릴 때 매만지고 싶다는 느낌을 받아야 한다고 생각해서 그린 것이라고 한다.

3. 화병에 담긴 꽃 Fleurs dans un Vage

푸른 톤으로 처리한 배경과 섬세하게 묘사한 꽃이 대비되어 화사한 꽃이 더욱 볼륨감 있게 느껴진다.

4. 머리가 긴 목욕하는 여인 Baigneuse aux Chevelus

르누아르의 생각처럼 만져보고 싶은 그림이다. 우윳빛 살결과 통통한 모습이 정말 아름답게 보이는 여인이다.

5. 끌로드 르누아르 Claude Renoir

화가의 아들 끌로드가 광대 옷을 입고 있는 모습을 그린 것. 아른아른한 배경과는 달리 아이의 모습은 비교적 사실적으로 묘사하였다. 옷 주름과 머리카락에 비친 빛의 효과가 매우 자연스럽다.

6. 나체로 누워 있는 여인 Femme nue couchée

통통한 이미지와 불그스름한 볼이 인상적이다. 얼굴도 가장 예쁘게 그렸다.

7. 가브리엘과 요한 Gabrielle et Jean

르누아르의 하녀인 가브리엘과 아들 요한이 재미있게 놀고 있는 그림이다. 가브리엘은 르누아르의 말년 그림의 모델 역할을 했는데 가브리엘이 모델을 했던 초기 시절의 그림이다. 하지만 마치 하녀가 아니라 어머니와 아들 같은 따뜻한 느낌의 그림이다.

마리 로랑생 Marie Laurencin

오랑주리 미술관에는 로랑생의 작품들이 많이 있지는 않지만 그녀의 독특하고 묘한, 슬프고 가냘픈 작품 세계를 맛보기에는 충분하다. 로랑생은 특히 여자들의 초상화를 많이 그렸는데, 여자들의 모습을 실제보다 길고 날씬하게 그려 우아함을 강조한 작품이 대부분이다.

1. 강아지와 있는 여인 Femme au Chien

잠시 휴식을 취하는 무용수가 강아지를 쓰다듬는 모습을 그린 것으로, 무용수의 손끝과 발끝에서 전해지는 우아한 긴장감이 이 작품의 핵심이다.

2. 샤넬 양의 초상 Portrait de Mlle. Chanel

패션 디자이너 코코 샤넬을 모델로 하여 그린 작품인데, 샤넬은 이 그림을 거부했다고 한다.

3. 폴 기욤 부인의 초상

Portrait de Mme. Paul Guillaume

오랑주리 미술관에 작품을 기증한 기욤 부인의 모습은 사람이라기보다는 하늘에서 내려온 선녀처럼 묘사되어 있는데, 남성의 눈으로 그린 미인도와는 다른 여성의 눈으로 본 여성의 아름다움이 표현된 작품이다.

1 2 3

모딜리아니 Amedeo Modigliani

이탈리아 출신인 모딜리아니는 처음에는 조각에 뜻을 두었으나 곧 인물화에 전념하여 사람의 모습을 독특하게 해석한 작품을 남기게 되었다.

폴 기욤의 초상화

인물의 특징이 명쾌하고 재미있게 표현되어 있다. 다른 작품과 마찬가지로 어두운 색으로 표현되어 있는데, 모딜리아니가 아프리카의 검은 마스크에서 많은 영향을 받았기 때문이다.

앙리 루소 Henri Rousseau

반듯반듯하고 깔끔한 묘사가 특징인 그의 작품은 시골 마을의 행사를 주제로 다룬 것이 많다.

1. 결혼식 La Noce

앙리 루소의 작품 중 가장 유명한 것으로, 결혼식이라고 하기에는 우울한 느낌의 그림이지만 아마도 신부는 첫 번째 부인인 크레망스고, 루소는 크레망스의 우측 위쪽에 있는 남자고, 또 그의 오른쪽에는 두 번째 부인인 조세핀인 것으로 추정된다. 너무 정교하게 표현하여 도리어 비현실적으로 느껴지는 숲을 배경으로 결혼 기념 사진을 찍기 위해 카메라 앞에 포즈를 취한 마을 사람들은 순박한 모습을 그대로 간직하고 있다.

2. 쥐니에 영감네 이륜 마차
La Carriole du père Junier

모자를 쓴 사람은 루소 자신으로 쥐니에 할아버지가 마차를 산 기념으로 찍은 사진을 보고 그린 그림인데 마치 사람이 아니라 원숭이를 그려 놓은 것 같아 조금 우스워 보인다.

쥐니에 할아버지의 앞 가르마와 할아버지를 제외하고 모두 정면을 보고 있는 모습이 조금 독특한 느낌의 그림이다. 인물들의 자세도 너무 경직되어 있고, 배경까지 약간 부자연스러운 듯하다.

1

2

앙리 마티스 Henri Matisse

1. 세 자매 Les Trois Soeurs

20세기 초, 색채의 해방을 슬로건으로 내세운 야수파의 대표 화가인 마티스의 작품으로 그는 주관적인 색채와 거친 붓 놀림이 특징이다. 어린아이들이 장난친 것 같은 느낌의 그림에 쓸쓸함이 더해져 있다.

2. 회색 바지를 입은 오달리스크 Odalisque à la Cullote Grise

붉은색 배경 앞에 회색 옷을 입은 여자가 웅크리고 누운 모습을 그렸다.

피카소 Pablo Picasso

1. 몸집이 큰 목욕하는 여인 Grande Baigneuse

피카소와 부인인 올가 사이에서 파올로를 나았을 때쯤 그려진 그림으로 서서히 입체파의 특징이 드러나고 있다.

2. 탬버린을 든 여자 Femme au Tambourin

다른 작품과는 달리 화려한 색상 대비가 눈에 띄는 작품이다. 종이를 오려 붙인 듯한 느낌이 나는 이 작품은 대체로 평면적이지만 여자의 얼굴에서는 이미 입체성이 나타나고 있다.

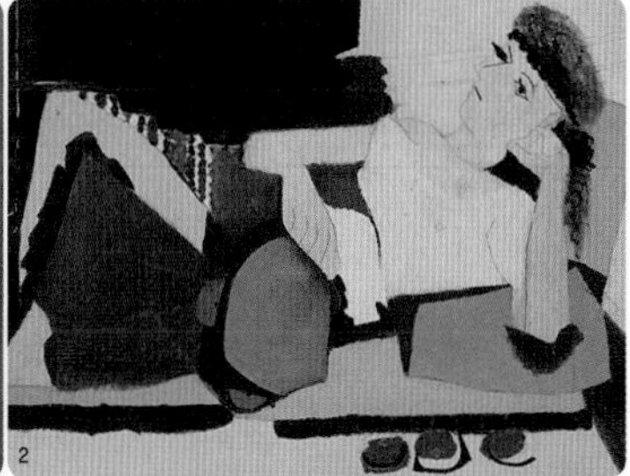

3. 사춘기 Les Adolescents

청소년기의 어른이 되는 시기의 사람들을 그린 그림으로 피카소가 몽마르트르의 세탁선에 살게 되고, 또 장밋빛 시대라고 하여 1904~1906년의 밝고 따뜻한 느낌의 색을 사용하던 시기에 그려진 그림이다.

4. 포옹 L'Etreinte

임신한 듯한 여성이 남성을 따뜻하게 포옹하고 있는 모습이 표현된 그림이다.

드랭 André Derain

1. 식당의 테이블 La Table de Cuisine
마티스의 영향을 받은 야수파 화가인 드랭의 깔끔한 선이 돋보인다. 하지만 초창기 그림의 원색적인 포비즘에 비해서 세잔의 영향으로 큐비즘적인 침울한 느낌을 그리기 시작했는데, 그래서 조금 우울하고 쓸쓸한 느낌이 되었다.

2. 기타 치는 어릿광대 Arlequin à la Guitar

3. 어릿광대와 피에로 Arquin et Pierrot
2~3번 작품은 재미있는 그림이지만 표정은 굉장히 어둡다. 두 작품은 드랭의 대표작으로 인상파의 흔적은 물론 야수파, 입체파의 특징이 두루 나타나있다.

4. 폴 기욤 부인의 초상
Portrait de Mme. Paul Guillaume
작품 전체가 갈색으로 느껴지는 독특한 초상화이다. 사실적으로 묘사한 인물화이면서도 어딘지 환상적인 분위기가 나는 까닭은 후원자에 대한 존경의 표현일 것이다.

1

2

3

4

카임 수틴 Chaim Soutine

1. 집들 Les Maisons
마치 카메라 앵글을 한 바퀴 돌리며 찍은 사진을 보는 것 같은 느낌의 그림이다.

2. 마을 Le Village
가난과 빈곤으로 시작해 가난과 빈곤으로 생을 마감한 수틴. 수육이나 미친 여인 등의 주제로 주로 그림을 그렸는데 인상파에서 입체파로 흘러가는 중간 정도의 분위기다.

3. 소와 송아지 머리 Boeuf et Tête de veau
팔리기를 기다리는 소와 자식까지 죽음으로 몰고 간 슬픈 소를 표현한 작품으로 붉은색으로 소의 부위별 온도를 카메라로 바라보는 것 같은 느낌이지만 죽어 있는 소를 생각하니 조금 슬퍼 보인다.

1

2

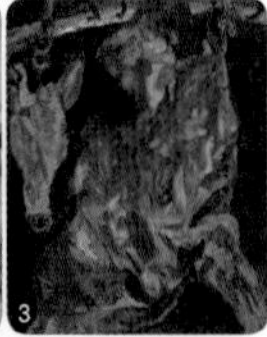
3

위트릴로 Maurice Utrillo

1. 생 피에르 성당 Eglise St-Pierre
위트릴로는 몽마르트르 언덕 주변의 풍경과 사람들의 모습을 즐겨 화폭에 옮긴 화가이다.
마치 그림 엽서를 보는 듯한 깨끗한 느낌의 그림을 그렸는데 이 그림은 1912년까지 하얀색을 주로 사용하던 시기가 지나고 색채를 점점 사용하던 때의 그림이다. 배경은 몽마르트르에 있는 생 피에르 성당으로 모친인 발라동의 장례식이 거행되었던 성당이다.

2. 베를리오즈의 집 La Maison de Berlioz
유명한 음악가의 집이라는 느낌이 전혀 들지 않는, 가난하고 허름해 보이는 집의 입구를 단순화한 원근법과 구도로 대상을 배치하여 흰색으로 강조한 작품이다. 이 작품을 그릴 무렵 위트릴로는 유별나게 흰색에 집착하였는데, 후에 이 시기를 '흰색 시대'라고 부르게 되었다.

3. 노트르담 대성당 Notre Dame de Paris
무명 화가에서 유명한 화가로 바뀌던, 흰색 시대에서 다색 시절로 바뀌는 과도기를 잘 표현해 주는 작품이다. 후기의 작품으로, 그림 엽서에서 영감을 얻은 다음 자신만의 독특한 색상 해석을 덧붙인 그림이다.

1

2

3

모네 Claude Monet

수련 Nymphéas
모네는 이른 아침부터 해질 무렵까지 시시각각 변하는 풍경에 매혹되어 그 모습을 그림으로 옮겼는데, 그 대표작이 바로 수련 시리즈다. 이 연작은 1890년 지베르니에 있는 그의 집 연못에서 자라는 수련의 모습을 관찰하여 그렸다. 푸른색, 보라색, 붉은색 등 색색의 작품이 보여 주는 수련은 정말 아름답다.

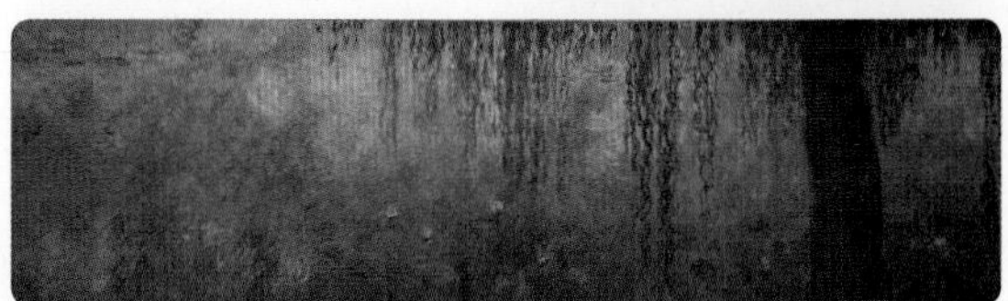

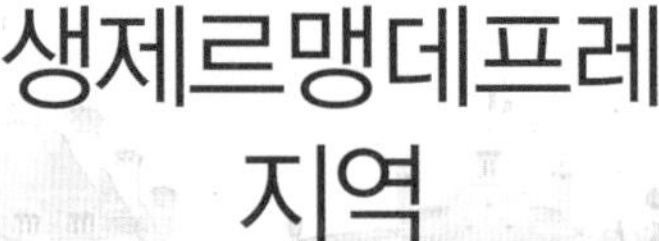

생제르맹데프레 지역

Quartier Saint-Germain-des-Prés

출판사 간부와 작가들이 즐겨 찾는 곳

1950년대 파리 지성의 본거지였던 이곳 생제르맹데프레 구역은 현재 유명 디자이너의 숍들이 늘어서 있고, 인테리어 디자이너 숍들도 많이 모여 있는 곳이다. 생제르맹데프레 성당 근처에는 과거 지성인들이 오고 갔던 카페들을 아직도 찾아볼 수 있고, 예전과는 다르지만 현재에도 많은 출판사 직원들과 작가들이 이곳을 찾는다. 또한 파리에서 가장 넓고 유명한 공원인 뤽상부르 공원과 파리 3대 박물관 중 하나인 오르세 미술관 등이 이 지역에 자리하고 있어서 관광객들에게도 빼놓을 수 없는 지역이다.

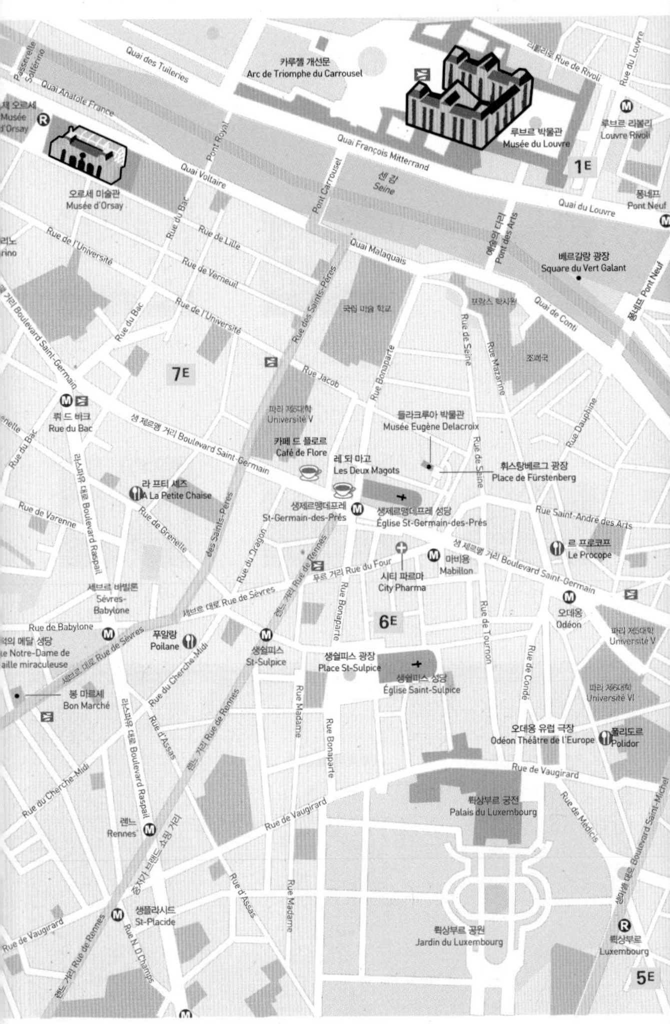
카루젤 개선문
Arc de Triomphe du Carrousel
루브르 박물관
Musée du Louvre
루브르 리볼리
Louvre Rivoli
1E
Quai des Tuileries
Quai Anatole France
Quai François Mitterrand
Quai Voltaire
Quai du Louvre
Quai Malaquais
Quai de Conti
센 강
Seine
Rue de Rivoli
Rue du Louvre
Pont Royal
Pont Carrousel
예술의 다리
Pont des Arts
퐁네프
Pont Neuf
베르갈랑 광장
Square du Vert Galant
오르세 미술관
Musée d'Orsay
Rue du Bac
Rue de Lille
Rue de l'Université
Rue de Verneuil
Rue des Saints-Pères
국립 미술 학교
Rue de Seine
Rue Mazarine
Rue Jacob
Rue Bonaparte
Rue Dauphine
7E
Boulevard Saint-Germain
뤼 드 바크
Rue du Bac
파리 제5대학
Université V
들라크루아 박물관
Musée Eugène Delacroix
카페 드 플로르
Café de Flore
레 되 마고
Les Deux Magots
퓌스탕베르그 광장
Place de Fürstenberg
라 프티 셰즈
A La Petite Chaise
Rue de Varenne
라스파유 대로 Boulevard Raspail
Rue de Grenelle
생제르맹데프레
St-Germain-des-Prés
생제르맹데프레 성당
Église St-Germain-des-Prés
Rue Saint-André des Arts
르 프로코프
Le Procope
Rue du Dragon
렌느 거리 Rue de Rennes
푸르 거리 Rue du Four
시티 파르마
City Pharma
마비용
Mabillon
생 제르맹 거리 Boulevard Saint-Germain
세브르 바빌론
Sèvres-Babylone
세브르 대로 Rue de Sèvres
Rue de Tournon
오데옹
Odéon
파리 제5대학
Université V
6E
Rue de Babylone
푸알랑
Poilane
생쉴피스
St-Sulpice
생쉴피스 광장
Place St-Sulpice
생쉴피스 성당
Église Saint-Sulpice
Rue de Condé
Rue du Cherche-Midi
파리 제6대학
Université VI
봉 마르셰
Bon Marché
Rue Madame
Rue d'Assas
오데옹 유럽 극장
Odéon Théâtre de l'Europe
폴리도르
Polidor
Rue de Vaugirard
뤽상부르 궁전
Palais du Luxembourg
Rue de Médicis
Boulevard Saint-Michel
렌느
Rennes
중저가 브랜드 쇼핑 거리
생플라시드
St-Placide
Rue N.D.Champs
뤽상부르 공원
Jardin du Luxembourg
뤽상부르
Luxembourg
5E

생제르맹데프레 지역

유명 디자이너의 숍들과 인테리어 디자이너 숍들도 많이 모여 있는 곳이다. 생제르맹데프레 성당 근처에는 예전 지성인들이 오고 갔던 카페들을 아직도 찾아볼 수 있다.

오르세 미술관
파리의 3대 미술관 중 하나로 인상파 작품을 만날 수 있는 미술관

도보 10분

들라크루아 박물관
프랑스를 대표하는 화가 들라크루아가 거주하며 활동하던 곳

도보 3분

생제르맹데프레 성당
파리에서 가장 오래된 성당

도보 5분

생쉴피스 성당
노트르담, 사크레쾨르 성당과 더불어 파리 3대 성당

도보 3분

뤽상부르 공원
파리에서 가장 크고 유명한 공원

도보 5분

오데옹 유럽 극장
현대극 공연이 활발한 프랑스 국립 극장

생제르맹데프레 성당

생쉴피스 성당 Église Saint-Sulpice [에글리즈 상쉴피스]

노트르담, 사크레쾨르 성당과 더불어 파리 3대 성당

MAPECODE 11034

고딕 양식의 생쉴피스 성당은 예수회 성당 중에서 가장 크고, 가장 장식이 아름다운 성당이면서 길이가 120m, 폭이 57m, 높이가 30m로 파리에서 가장 큰 성당 중 하나이다. 특히 성당의 파이프 오르간은 세계에서 가장 큰 파이프 오르간이라고 한다. 그 크기만큼이나 음색도 아름답다고 하는데 파리에서 노트르담 성당의 것과 더불어 가장 아름답고 섬세한 음을 내는 오르간이라고 한다.

성당 안으로 들어가서 오른쪽 첫 번째 소성당 안으로 가면 유명한 벽화 두 점을 볼 수 있는데 왼편 벽에 있는 들라크루아의 〈천사와 싸우는 야곱〉은 구약성서의 내용(창세기 32장)을 그린 것이다. 하느님이 야곱을 시험하기 위해, 천사를 사탄의 입장에 세워서 야곱과 밤새 겨루게 했는데 날이 새도록 싸움이 끝나지 않자 결국 천사가 한 발 물러서며, 야곱을 이스라엘이라 부르면서 하느님과 사람과 더불어 이겼노라 하고 축복을 내렸다는 내용이다. 그리고 〈사원으로부터 쫓겨난 헬리오도루스〉 작품도 바로 맞은편에 보인다. 성당 앞의 생쉴피스 광장의 중앙에는 네 주교의 분수(La fontaine des

Quatre-Evêques)가 있는데, 1844년 비스콘티(Joachim Visconti)가 만든 작품이다.

주소 Place Saint-Sulpice 75006 오픈 7시 30분~19시 30분 Métro 4호선 생쉴피스(St-Sulpice) 역에서 도보 2~3분 버스 63, 70, 86, 87, 96번

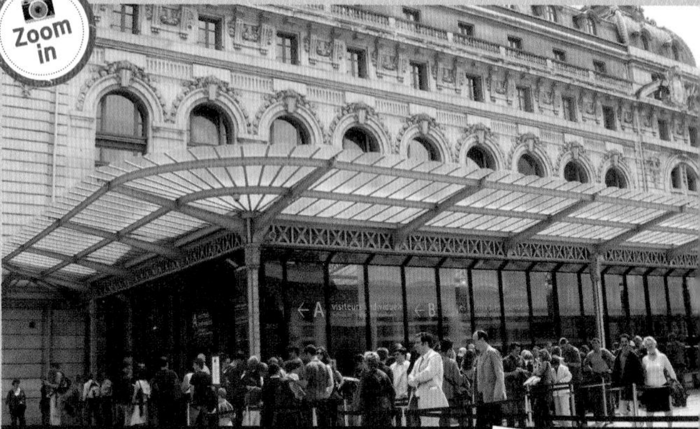

오르세 미술관 Musée d'Orsay

MAPECODE 11035

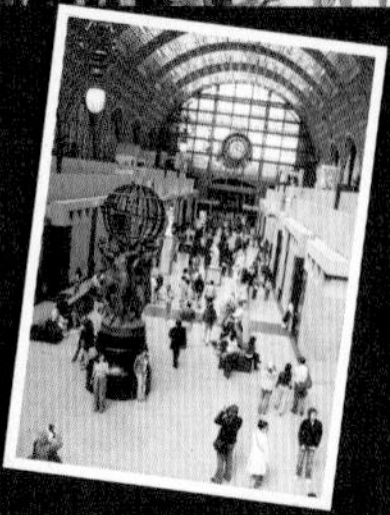

인상파 작품을 만날 수 있는 파리의 3대 미술관 중 하나

아르누보 양식의 웅장한 건물인 오르세 미술관은 파리 만국 박람회를 기념해 건축가 빅토르 라루(Victor Laloux)에 의해 만들어진 철도역이었다. 오를레앙 철도의 종착역이었는데 철도의 전동화에 따라 플랫폼이 비좁아지게 되어서 점차 영업을 중단하게 되었다.

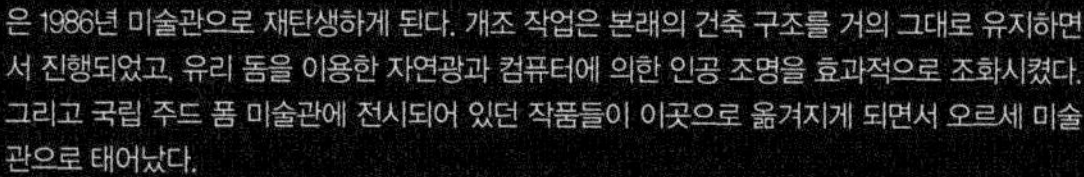

이후 건물의 용도를 다양하게 바꾸어, 호텔이나 극장 등으로도 이용하였고, 철거하자는 의견도 나왔다. 허물어질 뻔했던 이 건축물은 1986년 미술관으로 재탄생하게 된다. 개조 작업은 본래의 건축 구조를 거의 그대로 유지하면서 진행되었고, 유리 돔을 이용한 자연광과 컴퓨터에 의한 인공 조명을 효과적으로 조화시켰다. 그리고 국립 주드 폼 미술관에 전시되어 있던 작품들이 이곳으로 옮겨지게 되면서 오르세 미술관으로 태어났다.

오르세 미술관은 대부분 1848년부터 제2차 세계 대전 전인 1914년까지의 작품이 전시되어 있는데, 특히 인상주의나 후기 인상주의 화가의 작품 등이 유명하다. 또한 아카데미즘 회화도 다수 소장하고 있다. 회화나 조각뿐만 아니라 사진, 그래픽 아트, 가구, 공예품 등 19세기의 예술작품을 폭넓게 전시하고 있으며, 5층의 야외 테라스 전망대에서 바라보는 파리의 전경 또한 매우 아름답다. 예전에 기차역으로 사용하던 흔적들도 많이 남아 있어서 건물 전체가 거대한 미술 공간으로 느껴진다.

주소 1 Rue de la Légion d'Honneur, 75007 운영 9시 30분~18시(목요일은 21시 45분까지) / 월요일, 1월 1일, 5월 1일, 12월 25일 휴관 요금 (일반) 14유로, (할인) 12유로 / 뮤지엄 패스 사용 가능 Métro 12호선 솔페리노(Solférino) 역에서 도보 5~7분 RER C선 뮈제 드 오르세(Musée-d'Orsay) 역에서 바로 버스 24, 68, 69, 73, 83, 84, 94번 홈페이지 www.musee-orsay.fr

★박물관 관람 순서는 이렇게

박물관 관람은 0층에서 시작한다. 1번 전시실부터 앵그르의 작품을 보면서 5, 6번 전시실의 밀레의 작품을 감상하자. 그 후에 17번 전시실에서 만종과 오페라 가르니에의 모형을 보고 그 옆의 에스컬레이터를 이용해 바로 5층까지 올라간다. 5층에 있는 테라스에서 오르세 미술관의 전체 전망을 보고 28번 전시실의 바깥쪽 시계탑 안쪽에서 바라보는 풍경도 본 후에, 29번 전시실부터 인상파의 작품을 보면서 46번 전시실을 지나 2층으로 내려간다. 2층의 릴 테라스의 부르델 작품을 감상하고 로댕 테라스를 지나 아르누보 작품을 감상하고 세느 테라스의 클로델 작품을 보며 마무리하면 된다.

0층(로비) 인상파 이전의 작품들을 전시하고 있는데 드가, 도미에, 들라크루아, 모로, 앵그르 등 화가들의 작품이 있다.

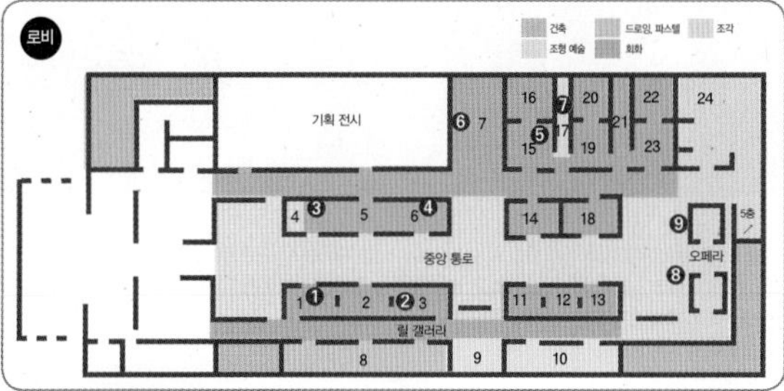

1. 샘 La Source

앵그르가 무려 36년에 걸쳐 제작한 작품으로 아름다운 여주인공의 지그재그로 몸을 비튼 조각 같은 완벽한 몸매가 돋보이고, 얼굴에서는 꿈꾸는 듯한 눈동자와 수줍은 듯 살짝 뗀 입술이 매력적이다. 인물은 밝게, 배경은 어둡게 처리한 바로크 양식이 느껴진다.

2. 비너스의 탄생 La Naissance de Vénus

카바넬의 작품으로 1863년 당시 최고 권위의 살롱전에 출품되어 열광적인 호평을 받았다. 나폴레옹 3세가 직접 구입할 정도로 당시에 사랑 받았던 작품으로 다른 비너스들과는 달리 파도 위에 누워서 탄생한 순간을 맞이하는 모습을 그린 것이다.

3. 유명 인사들의 캐리커처 흉상

오노레 도미에가 만든 사람들의 우스운 모습을 표현한 여러 개의 흉상들은 19세기 유명 인사들을 코믹하게 묘사한 것인데 당시 프랑스 국회의원들이라고 한다.

4. 이삭줍기 Les Gianeuses

밀레의 작품으로 추수가 끝난 가을 들판에서 아낙네들이 땅에 떨어진 이삭을 줍고 있는 모습이다. 목가적인 전원 풍경화지만 사실은 당시 프랑스 농민들의 힘겨운 삶을 있는 그대로 드러낸 민중 회화다.

5. 풀밭 위의 점심 식사 Le Déjeuner sur l'Herbe

마네의 작품으로, 당시 살롱전에서 보기 좋게 낙선한 작품이다. 화창한 어느 날 두 신사와 두 숙녀가 풀밭에서 느긋한 한 때를 보내는 모습을 표현했다. 연미복 정장 차림의 남자들과는 달리 한 여자는 벌거벗은 채 앉아 있고 또 다른 여자는 얇은 속치마만 걸친 채 연못에서 목욕하는 장면을 그렸다. 벨라스케스로부터 영향을 받아 터치는 아카데믹한 화풍에 익숙해 있던 당시 예술가나 비평가들의 눈에는 마치 그리다 만 그림처럼 비쳐졌다.

6. 오르낭에서의 장례식 Un Enterrement à Ornans

꾸르베의 작품. 너무 사실적으로 장례식이 묘사되어 있어서 비판을 받았던 작품이다. 장례식에 참석한 사람들은 제각각 서로 다른 표정을 하고 있는데 그림 속의 인물들은 오르낭 마을 사람들의 실제 모습으로 그 그림을 위해 한 사람씩 아뜰리에로 찾아와 포즈를 취해 주었다고 한다.

7. 만종 L'Angélus

밀레의 작품 중에서 가장 유명한 작품이다. 가을 들판 위에서 해질 무렵, 일하던 부부가 삼종기도를 올리고 있는데 뒤쪽으로 갈수록 밝아지는 배경은 저 멀리로 해가 지고 있음을 나타낸다. 농촌의 평범한 모습을 그렸다.

8. 지구를 떠받드는 세계의 네 부분
Les Quatre Parties du monde soutenant la sphère célesteen

카르포의 작품으로 파리 천문대의 의뢰를 받아 천문대 분수를 장식하기 위해 제작되었다. 지구를 상징하는 구를 받치고 있는 네 명의 인물들은 각각 4개의 대륙을 뜻한다.

9. 춤 La Danse
카르포의 작품으로 발표될 당시에는 엄청난 비난을 받았던 작품이다. 이유는 작품이 지나치게 외설스럽다는 것인데, 춤을 상징하는 중앙의 인물을 중심으로 님프들이 흥겹게 원무를 추고 있는 모습이다. 생생하게 살아 있는 인물들의 표정과 율동감 등이 아름답다.

9

2층(가운데 층) 아카데미즘, 자연주의, 상징주의, 아르누보를 전시하고 있다. 세느 테라스에는 클로델 작품도 전시되어 있고 릴 테라스에서는 부르델 작품도 볼 수 있다. 로댕 테라스에는 로댕의 작품도 전시되어 있으며 61~66번 전시실은 엑토르 귀마르 등의 아르누보의 작품을 볼 수 있다.

10

12

10. 지옥의 문 Porte de l'Enfer
11. 클로델의 중년 L'Age Mûr
12. 부르델의 활을 쏘는 헤라클레스 Héraklès Archer

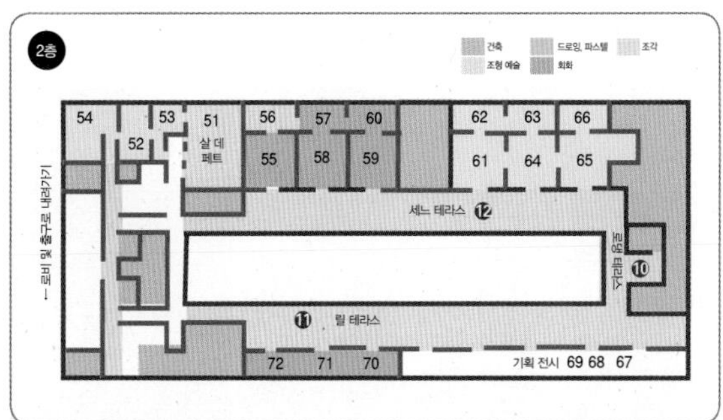

5층(마지막 층) 우리에게 친숙한 인상파, 후기 인상파의 작품들이 전시되어 있다. 세잔, 드가, 루소, 고갱, 마네, 마티스, 모네, 피사로, 르누아르, 쇠라, 반 고흐 등 많은 인상파 화가들의 작품을 전시하고 있으며 특히 35번 전시실의 고흐 그림이 인기다.

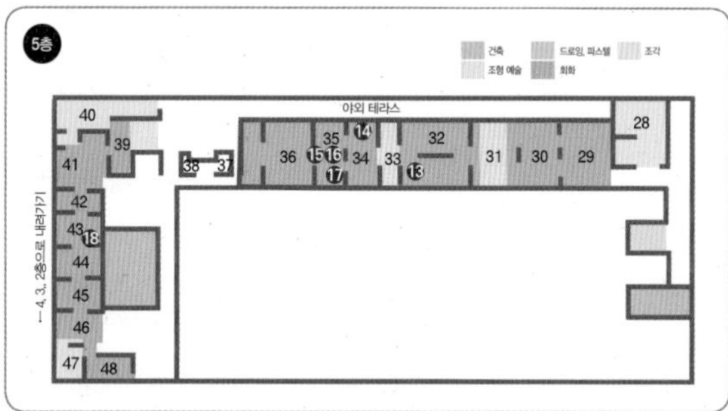

13. 물랭 드 라 갈레트 Bal du Moulin de la Galette

르누아르의 작품으로 몽마르트르 언덕 주변 갈레트 풍차 광장에서 벌어진 야외 무도회를 그린 작품이다. 그림 속에 등장하는 수많은 인물들의 다양한 표정과 몸 동작이 사실적으로 그려져 있다. 구체적인 듯하면서도 물감으로 뭉개버린 듯한 과감한 색감 처리도 뛰어나다.

14. 루앙 대성당 La Cathédrale de Rouen

모네의 작품인데 한 가지 대상을 놓고 빛의 흐름에 따라 달라지는 모습을 그린 연작이다. 모네는 고딕 건축의 걸작이라 일컬어지는 루앙 대성당이 계절의 변화에 따라 달라지는 색감을 화폭에 옮겼다.

15. 오베르의 성당 L'Eglise d'Auvers-sur-Oise

고흐의 작품으로 오베르 쉬르 우아즈의 성당을 묘사했다. 보색 대비를 이루는 화려한 색채에도 불구하고 입체적이지 않고 평면화되어 있는데 평범한 고딕식 성당의 모습을 사정없이 뒤틀어 버린 과감한 묘사와 불길한 인상을 주는 낮게 내려앉은 짙은 푸른 색의 하늘, 거친 붓 터치로 표현된 성당이 당시 고흐의 정신 세계를 잘 말해 주고 있다.

16. 예술가의 초상 Portrait de l'artiste

힘찬 붓의 터치가 인상적인 고흐의 초상화. 고흐는 37점의 자화상을 남겼는데 그 중에 조금 젊었을 때 그린 그림이다. 비교적 안정된 모습이지만 배경에서 혼란스러움을 표현했다.

17. 반 고흐의 방 La Chambre de Van Gogh

고흐의 작품. 고흐가 아를에 있을 때 지냈던 방을 그린 그림인데 비교적 따뜻하고 아늑한 느낌을 준다. 독특하게 표현된 원근법과 사실적인 듯하면서도 자세히 들여다보면 형태가 재구성되어 있는 방 안의 물건들이 산만하면서도 어딘지 차분한 느낌을 준다.

18. 타이티의 여인들 Femme de Tahiti

고갱의 작품으로 타이티 해변가의 여인들을 묘사했는데, 여인들은 굵고 투박한 선으로 거의 평면적으로 그려져 있다. 검은 피부에 풍만한 몸집을 한 타이티의 두 소녀는 강렬한 인상을 느끼게 하면서도 왠지 불안한 눈빛을 띤 얼굴에서 식민지인의 두려움이 전해진다.

18

들라크루아 박물관 Musée Eugène Delacroix [뮈제 외젠 들라끄루아]

프랑스를 대표하는 화가 들라크루아가 거주하며 활동하던 곳

MAPECODE 11036

이곳은 열정적이고 강렬한 개성을 지닌 화가 외젠 들라크루아(Eugène Delacroix)가 거주하며 작품 활동을 했던 곳으로, 2층짜리 건물에 들라크루아의 작품을 상설 전시하고 있는 국립 박물관이다.

이곳에서 그는 〈그리스도의 매장(Descente au Tombeau)〉과 현재 박물관에 걸려 있는 〈갈보리 언덕으로 가는 길(Montée au Calvaire)〉을 완성했다. 또한 근처 생쉴피스 성당의 대 천사 소성당을 장식하고 있는 웅장한 벽화를 이곳에서 그렸는데 그것 때문에 그가 이 지역으로 이주하게 된 것이다.

이 박물관에는 들라쿠르아의 자화상을 비롯한 회화 작품들과 작업 스케치, 중요 자료 등이 전시되어 있다. 아뜰리에 창문 밖으로는 그가 좋아했다는 아담한 정원도 보인다.

주소 6 Rue de Fürstenberg, 75006 오픈 9시 30분~17시(16시 30분까지 입장 가능) / 화요일, 1월 1일, 5월 1일, 12월 25일 휴관 요금 (일반) 7유로, (18세 미만) 무료 / 뮤지엄 패스 사용 가능 / 루브르 입장권으로 입장 가능(당일) / 매월 첫째 주 일요일, 7월 14일 무료 Métro 4호선 생제르맹데프레(St-Germain-des-prés) 역에서 3~5분, 10호선 마비용(Mabillon) 역에서 3~5분 버스 39, 63, 70, 86, 95, 96번 홈페이지 www.musee-delacroix.fr 촬영 사진 촬영 불가

★ 박물관 입구

이 박물관 입구의 광장인 휘스탕베르그 광장(Place de Fürstenberg)은 희귀한 개오동 나무 한 쌍과 고풍스러운 가로등이 있어 파리에서 가장 낭만적인 장소로 알려져 있다.

생제르맹데프레 성당 Église St-Germain-des-Prés [에글리즈 상 제르망 데 프레]

파리에서 가장 오래된 성당

MAPECODE 11037

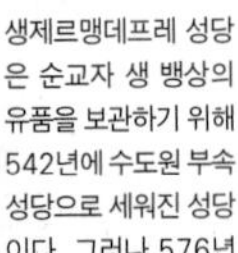

생제르맹데프레 성당은 순교자 생 뱅상의 유품을 보관하기 위해 542년에 수도원 부속 성당으로 세워진 성당이다. 그러나 576년에 파리의 주교였던 성 제르맹이 매장되면서 성당의 이름은 생제르맹데프레라고 불리게 된다.

그 후 성당은 9세기에 노르만인의 습격으로 파괴되는데, 11세기에 다시 바실리카 양식으로 재건되었

다. 하지만 프랑스 혁명 당시에 감옥과 화약 창고로 사용되면서 큰 피해를 입었으며 또다시 19세기에 복구 작업을 거쳐서 완성되었다. 그래서 기본 구조는 초기 로마네스크 양식이지만 이후 복원 공사로 고딕 양식도 볼 수 있다.
성당 안에는 6세기 양식의 대리석 기둥과 고딕 양식의 천장, 로마네스크 양식의 아치 등이 어우러져서 아름다운 모습을 이루고 있으며, 대리석상인 〈위로의 성모 마리아상(1340년)〉도 있다. 본래의 탑 3개 중 하나가 아직도 보존되어 있는데, 파리에서 가장 오래된 종루가 있는 종탑이다.

주소 3 Pl. st Germain des prés, 75006 오픈 8시~19시 Métro 4호선 생제르맹데프레(St-Germain-des-Prés) 역에서 바로 버스 39, 63, 70, 86, 87, 95, 96번

생제르맹데프레 성당 근처의 카페

몽파르나스와 생제르맹데프레 성당 근처는 예전부터 문학인들이 즐겨 찾던 곳이다. 그래서 예전부터 유명한 문학인들이 즐겨 찾던 카페가 아직까지도 그 자리에 남아 관광객들을 맞이하고 있다. 카페나 맥주 가격은 다른 곳에 비해 비싼 편이지만, 역사가 깃든 파리의 아름다운 카페에서 잠시 쉬어 보자.

레 되 마고 Les Deux Magots

MAPECODE 11038

현대 문학의 발상지라고 말할 수 있을 정도로 19세기의 문학가들이 많이 드나들던 곳이다. 오스카 와일드, 헤밍웨이, 카뮈 등 유명한 문학인들이 이곳을 다녔고, 현재도 출판사 사람들과 작가들이 카페에 많이 드나든다.

주소 6 Place de St-Germain-des-Prés, 75006 **위치** 생제르맹데프레 성당의 맞은편에 있다.

카페 드 플로르 Café de Flore

MAPECODE 11039

레 되 마고 카페의 바로 옆에 있는 카페로 예전에는 정치인들이 자주 드나들던 카페였지만 점차 문학인들이 많이 드나들게 된 곳이다. 철학자 사르트르, 디자이너 이브 생 로랑도 이곳의 단골이었다고 한다.

주소 172, Bd. St-Germain-des-Prés 75006 **위치** 레 되 마고의 바로 옆에 있다.

뤽상부르 공원 Jardin du Luxembourg [자르당 뒤 뤽쌍부르]

파리에서 가장 크고 유명한 공원

뤽상부르 궁전과 정원은 앙리 4세의 왕비였던 마리 드 메디시스(Marie de Medicis)를 위해 지어진 것인데, 왕이 죽자 기거하던 루브르 궁전이 싫어져 그녀의 고향인 피렌체의 피티 궁전을 본따서 새롭게 지은 것이다. 오늘날 이 궁전은 프랑스 상원 의사당으로 사용되고 있다.

공원의 한쪽에는 메디시스 분수(Fontain de Medicis)가 있는데, 연못 역시 메디시스에게 바쳐진 것으로, 이탈리아 석굴 양식의 연못의 끝쪽에는 바로크 양식의 분수대가 있다. 분수대의 조각들은 오귀스트 오탱(Auguste Hautain)의 작품이다. 또한 넓은 공원에는 미술관, 테니스 코트, 체험 학습장, 분수대 등이 다양하게 꾸며져 있으며, '자유의 여신상'의 모델이 되었던 조각 등 다양한 작품을 만날 수 있다.

주소 15 Rue de Vaugirard, 75006 오픈 계절에 따라 7시 30분~8시 15분 사이에 오픈, 문 닫는 시간은 해지는 시간에 맞춰서 16시 30분~21시 Métro 4호선 생쉴피스(St-Sulpice) 역에서 도보 5~7분 / 4,10호선 오데옹(Odéon) 역에서 도보 5~6분 RER B선 뤽상부르(Luxembourg) 역에서 바로 버스 21, 27, 38, 82, 83, 84, 85, 89번

예술의 다리 Pont des Arts [뽕 데자르]

파리에서 가장 낭만적인 다리

MAPECODE 11041

예술의 다리는 원래는 1801년부터 1804년에 나폴레옹의 명으로 건설된 다리로 파리의 다리 중 최초의 철골 구조의 다리였으며, 보행자 전용 다리였다. 하지만 1976년 다리가 폭격과 선박 충돌로 부실해진 것으로 밝혀져, 1977년 폐쇄되었으며 1979년 선박 충돌로 60m 정도가 붕괴되었다. 그래서 1982년부터 1984년 사이에 재건되었고 현재 이 다리는 높이 11m, 길이 155m 그리고 7개의 아치를 가지고 있다.

이 다리의 이름은 근처에 프랑스 예술 학교가 있다고 해서 '예술의 다리'라고 불린다. 요즘에도 파리의 예술가들이 이 다리 위에서 전시를 하고, 공연을 하는 등 많은 예술가들의 사랑을 받고 있다. 또한 '사랑의 다리' 또는 '연인의 다리'라고 불릴 만큼 수많은 사람들이 이 다리 위에서 데이트를 즐긴다.

Métro 1호선 루브르 리볼리(Louvre Rivoli) 역에서 도보 3~5분 / 7호선 퐁네프(Pont Neuf) 역에서 도보 3~5분 버스 24, 27, 68, 69, 72번, Balabus

★ 사랑의 다리

파리에서 가장 아름답다고 알려진 다리는 알렉상드르 3세교이지만 사실 우리 같은 여행자들에게는 예술의 다리가 가장 아름다운 다리일지도 모른다.

이 다리는 사랑의 다리라고 불릴 만큼 이곳에서 사랑이 시작되기도 하며, 연인들의 데이트 장소로도 많이 이용되는데, 이 다리를 남녀가 함께 건너면 결혼을 한다는 속설도 있다. 만약 놓치고 싶지 않은 상대가 있다면 함께 사랑의 다리를 건너 보자.

봉 마르셰 Bon Marché [봉 막쉐]

세계 최초의 백화점

MAPECODE 11042

1848년에 세워진 세계 최초의 백화점인 봉 마르셰의 건물은 1869년~1887년 재건축되었는데 에펠탑을 만든 귀스타브 에펠(Gustave Eiffel)이 설계하고 부시코(Boucicaut)에 의해 건축되었다.
소비자들의 소비 형태를 완전히 바꿔 버린 계기가 된 곳이 바로 이 백화점으로, 당시 사람들은 물건을 구입할 때 일일이 상점 주인에게 물건을 보여달라고 해서 구입하는 것이 일반적인 소비 형태였는데, 이 백화점이 생기면서 최초로 고객들이 직접 물건을 만져 보고 쇼핑 바구니에 물건을 담아서 계산하는 쇼핑 형태가 생긴 것이다. 이로써 이 백화점을 통해서 파리 시민들의 주머니가 많이 열리게 되었다고 한다. 특히 같은 물건이라면 같은 가격에 구입할 수 있고 물건을 구입할 목적이 아니어도 아이쇼핑을 즐길 수 있는 장소가 탄생했다는 것이 굉장히 획기적이었다. 이 백화점 바로 옆 식품 매장(Grande Epicerie)에서는 다양하고 특이한 프랑스 식품들을 구경할 수 있다.

주소 **백화점** 24 Rue de Sèvre, 75007 **식품 매장** 38 Rue de Sèvre, 75007 오픈 **백화점** (월~수, 금~토) 10시~20시, (목) 10시~20시 45분, (일) 11시~19시 45분 **식품 매장** (월~토) 8시 30분~21시 Métro 10, 12호선 세브르 바빌론(Sèvre-Babylone) 역에서 바로 버스 39, 63, 68, 70, 83, 84, 87, 94번 홈페이지 www.lebonmarche.fr

기적의 메달 성당 Chapelle Notre-Dame de la Médaille miraculeuse [샤펠 노트르담 드 라 메다이유 미라꿀뢰즈]

성모의 발현이 있었던 파리의 가톨릭 성지

MAPECODE 11043

기적의 메달은 성모 마리아가 파리에 있는 성 빈첸시오 바오로 자비 수녀원 내 소성당에 발현하여 카타리나 라부레(Sainte Catherine Labouré) 수녀에게 직접 준 메달을 말한다.
1830년 7월 18일~19일 저녁 라부레 수녀가 처음 성모의 발현을 목격하였고 1830년 11월 27일 성모의 두 번째 발현을 목격하는데, 두 번째 발현 때 이 메달을 성모께서 라부레 수녀에게 보여 주면서 가지고 있는 사람에게 커다란 은총이 있을 것이라고 말씀하신다. 이로 인해 기적의 메달 성당은 소성당이지만 성모의 발현지로서 끊임없이 기도하는 신자들이 몰려드는 곳이다.
성당 내 제대 위에는 성모의 첫 번째 발현 장면이 그려져 있고 정면에는 메달에서 볼 수 있는 모습의 성모 마리아상이 있다. 우측에는 두 번째 발현을 조각한 모습이 있으며 그 밑에는 사망한 후 57년이 지나 시복을 위한 시신 발굴 당시(1933년) 전혀 부패되지 않은 상태로 발견된 라부레 수녀가 모셔져 있다.

주소 140 Rue du Bac, 75007 오픈 7시 45분~13시 ,14시 30분~19시 / (화) 7시 45분~19시 / (일) 7시 20분~13시, 14시 30분~19시 / (공휴일) 8시 15분~12시 30분, 14시 30분~19시 미사 (월, 수~토) 8시, 10시 30분, 12시 30분 (화) 8시, 10시 30분 (일) 8시, 10시, 11시 30분 Métro 10, 12호선 세브르 바빌론(Sèvre-Babylone) 역에서 도보 1~2분 버스 39, 63, 68, 70, 83, 84, 87, 94번

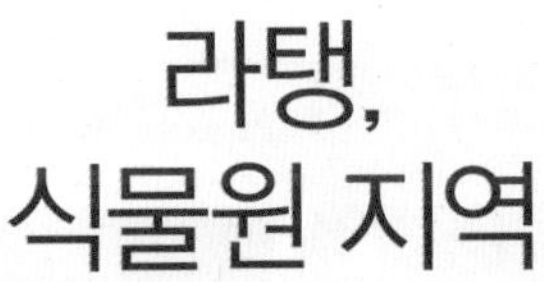

라탱,
식물원 지역

Quartier Latin, Jardin des Plantes de Paris

프랑스의 학문의 중심

라탱 구역은 왕의 권한 아래에서 자치를 누렸던 대학 지구로 1789년까지 이곳에서 라틴어를 사용하였기에 붙여진 이름이다. 이곳은 세계 대전 당시 평화와 인권을 수호하려는 레지스탕스 운동의 중심이 되기도 하였다. 지금도 소르본 대학을 중심으로 프랑스 학문의 중심이 되는 곳으로 대학생들이 많이 몰려 서점, 카페, 극장, 재즈클럽 등이 가득 들어서 있고, 저렴한 물건을 파는 가게와 패스트푸드점, 각종 맛집들이 즐비하다.

생미셸
Saint-Michel
오데옹
Odéon
6E
파리 제5대학
Université V
파리 제6대학
Université VI
Rue de l'Ecole de Médicine
생미셸 대로 Boulevard Saint-Michel
리틀 아테네
(먹자 골목)
생세브랭길 Rue St-Sevrine
R. Xavier Prives
Saint-Michel
N. Dame
세익스피어 앤 컴퍼니
Shakespeare & Company
생세브랭 성당
Église St-Sevrine
생쥘리앵 르 포브르 성당
Église St-Julien le Pauvre
클뤼니 라 소르본
Cluny-La Sorbonne
생 제르맹 거리 Boulevard Saint-Germain
클뤼니 중세 박물관
Musée National du
Moyen Age
Pont au Double
Cathédrale
Notre-Dame de Paris
요한 23세 광장
Square Jean XXIII
Quai de Montebello
Rue Monge
모베르 뮈튀알리테
Maubert-Mutualité
바토 파리지앵
Bateaux Parisiens
Pont de L'Archevêche
Pont St.Louis
생루이 섬
l'Ile St Louis
오를레앙 부두
센 강
Seine
Quai d'Orléans
아모리노
Amorino
베르티옹
Berthillon
Rue St.Louis en l'Ile
Quai de Bourbon
Pont Marie
Hotel de Sens
4E
Quai des Célestins
로잔 호텔
Hôtel de Lauzun
생루이 앙 릴 성당
Église St-Louis en l'Ile
랑베르 호텔
Hôtel Lambert
아담 미키에비츠 박물관
Muesee Adam Michiewitcz
Quai de Béthune
쉴리 다리 Pont de Sully
Quai de la Tournelle
Pont la Tournelle
르 프티 퐁투아즈
Le Petit Pontoise
생 제르맹 거리 Boulevard Saint-Germain
생자크로 Rue Saint-Jacques
소르본 대학
La Sorbonne
소르본 광장
Pl. de La Sorbonne
소르본 성당
Église de La Sorbonne
Rue des Ecoles
Rue Monge
Rue du Cardinal Lemoine
Rue des Ecoles
아랍 세계 연구소
IMA(Institut du
Monde Arabe)
Quai Saint Bernard
야외 조각 미술관
Musée de Sculpture en Plein Air
Rue Cujas
Rue Soufflot
생미셸 대로 Boulevard Saint-Michel
뤽상부르
Luxembourg
생테티엔 뒤 몽
Église St-Etienne du Mont
팡테옹
Panthéon
카디날 르무안
Cardinal Lemoine
Universités Paris VI
Pierre et Marie curie
쥐시외
Jussieu
에스트라파트 광장
Pl. de L'Estrapade
생자크로 Rue Saint-Jacques
Rue Descartes
Rue Monge
뤼테스 원형 경기장
Arènes de Lutèce
식물원
Jardin des plantes de Paris
5E
Rue Linné
Rue Gay Lussac
Rue Lhomond
Rue d'Ulm
Rue Mouffetard
몽주 약국
Pharmacie Monge

라탱, 식물원 지역

세계 대전 당시 평화와 인권을 수호하려는 레지스탕스 운동의 중심이 되었던 곳이다. 지금도 소르본 대학을 중심으로 프랑스 학문의 중심이 되는 곳으로 대학생들이 많이 몰려 서점, 카페, 극장, 재즈클럽 등이 가득 들어서 있다.

생미셸 광장
파리 대학가의 중심적인 광장

도보 5분

셰익스피어 앤 컴퍼니
파리에서 영미 서적들을 만나볼 수 있는 서점

도보 2분

먹자 골목
프랑스 음식은 물론 다양한 국적의 음식을 만나볼 수 있는 골목

도보 10분

팡테옹
프랑스 영웅들이 잠들어 있는 신고전주의 성당

도보 2분

생테티엔 뒤 몽
파리의 수호 성녀 주느비에브의 묘가 있는 성당

도보 7분

뤼테스 원형 경기장
로마 시대의 파리의 모습을 볼 수 있는 유적지

도보 5분

식물원
동물원과 자연사 박물관이 있는 파리의 식물원

도보 3분

야외 조각 미술관
센 강변에 펼쳐진 조각품을 볼 수 있는 곳

생미셸 광장 Place Saint-Michel [쁠라스 상 미쉘]

파리 대학가의 중심적인 광장

MAPECODE 11044

나폴레옹 1세가 미카엘 천사를 기념해서 만든 곳으로 1855년 프랑스의 조각가 다비유드(Gabriel Davioud)의 분수가 있는 광장이다. 가운데의 청동상은 미카엘 천사가 용을 죽이는 모습을 묘사하고 있다.

이 광장은 1944년 파리가 나치로부터 해방되기 직전 대학생 레지스탕스 단원들과 독일군 사이에 치열한 전투가 벌어졌던 곳이기도 하다. 그래서 광장에는 1944년 나치와 싸우다 죽어간 학생들을 추모하는 대리석 기념 명판이 있다.

Métro 4호선 생미셸(St-Michel) 역에서 바로 RER B, C호선 생미셸(St-Michel) 역에서 바로 버스 21, 24, 27, 38, 85, 96번

세익스피어 앤 컴퍼니 Shakespeare & Company [세스피어 & 꽁빠니]

파리에서 영미 서적들을 만나볼 수 있는 서점

MAPECODE 11045

이 서점은 1921년 8월, 조지 위트만(George Whitman)이 2차 세계 대전 후에 파리로 와서 프랑스 문학을 공부하면서 영어 서적들을 그의 방에 보관하다가 노트르담 근처의 센 강변에 작은 방을 얻으면서 서점으로 문을 열게 되었다.

지금도 영미 서적을 파는 대표적인 서점으로 입구가 두 부분으로 나뉘어져 있는데 한쪽은 앤틱북들이 가득한 곳이고 다른 한쪽은 평범한 다른 서점과 비슷하지만, 안으로 들어가 보면 무질서하게 정리된 책들과 작은 피아노 등이 있어 매력적인 곳이다. 특히 내부의 계단을 통해 2층으로 올라가면, 각종 살림살이부터 토론을 할 수 있는 공간과 누워서 책을 읽을 수 있는 침대도 마련되어 있어 더욱 아늑하게 느껴진다.

이곳에서 책을 구입하면 'Shakespeare & Co Kilométre Zéro Paris'라는 도장을 찍어 준다.

주소 37 Rue de Bûcherie, 75005 오픈 10시~22시 Métro 4호선 생미셸(St-Michel) 역에서 도보 3~5분 RER B, C호선 생미셸(St-Michel) 역에서 도보 2~3분 버스 24, 27, 47번 홈페이지 shakespeareandcompany.com

★ 영화 속 배경

영화 <비포 선셋(Before Sunset)>에서 두 남녀 주인공이 재회하는 장소로 나와 특히 인상에 남는 곳이다.

먹자 골목

다양한 국적의 음식을 만날 수 있는 골목

MAPECODE 11046

특히 그리스 음식점이 많아 '리틀 아테네'라고 불리는 이 구역은 각국의 맛집들이 즐비하다. 작은 골목들 사이로 전 세계의 모든 먹을거리가 다 모여 있다고 해도 과언이 아니다.

이 길을 지나가는 수많은 사람들을 대상으로 치열한 손님 유치 경쟁 때문에 늘 활기차고 시끌벅적한 분위기를 느낄 수 있다. 파리에서 유일하게 호객꾼이 있는 곳으로 파리의 색다른 분위기를 느껴볼 수 있다. 가끔씩은 능숙한 한국어가 들리기도 한다.

Métro / RER 생미셸(St-Michel) 역에서 하차해서 위셰뜨길(Rue de la Huchette), 사비에 프리바길(Rue Xavier Privas), 생 세브랑길(Rue St Sevrin), 아록길(Rue de la Haroc)을 따라 이어지는 곳이다.

클뤼니 중세 박물관 Musée National du Moyen Age [뮈제 나시오날 뒤 모이양나쥬]

중세 시대의 유물들을 볼 수 있는 박물관

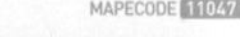
MAPECODE 11047

로마 시대 때 대중 목욕탕이 있던 곳으로, 아름다운 중세 양식의 정원에 둘러싸인 이 건물은 로마와 중세의 건축 양식이 절묘하게 혼합되어 있다. 박물관에는 다양한 중세 유물들이 두 개의 층에 전시되어 있는데, 태피스트리, 금은 세공품과 스테인드글라스, 철 공예품과 상아 세공품, 조각, 회화 등 다양한 중세 유물들이 테마별로 전시되어 있고 원고의 사본, 옷감, 귀금속, 설화, 도자기 그리고 교회의 가구 등도 있다. 특히 <유니콘과 여인 태피스트리> 6점은 클뤼니 박물관이 소장하고 있는 가장 귀중한 유물이다.

※ 2020년까지 상당 부분이 공사 중이기 때문에 일부 구역이 폐쇄되어 제한된 전시만 관람할 수 있다.

주소 6 pl Paul-Painlevé 75005 오픈 수~월 9시 15분~17시 45분 / 화요일, 1월 1일, 5월 1일, 12월 25일 휴관 요금 (일반) 5유로, (할인) 4유로 / 뮤지엄 패스 사용 가능 / 매월 첫째 주 일요일 무료 Métro 10호선 클루니 소르본(Cluny-La Sorbonne) 역에서 도보 1~2분 / 4호선 생미셸(St-Michel) 역에서 도보 5분 / 4, 10호선 오데옹(Odéon) 역에서 도보 5분 RER B호선 생미셸(Saint-Michel) 역에서 도보 5분 버스 21, 27, 38, 63, 85, 86, 87번 홈페이지 www.musee-moyenage.fr

Salle 6. 스테인드글라스로 장식되어 있는 전시실로 12~13세기에 제작된 스테인드글라스뿐만 아니라 특히 아름다운 푸른빛으로 유명한 생트 샤펠 성당의 스테인드글라스와 생드니 대성당, 후앙 대성당의 스테인드글라스도 전시하고 있다.

Salle 8. 13세기의 유다 왕의 머리(La Tête de Judah)의 두상 28개 가운데 21개가 오페라 가르니에 뒤쪽에 있는 거리에서 발견되었고 그 두상을 이곳에 옮겨 왔다.

Salle 13. 중세 미술관의 하이라이트라고 할 만한 〈유니콘과 여인〉 태피스트리가 전시된 곳이다. 어두운 조명 아래 전시된 태피스트리 연작은 일일이 손으로 짰다고 믿어지지 않을 만큼 정교하고 섬세하게 제작되어 있다. 15세기에 플랑드르에서 제작된 이 작품은 모두 여섯 개로 이루어져 있는데 시각, 청각, 미각, 후각, 촉각 등 인간의 감각을 상징하는 다섯 개의 작품과 가장 큰 여섯 번째 작품은 여인의 자유 의지를 표현하고 있다. 유니콘은 처녀의 도움을 받아야 잡을 수 있다는 상상 속의 동물로, 중세의 회화에 자주 등장하는 소재인데 종교, 즉 성스러움과 퇴폐성을 동시에 상징하며 때로는 그리스도나 연인을 상징하기도 한다.

- **미각** : 사자와 유니콘이 귀부인의 주위를 돌고 있는데, 귀부인은 왼손에 앉은 앵무새를 바라보며 다른 손으로는 시녀가 들고 있는 바구니에서 사탕을 하나 집는다. 강아지는 귀부인의 행동을 지켜보며, 개구쟁이 원숭이는 귀부인의 발치에 앉아 마루같이 생긴 달콤한 과일을 집어 먹는다.
- **청각** : 귀부인은 오르간을 연주하고 있으며, 사자와 유니콘은 주위를 맴돌며 음악을 듣는다.
- **시각** : 유니콘이 귀부인의 무릎 위에 다정한 태도로 앞발을 올려 놓고 귀부인이 들고 있는 거울을 들여다본다.
- **후각** : 귀부인은 꽃다발을 만들고, 원숭이는 그 옆의 바구니에 든 장미 향기를 들이마신다.
- **촉각** : 우아하게 차려 입은 귀부인이 한 손으로 유니콘의 뿔을 쓰다듬고 한 손으로는 깃발을 들고 있다. 마지막 작품에는 '내 하나의 욕망을 위하여 A Mon Seul Désir'라는 글자가 쓰여진 천막 앞에 귀부인이 서 있는 모습이 묘사되어 있다. 앞 그림에서 달고 있던 화려한 목걸이를 도로 보석함에 넣고 있는데, 이는 유혹을 거절한다는 행동이다.

소르본 대학 La Sorbonne [라 소르본느]

유럽 3대 대학의 하나이면서 파리를 대표하는 대학

MAPECODE 11048

1253년 루이 왕의 고해 신부였던 로베르 드 소르본(Robert de Sorbon)에 의해 세워진 이 대학은 원래는 16명의 가난한 학생들을 위한 신학교였다.

현재는 유럽 최대 규모의 대학 중 하나로 영국의 옥스퍼드 대학, 이탈리아 볼로냐 대학과 함께 유럽 3대 대학의 하나로 손꼽히는 소르본 대학의 지금 건물에는 파리 제3, 4대학이 들어가 있다. '파리에는 소르본 대학이 없다'라는 말이 있는데, 현재는 파리의 대학들이 통합되면서 파리 3, 4대학이 들어서 있는 것이다. 내부에는 화려한 대강당과 150만 권의 장서를 소장한 도서관 등이 들어서 있고 건물 가운데에 소르본 성당이 있으며, 성당에는 리슐리외 추기경의 무덤과 필립 드 샹페뉴의 천장화가 장식되어 있다.

주소 47 Rue des Ecoles, 75005 오픈 월~금 9시~17시(예약 후 가이드 관광만 가능) Métro 10호선 클루니 라 소르본(Cluny-la-Sorbonne) 역에서 3~5분 RER B선 뤽상부르(Luxembourg) 역에서 도보 3~5분 버스 21, 27, 38, 63, 84, 85, 86, 87, 89번

★ 유럽의 대학

유럽의 대학은 한국의 대학교처럼 캠퍼스가 있는 것이 아니라, 보통 한 블록의 건물인 경우가 대부분이다. 소르본 대학도 다른 대학과 마찬가지이고, 학생들을 위해 일반인의 출입이 제한되어 있어서 출입이 어렵다.

생테티엔 뒤 몽 Église St-Etienne du Mont [에글리즈 상테띠엔느 뒤 몽]

파리의 수호성녀 주느비에브의 묘가 있는 기념 성당

MAPECODE 11049

주느비에브 언덕에 자리잡은 이 성당은 파리의 가장 아름다운 성당 중 하나로 손꼽히는데, 성녀 주느비에브(St. Geneviève)를 기념하는 성당이다. 건물은 성녀 주느비에브를 숭배하는 사람들이 지었는데, 1492년에 건축을 시작해 1626년에 완성되었으며, 고딕 양식과 르네상스 양식 등 여러 가지 양식이 혼합되어 있다.

성당 정문 오른쪽 조각상이 성녀 주느비에브이고, 성당 내부에는 주느비에브에 관한 스테인드글라스, 설교단과 17세기 작품인 파이프 오르간 등이 있다. 또한, 1803년에 파리의 수호자 성 주느비에브의 성골함이 이곳에 안치되면서 많은 순례자들이 이곳을 찾는다.

주소 1 Place St-Geneviève, 75005 Métro 10호선 카디날 르무안(Cardinal Lemoine) 역에서 도보 5분 / 10호선 모베르 뮈튀알리테(Maubert-Mutualité) 역에서 도보 5분 RER B선 뤽상부르(Luxembourg) 역에서 도보 5~7분 버스 84, 89번

팡테옹 Panthéon [빵떼옹]

프랑스 영웅들이 잠들어 있는 신고전주의 성당

MAPECODE 11050

팡테옹은 중병에 걸렸던 루이 15세(Louis XV)가 자신의 병이 나은 것을 기념해 성 주느비에브(Sainte Geneviève) 수도원의 성당을 개축해 1789년 높이 85m의 돔을 가진 신고전주의 양식으로 만든 것이다.

로마의 판테온에서 영감을 받은 신전의 입구에는 22개의 코린트 양식의 기둥이 있고, 돔 교회와 런던의 세인트 폴 대성당의 영향을 받은 철제 구조의 돔은 모두 3층으로 이루어져 있다.

내부는 그리스 십자가 모양으로 된 네 개의 통로가 있고 돔의 채광은 건물의 중앙에만 빛이 들어오게 만들어졌다. 본당의 남쪽 벽을 따라 그려져 있는 19세기 프레스코 화가인 피에르 퓌비 드 샤방느(Pierre Puvis de Chavannes)의 작품인 성녀 주느비에브의 프레스코는 그녀의 일생을 묘사하고 있다.

지하 묘소는 건물 지하의 전역에 걸쳐 있는데 이곳에 최초로 묻힌 사람은 웅변가 오노레 미라보였다. 그리고 빅토르 위고, 장 자크 루소, 퀴리 부인 등 80명의 위인이 이곳에 잠들어 있다. 〈삼총사〉, 〈몽테 크리스토 백작〉 등을 쓴 19세기 낭만주의 작가 알렉상드르 뒤마(Alexandre Dumas père)도 지하 묘소에 묻혀 있다.

주소 Place du Panthéon, 75005 오픈 (4~9월) 10시~18시 30분, (10~3월) 10시~18시 / 1월 1일, 5월 1일, 12월 25일 휴관 요금 (일반) 9유로, (할인) 7유로, 18세 미만 무료 / 뮤지엄 패스 사용 가능 Métro 10호선 모베르 뮈튀알리테(Maubert-Mutualité) 역에서 도보 5~7분, 10호선 카디날 르무안(Cardinal Lemoine) 역에서 도보 5~7분 RER B선 뤽상부르(Luxembourg) 역에서 도보 3~5분 버스 21, 27, 38, 82, 84, 85, 89번 촬영 사진 촬영 가능 홈페이지 www.paris-pantheon.fr

뤼테스 원형 경기장 Arènes de Lutèce [아렌느 드 뤼떼스]

로마 시대의 파리의 모습을 볼 수 있는 유적지

MAPECODE 11051

뤼테스라는 말은 파리의 로마식 이름이었는데 이 뤼테스 경기장은 2세기 후반에 파리가 로마의 지배를 받았을 때 만들어진 것이다.

그 당시 경기장은 35층에 총 15,000명을 수용할 수 있었고, 검투사들의 결투와 연극 공연을 벌였던 곳이지만, 3세기 후반에 붕괴되었고 여기서 나온 벽돌의 일부는 시테 섬을 만드는 데 사용되었다. 그 뒤 형태가 사라져 가다가 1869년 몽주 거리(Rue Monge)가 만들어지면서 원형 경기장의 터가 발견되었다. 그 후 1918년 이후로 재건되어 지금과 같은 형태를 나타내게 되었다. 파리의 유적지 중에서도 오래된 유적지에 속하는 이곳은 유적지답지 않은 그냥 평범한 학교 운동장과 같은 모습이다.

주소 47 Rue Monge, 75005 오픈 8시 30분~17시 (여름 8시 30분~21시) Métro 7호선 플라스 몽주(Place Monge) 역에서 도보 2~3분 / 10호선 카디날 르무안(Cardinal Lemoine) 역에서 3~4분 / 7,10호선 쥐시외(Jessieu) 역에서 도보 3~4분 버스 47, 67, 89번

식물원 Jardin des Plantes de Paris [자르댕 데 쁠랑떼 드 빠리]

동물원과 자연사 박물관이 있는 파리의 식물원

MAPECODE 11052

루이 13세가 세운 왕립 약초 정원(Jardin Royal des Plantes Médicinales)이 식물원의 기원이 되었는데, 의학 약초를 재배하다가 루이 15세 때 의학보다는 자연사에 집중하게 되면서 왕립 정원(Jardin du Roi)으로 바뀌었고, 1793년 프랑스 혁명 때 공식적으로 식물원으로 문을 열었다.

현재는 23.5ha 크기의 식물원 내에 동물 골격과 식물의 화석, 광물학, 곤충의 화석의 자료를 소장하고 있는 국립 자연사 박물관(Muséum National d'Histoire Naturelle)과 식물 학교 그리고 베르사유 궁전의 동물원에 있던 동물들을 수용하기 위해 세워진 세계에서 가장 오래된 동물원(Ménagerie du Jardin des plantes)이 들어서 있다. 나무와 동상들로 꾸며진 산책로와 주변 경관이 매우 아름답다.

자연사 박물관 오픈 10시~17시(화요일, 5월 1일 휴관) 요금 (일반) 10유로, (할인) 8유로 / **동물원** 오픈 9시~17시 요금 (일반) 7유로, (할인) 5유로 홈페이지 www.mnhn.fr

야외 조각 미술관 Musée de Sculpture en Plein Air [뮈제 드 스뀔쁘뛰르 앙 쁠라네르]

센 강변을 따라 조각 미술품이 전시된 야외 미술관

MAPECODE 11053

1980년에 문을 연 야외 조각 미술관은 오스테를리츠 다리(Pont d'Austerlitz)와 쉴리 다리(Pont de Sully) 사이, 센 강 아래쪽에 있는 부둣가를 따라 20세기 후반의 약 40점의 현대 조각이 놓여 있다. 작품은 브랑쿠시(Brancusi), 기리오리(Gilioli), 세자르(César) 등 조각가들의 작품들이 많다.
강가에는 미니 원형 극장도 있어서, 퍼포먼스를 즐기거나 파티를 즐기는 파리 사람들도 볼 수 있다. 이곳에서 바라보는 시테 섬이나 생루이 섬 저편의 저녁 노을이 절경이다. 해가 질 무렵이 특히 좋다.

주소 Quai Saint-Bernard, 75005 Métro 5,10호선 가르 오스테를리츠(Gare d'Austeritz) 역에서 도보 3~4분 / 7, 10호선 쥐시외(Jussieu) 역에서 도보 5~7분 RER C선 가르 오스테를리츠(Gare d'Austerlitz) 역에서 도보 3~4분
버스 24, 63, 89번

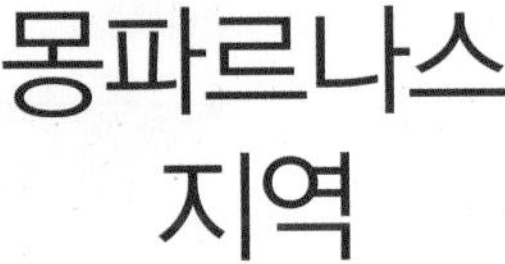

몽파르나스 지역

Montparnasse

다양한 파리의 모습을 볼 수 있는 곳

총 59층의 거대한 고층 빌딩 몽파르나스 타워를 중심으로 한 이 구역은 20세기 초에는 파리의 예술과 문학의 중심지로 화가, 조각가, 소설가 등 예술인들이 모였던 지역인데 파리의 재개발로 인해 현대적으로 크게 변화했다. 하지만 여전히 예전의 역사 있는 카페가 남아 있고, 극장들과 쇼핑센터들이 들어서면서 활기찬 곳으로 바뀌었다. 특히 공원 같은 몽파르나스 묘지와 해골들이 가득한 카타콩브, 대학 기숙사인 시테 유니베르시테 등 다양한 파리의 모습을 만나 볼 수 있는 곳이다.

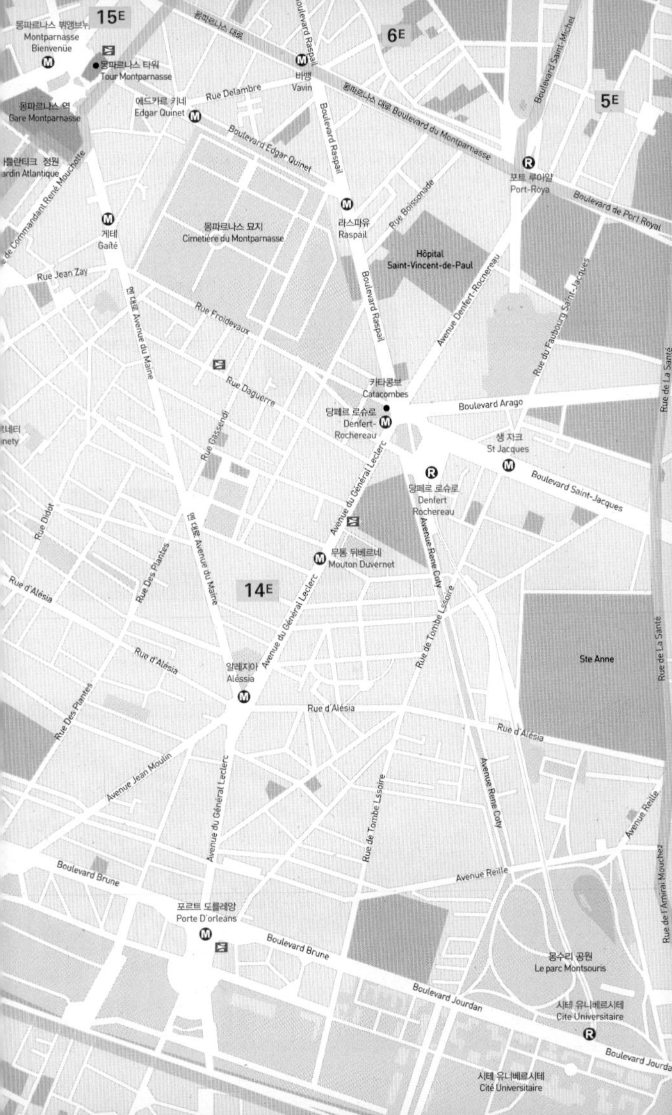
15E
6E
5E
14E
몽파르나스 뷔앵브뉘
Montparnasse Bienvenüe
몽파르나스 타워
Tour Montparnasse
몽파르나스 역
Gare Montparnasse
몽파르나스 대로
바뱅
Vavin
Boulevard Raspail
몽파르나스 대로 Boulevard du Montparnasse
Boulevard Saint-Michel
에드가르 키네
Edgar Quinet
Rue Delambre
Boulevard Edgar Quinet
포트 루아얄
Port-Roya
Boulevard de Port Royal
Rue du Commandant René Mouchotte
게테
Gaîté
몽파르나스 묘지
Cimetière du Montparnasse
라스파유
Raspail
Rue Boissonade
Hôpital Saint-Vincent-de-Paul
Avenue Denfert-Rochereau
Rue du Faubourg Saint-Jacques
Rue Jean Zay
멘 대로 Avenue du Maine
Rue Froidevaux
Rue Daguerre
카타콩브
Catacombes
Boulevard Arago
당페르 로슈로
Denfert-Rochereau
Rue de La Santé
생 자크
St Jacques
Boulevard Saint-Jacques
Rue Gassendi
Avenue du Général Leclerc
당페르 로슈로
Denfert Rochereau
Avenue Rene Coty
Rue Didot
Rue Des Plantes
무통 뒤베르네
Mouton Duvernet
Rue d'Alésia
Rue de Tombe Lssoire
Ste Anne
알레지아
Aléssia
Rue d'Alésia
Rue Des Plantes
Avenue Jean Moulin
Avenue Reille
Rue de l'Amiral Mouchez
Boulevard Brune
포르트 도를레앙
Porte D'orleans
몽수리 공원
Le parc Montsouris
Boulevard Jourdan
시테 유니베르시테
Cite Universitaire
Boulevard Jourda
시테 유니베르시테
Cité Universitaire

몽파르나스 지역

총 59층의 거대한 고층 빌딩 몽파르나스 타워를 중심으로 한 이 구역은 20세기 초에는 파리의 예술과 문학의 중심지로, 화가, 조각가, 소설가 등 예술인들이 모였던 지역이다. 현재는 파리의 재개발로 인해 현대적으로 크게 변했다.

아틀란티크 정원
기차역 위에 조성된 독특한 정원

도보 3분

몽파르나스 타워
파리에서 가장 높은 건물

도보 5분

몽파르나스 묘지
파리 3대 공동묘지 중 하나로
페흐 라셰즈 다음으로 큰 묘지

도보 5분

카타콩브
오래된 유골들을 옮겨 와 조성된
지하 납골당

도보 15분
또는
버스 7분

몽수리 공원
파리 남쪽을 대표하는 공원

도보 2분

시테 유니베르시테
파리에 있는 대학에 다니는
외국인들이 거주하는 기숙사

시테 유니베르시테

아틀란티크 정원 Jardin Atlantique [자르당 아뜰란띠끄]

기차역 위에 조성된 독특한 정원

MAPECODE 11054

몽파르나스 기차역의 대서양으로 떠나는 TGV 열차의 플랫폼 위에 만들어진 공원으로 이름도 '대서양'이라는 뜻의 아틀란티크 정원이라고 불린다. 이 정원은 대서양으로 향하는 TGV 열차를 기다리는 사람들에게는 최고의 장소가 될 수 있는데, 정원에 가려면 기차역으로 들어가서 TGV 플랫폼의 옆에 있는 계단을 통해 옥상으로 올라가야 한다.

아틀란티크 정원은 프랑스와 브륀(François Brun)과 미셸 프나(Michel Péna)에 의해 1994년에 만들어졌고, 크기가 3.5ha나 되는데, 콩코르드 광장만 한 크기이다. 정원 중간에는 온도계와 날씨, 바람 등을 알아볼 수 있는 기계가 있고, 아이들을 위한 놀이터, 피트니스 지역, 탁구, 테니스 코트 등도 있다. 또한 무선 인터넷도 가능하다.

주소 1 Place des 5 Martyrs du Lycée Buffon, 75015

Métro 6,13호선 몽파르나스 비앵브뉘(Montparnasse-Bienvenue) 역에서 바로 버스 91, 92, 94, 95, 96번

★ 공원에서의 무선 인터넷

파리 대부분의 공공 공원과 정원에서는 무료로 무선 인터넷을 사용할 수 있다.

몽파르나스 타워 Tour Montparnasse [뚜르 몽빠르나스]

파리에서 가장 높은 건물

MAPECODE 11055

몽파르나스 타워는 건축가 장 소보(Jean Saubot), 위젠 보두앙(Eugène Beaudouin), 위르방 까상(Urbain Cassan), 루이 오앙 드 마리앙(Louis Hoym de Marien)에 의해 1969년에 건설을 시작하여 1973년에 완공된 파리에서 가장 높은 고층 건물이다.

높이 210m, 총 59층으로 이루어져 있는 몽파르나스 타워는 1층부터 59층까지 거의 기업의 사무실로 사용되고 있는데 한국 관광 공사와 한국 기업들도 이곳에 자리하고 있다. 56층의 전망대는 사방이 유리로 구성되어 있고, 곳곳에 파리와 관련된 자료들과 필름 상영실, 상점이 있다. 전망대까지 올라가는 전용 엘리베이터는 38초밖에 걸리지 않는다. 또한 56층까지 엘리베이터로 도착하면 안내원의 안내로 곧바로 옥상 전망대로 올라갈 수 있다. 오픈 에어의 옥상 전망대에서는 날씨가 좋으면 전방 40km까지 볼 수 있다.

주소 Pl. Raoul Dautry, 75014 오픈 일~목 9시 30분~22시 30분, 금 · 토 9시 30분~23시 요금 **전망대** (일반) 18유로, (16~20세) 15유로, (7~15세) 9.50유로 Métro 몽파르나스 비앵브뉘(Montparnasse-Bienvenue), 에드가르 키네(Edgar Quinet) 역에서 도보 1~2분 버스 91, 92, 94, 95, 96번 홈페이지 www.tourmontparnasse56.com

몽파르나스 묘지 Cimetière du Montparnasse [시메띠에르 뒤 몽빠르나스]

MAPECODE 11056

파리 3대 공동묘지 중 페흐 라세즈 다음으로 큰 묘지

수많은 유명 인사들이 잠들어 있는 몽파르나스 묘지는 1824년에 개설되었고, 비교적 밝은 분위기로 산책하기에 좋다.

주소 3 Bd. Edgar Quinet, 75014 오픈 (3월 중순~10월) 8시~17시 45분, (토) 8시 30분~, (일) 9시~ / (11월~3월 중순) 8시~17시 15분 Métro 6호선 에드가르 키네(Edgar Quinet) 역에서 도보 1~2분 / 4, 6호선 라스파유(Raspail) 역에서 도보 1~2분 버스 38, 83, 91번

Métro 당페르 로슈로 Denfert-Rochereau

Rue Froidevaux

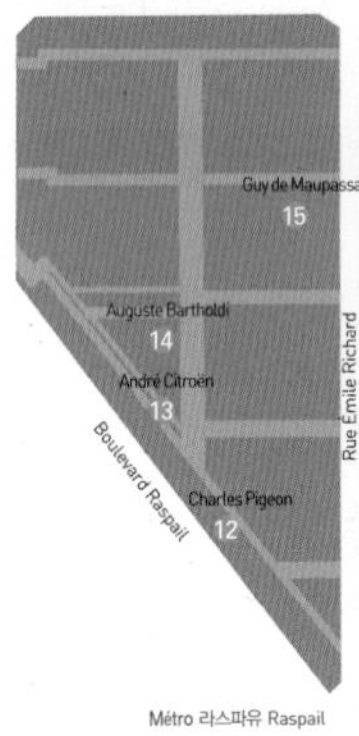

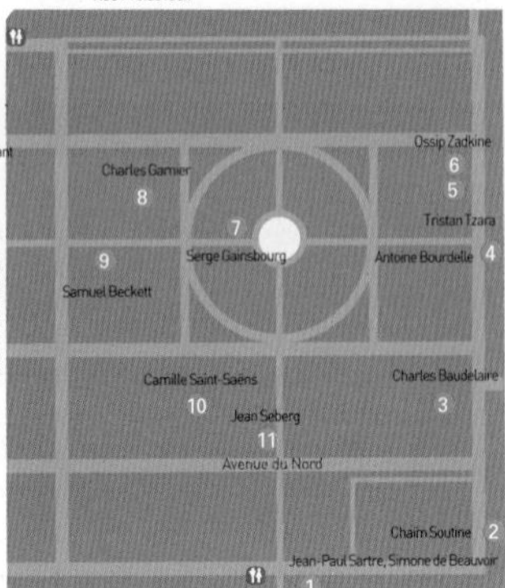

Métro 라스파유 Raspail

Boulevard Edgar Quinet

Métro 에드가르 키네 Edgar Quinet

①장 폴 사르트르와 시몬 드 보봐르: 실존주의 철학자
②카임 수틴: 1913년에 파리로 온 유태계 우크라이나 화가
③샤를르 보들레르: <악의 꽃>의 저자이자 위대한 시인, 비평가
④앙투안 부르델: 프랑스 조각가
⑤트리스탄 차라: 파리의 문학과 다다이즘을 이끈 루마니아 작가
⑥오십 자드킨: 입체파 조각가
⑦세르주 갱스부르: 프랑스 가수이자 작곡가
⑧샤를르 가르니에: 가르니에 오페라 극장을 만든 사람
⑨사무엘 베케트: <고도를 기다리며>의 작가
⑩까미유 생상: 피아니스트이자 오르간 연주가, 작곡가
⑪진 시버그: 할리우드 영화배우
⑫샤를 피죤: 프랑스의 사업가이자 피죤 램프를 발명한 발명가
⑬앙드레 시트로앵: 유명한 자동차 회사를 설립한 사람
⑭오귀스트 바르톨리: 뉴욕의 자유의 여신상을 제작한 사람
⑮기 드 모파상: 19세기의 소설가

카타콤브 Catacombes [까따꽁브]

오래된 유골들을 옮겨 와 조성된 지하 납골당

MAPECODE 11057

레알 지역에는 무덤이 많았는데 비위생적인 공동묘지가 근처 주민들에게 세균 감염의 온상이 된다는 이유로 수백만의 유골을 세 곳의 오래된 지하 채석장으로 이전하기로 결정하였다. 유골과 부패하고 있는 시체들을 옮기는 데에는 모두 15개월이라는 시간이 소요되었다. 그중 1810년에 조성된 곳이 바로 카타콩브다. 제2차 세계 대전 중에는 레지스탕스의 본부로 사용되기도 했다. 130개의 계단을 따라 약 20미터 지하로 내려가면 6백만 명의 뼈가 차곡차곡 쌓여 있는 지하 복도가 1.6km에 걸쳐 나온다.

지하 납골당이 일반인들에게 공개된 19세기 초엽, 담력을 시험하러 홀로 심야에 몰래 카타콩브에 들어간 남성이 11년 후에 백골로 발견됐다는 으스스한 이야기가 있다. 지금은 조명도 있고 관람로도 만들어져 있으므로 걱정할 필요는 없다.

주소 1 Avenue du Colonel Henri Rol-Tanguy, 75014 오픈 10시~17시 / 월요일 휴관 요금 (일반) 13유로, (할인) 11유로, (18세 미만) 5유로 Métro 4, 6호선 당페르 로슈로(Denfert-Rochereau) 역에서 바로 RER B선 당페르 로슈로(Denfert-Rochereau) 역에서 바로 버스 38, 68번

몽수리 공원 Le parc Montsouris [르 빠끄 몽수리]

파리 남쪽을 대표하는 공원

MAPECODE 11058

파리의 남쪽 14구의 몽수리 지역에 있는 공공 공원으로 1867년부터 1878년까지 조경 건축가 아돌프 알팡(Jean-Charles Adolphe Alphand)에 의해 영국식 공원으로 조성되었다. 15ha나 되는 크기로 파리에서 두 번째의 규모를 자랑한다. 이곳에는 쾌적한 레스토랑, 잔디밭, 언덕, 아름드리 수목들과 호수가 있고, 여러 종의 새들이 서식하고 있다. 파리에는 서쪽의 블로뉴 숲과, 동쪽의 뱅센느 숲, 북쪽의 뷔트 쇼몽 공원과 더불어 남쪽의 몽수리 공원이 있어서 파리 동서남북의 공원을 대표하고 있다.

주소 Bd. Jourdan, 75014 오픈 (월~금) 8시~17시 30분, (토~일) 9시~17시 30분(여름에는 19시까지) Métro 4호선 포르트 드 오를레앙(Porte d'Orléans) 역에서 도보 5~7분 RER B선 시테 유니베르시테(Cité Universitaire) 역에서 바로 Tram 시테 유니베르시테(Cité Universitaire) 역에서 바로 버스 21, 88, 216, PC1번

★ Movie Story

〈사랑해, 파리〉라는 영화에서 18편의 마지막 스토리였던 '14구역'에서 미국인 여행자가 샌드위치를 먹는 장소로 등장한다. 여행자들의 마음을 담은 마지막 에피소드를 떠올려 보자.

시테 유니베르시테 Cité Universitaire [시떼 위니베르시떼]

파리 소재 대학에 다니는 외국인이 거주하는 기숙사

MAPECODE 11059

1920년대에 세계 각지의 후원자들에 의해 만들어진 이곳은 34ha의 면적을 가지고 있고, 모두 40개의 건물들이 들어서 있다. 10,000명 정도를 수용할 수 있으며, 도서관, 식당, 수영장, 극장, 넓은 잔디밭, 테니스 코트 등이 갖추어져 있다. 기숙사에는 대학생, 교수, 예술가 등 140개국의 다양한 사람들이 생활하고 있는데, 프랑스인은 약 35% 정도가 이곳에 머무르고 있다.

건물들은 모두 각국의 독특한 건축 양식을 잘 반영하고 있으며, 아프리카관, 아르헨티나관, 일본관, 미국관, 스위스관, 튀니지관, 포르투갈관, 네덜란드관 등이 있다.

파리에서 유학하는 외국인들이 방값이 저렴해 선호하는 이곳 기숙사는 각각 자신의 나라 국적의 학생들을 우선순위로 수용하고 있으며, 입주 조건도 까다로운 편이다.

오픈 7시~22시 / **학생 식당** 11시 45분~14시 15분, 18시 15분~21시 30분 / **주말, 휴일 휴무** 학생 식당 가격 (메뉴) 2.80~3.20유로, (사이드) 0.70~1.20유로 Métro 4호선 포르트 드 오를레앙(Porte d'Orléans) 역에서 바로 RER B선 시테 유니베르시테(Cité Universitaire) 역에서 바로 Tram 포르트 드 오를레앙(Porte d'Orléans) 역, 시테 유니베르시테(Cité universitaire) 역

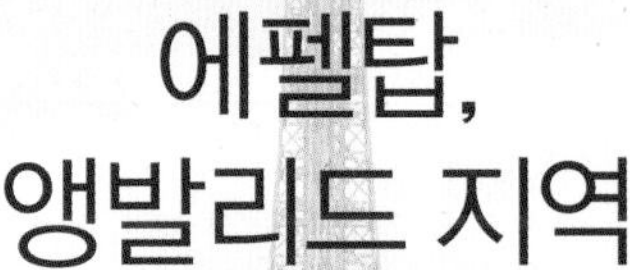

에펠탑, 앵발리드 지역

la Tour Eiffe, Invalides

낭만적이고 아름다운 분위기의 파리

'파리' 하면 제일 먼저 에펠탑을 떠올리는데 그만큼 에펠탑은 파리의 상징과도 같은 기념물이다. 그 에펠탑을 중심으로, 황제 나폴레옹의 무덤이 있는 앵발리드 돔 성당 등 여러 유적지가 있는 이 구역은 파리에서 가장 유명한 관광지와 프랑스의 가장 유명한 인물의 숨결을 느낄 수 있는 곳이다. 특히 센 강을 중심으로 화려하고 럭셔리한 거리들과 아름다운 관광지, 다양한 스타일의 박물관들을 만나볼 수 있어서 관광객들에게 더욱 사랑받고 있으며, 낭만적이고 아름다운 파리의 모습을 충분히 즐길 수 있다.

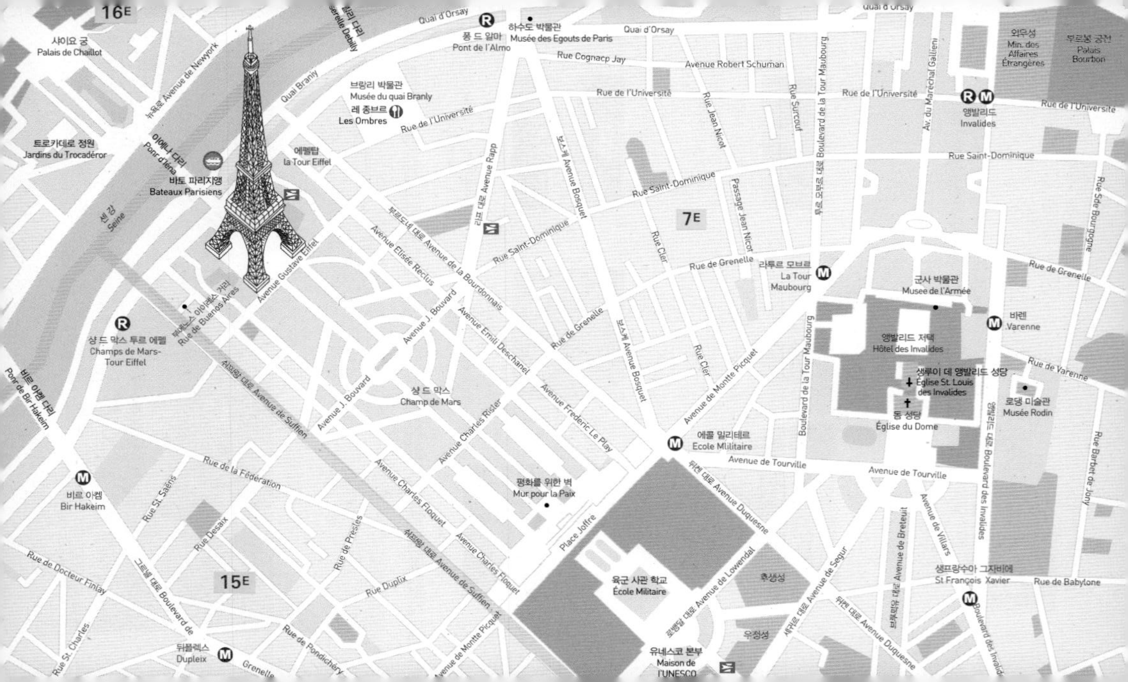
16E
7E
15E
샤이요 궁
Palais de Chaillot
트로카데로 정원
Jardins du Trocadéror
뉴욕로 Avenue de Newyork
이에나 다리
Pont d'Iéna
바토 파리지앵
Bateaux Parisiens
센 강
Seine
Quai Branly
Quai d'Orsay
퐁 드 알마
Pont de l'Alma
하수도 박물관
Musée des Egouts de Paris
Rue Cognacp Jay
Avenue Robert Schuman
브랑리 박물관
Musée du quai Branly
레 종브르
Les Ombres
Rue de l'Université
에펠탑
la Tour Eiffel
라프 대로 Avenue Rapp
보스케 Avenue Bosquet
Rue Saint-Dominique
Rue Jean Nicot
Passage Jean Nicot
Rue Surcouf
투르 모부르 대로 Boulevard de la Tour Maubourg
Av. du Maréchal Gallieni
앵발리드
Invalides
외무성
Min. des Affaires Étrangères
부르봉 궁전
Palais Bourbon
Rue Sde Bourgogne
Rue de Grenelle
Rue Cler
라투르 모브르
La Tour Maubourg
군사 박물관
Musee de l'Armée
바렌
Varenne
Rue de Varenne
앵발리드 저택
Hôtel des Invalides
생루이 데 앵발리드 성당
Église St. Louis des Invalides
돔 성당
Église du Dome
로댕 미술관
Musée Rodin
앵발리드 대로 Boulevard des Invalides
Rue Barbet de Jony
Avenue Gustave Eiffel
부르도네 대로 Avenue de la Bourdonnais
Avenue Elisée Reclus
Avenue J. Bouvard
Avenue Emili Deschanel
Avenue Frederic Le Play
Avenue de Montte Picquet
에콜 밀리테르
Ecole Militaire
Avenue de Tourville
샹 드 막스
Champ de Mars
Avenue Charles Risler
Avenue Charles Floquet
부에노스 아이레스 거리
Rue de Buenos Aires
샹 드 막스 투르 에펠
Champs de Mars-Tour Eiffel
쉬프랑 대로 Avenue de Suffien
비르 아켐 다리
Ponr de Bir Hakeim
비르 아켐
Bir Hakeim
Rue de la Fédération
Rue St. Saëns
Rue Desaix
Rue de Presles
Rue Duplix
평화를 위한 벽
Mur pour la Paix
Place Joffre
육군 사관 학교
École Militaire
뒤켄 대로 Avenue Duquesne
로벤달 대로 Avenue de Lowendal
후생성
우정성
세귀르 대로 Avenue de Segur
브르퇴유 대로 Avenue de Breteuil
Avenue de Villars
생프랑수아 그자비에
St François Xavier
Rue de Babylone
유네스코 본부
Maison de l'UNESCO
Rue de Docteur Finlay
그르넬 대로 Boulevard de Grenelle
Rue St. Charles
뒤플렉스
Dupleix
Rue de Pondichéry
Avenue de Montte Picquet

에펠탑, 앵발리드 지역

에펠탑을 중심으로 나폴레옹 황제의 무덤이 있는 앵발리드 돔 성당 등 여러 유적지가 있는 이 구역은 파리에서 가장 유명한 관광지와 프랑스의 가장 유명한 인물의 숨결을 느낄 수 있는 곳이다.

로댕 미술관
오귀스트 로댕이 살던 저택으로
로댕의 작품들이 전시되어 있는 곳

도보
7분

앵발리드 저택
군인 · 군사에 대한 다양한 자료가
있는 군인들을 위한 시설

도보
10분

평화를 위한 벽
평화를 기념하기 위해 만들어진
유리벽과 기둥

도보
10분

샹 드 막스
에펠탑이 있는 공원이라 관광객들
에게 많은 사랑을 받는 공원

도보
5분

에펠탑
파리의 상징이자 프랑스의 상징

로댕 미술관

앵발리드 저택 Hôtel des Invalides [오뗄 데쟁발리드]

군 관련 다양한 자료가 있는 군인들을 위한 시설

MAPECODE 11060

루이 14세(Louis XIV)의 명으로 4,000여 명의 군인들을 위한 요양소를 짓기로 결정하고, 1676년에 최초의 군 병원이면서 프랑스의 퇴역 군인과 전쟁에서 부상 당한 병사들을 위한 요양소가 완공되었다. 건축가 리베랄 브뤼앙(Liberal Bruant)의 설계로 건설되었는데 균형 잡힌 고전주의 양식으로 지어졌으며, 건물의 뜰에는 대포가 늘어서 있고 저택 앞의 커다란 공원 산책로는 센 강까지 이어진다. 이 건물은 나중에는 파리 군사령부의 본부 역할을 했으며, 병기고로도 사용되었다. 그래서 프랑스 혁명 때 군중들이 바스티유 감옥을 습격하기 전에 이곳에 쳐들어와 2만 8천 정의 무기를 탈취하게 된다. 현재 내부에는 17세기에 알렉상드로 티에리가 제작한 아름다운 오르간으로 유명한 생루이 데 앵발리드 성당과 군사 박물관, 프랑스 성채의 모형들이 전시되어 있는 플랑 릴리프 박물관 등 여러 박물관이 있고, 나폴레옹의 무덤이 있는 돔 성당도 있다.

주소 129 Rue de Grenelle, 75007 오픈 (4월~10월) 10시~18시(4월~9월 화요일은 ~21시) / (11월~3월) 10시~17시/ 1월 1일, 5월 1일, 12월 25일, 첫 번째 월요일 휴관 요금 **군사 박물관, 돔 성당 통합** (일반) 12유로, (할인) 8.50유로 / 여름 17시 이후, 겨울 16시 이후 할인 / 뮤지엄 패스 사용 가능(무료로 입장할 경우 오디오 가이드 1유로) Métro 8호선 라투르 모브르(Latour-Maubourg) 역에서 도보 3분 / 8,13호선 앵발리드(Invalides) 역에서 도보 7분 / 13호선 바렌(Varenne) 역에서 도보 3~5분 / 13호선 생 프랑수아 그자비에(Saint Francois-Xavier) 역에서 도보 3~5분 RER C선 앵발리드(Invalides) 역에서 도보 7분 버스 28, 63, 69, 80, 82, 83, 87, 92, 93번, Balabus 홈페이지 www.musee-armee.fr 촬영 사진 촬영 가능

군사 박물관 Musee de l'Armée [뮈제 드 라르메]

군대사를 다루고 있는 박물관 중 세계에서 가장 폭넓은 소장품을 자랑하는 곳

MAPECODE 11061

석기 시대부터 제2차 세계 대전 종전에 이르기까지 오십 만 점에 달하는 전체 소장품은 무기와 갑옷, 절대 왕정과 19세기, 군기와 포병, 제1차 세계 대전, 제2차 세계 대전 등 5개의 주제별로 나뉘어 전시되고 있다.

왕족들이 입었던 갑옷과 투구, 르네상스 시대의 검과 단검, 동양의 중국, 인도, 일본, 터키 등에서 가져온 무기와 갑옷 등이 전시되어 있으며, 나폴레옹에 관련된 전시품들도 다양하다. 나폴레옹이 1814년 퐁텐블로에서 흔들었던 이별의 깃발을 포함하여 1619년부터 1945년까지 사용되었던 프랑스 국기들이 진열되어 있고, 나폴레옹의 엘브 섬에서의 감옥 생활과 100일 천하, 워털루 전쟁에 관한 자료와 1821년 세인트 헬레나 섬에서 최후를 맞이했던 방이 그대로 복원되어 있다.

돔 성당 Église du Dome [에글리즈 뒤 돔]

나폴레옹의 무덤이 있는 성당

MAPECODE 11062

화려하게 지어진 돔 성당은 17세기 프랑스 건축을 대표하는 건물 중 하나이다. 세인트 헬레나 섬(l'ile de Sainte-Helene)으로 망명을 가 있던 나폴레옹의 사망 후 나폴레옹의 유해와 그의 유물들을 돔 성당의 지하 묘소에 안치시키기로 결정하고, 1840년 세인트 헬레나 섬에서 황제의 묘를 열어 시신을 확인한 후 운구 작업에 돌입했다. 파리로 돌아온 황제의 유해는 관과 돔 성당 지하의 기념관을 짓는 데 약 20년을 기다리다가 1861년 4월 2일이 되어서야 비스콘티(Visconti)가 설계한 7중의 관 속에 입관된 후 돔 성당 지하에 최종적으로 안치되었다. 관의 가장 외부는 붉은 반암으로 되어 있고 6중의 관이 시신을 감싸고 있다. 관을 중심으로 프라디에가 제작한 나폴레옹이 치른 전투의 상징인 12점의 승리의 여신이 장식되어 있다. 또한 돔 성당의 1층에는 보방, 포슈, 뒤로크, 제르트랑, 리요테, 튀렌느(Turenne), 제롬 보나파트르(Jerome Bonaparte) 등 역대 유명한 프랑스 장군들의 묘도 안치되어 있다.

평화를 위한 벽 Mur pour la Paix [뮈르 뿌르 라 빼]

평화를 기념하기 위해 만들어진 유리벽과 기둥

MAPECODE 11063

조프르 광장(Place Joffre)에 위치하며 샹 드 막스 공원의 시작인 이 벽은 32개의 기둥과 유리벽으로 구성되어 있다. 벽 전면에 '평화'라는 단어가 한국어, 프랑스어, 영어 등 16개국의 언어로 쓰여 있어 평화를 위한 벽이라고 불린다. 이 벽은 2000년 3월 30일 예술가 끌라라 알테르(Clara Halter)와 건축가 장 미셸 윌모뜨(Jean-Michel Wilmotte)에 의해 길이 16.40m, 넓이 13.30m, 높이 9m의 규모로 만들어 졌다. 예루살렘의 통곡의 벽에서 영감을 받은 이 벽의 가운데는 평화의 메시지를 볼 수 있도록 뚫려 있다.

주소 Place Joffre, 75007 Métro 8호선 에콜 밀리테르(Ecole Militaire) 역에서 도보 2분 / 6, 8,10호선 라 모트 피케(La Motte-Piquet) 역에서 도보 5분 버스 28, 80, 82, 87, 92번

샹 드 막스 Champ de Mars [샹 드 막스]

많은 사람들에게 사랑을 받는 에펠탑이 있는 공원

MAPECODE 11064

샹 드 막스는 에펠탑에서 육군 사관 학교(Ecole Militaire)까지 이어지는 넓은 공원으로 1908~1928년에 정비되었는데 원래는 육군 사관 학교의 사관 후보생들이 운동장으로 쓰던 곳이었다. 지금은 에펠탑이 있는 센 강 쪽은 아치와 동굴, 연못, 테니스장 등이 있는 영국식 정원으로 꾸며져 있고, 넓은 잔디밭에서는 많은 사람들이 피크닉을 즐기기도 한다. 이곳에서는 각종 기념식이나 행사가 자주 열리는데 가장 큰 행사가 1899년 파리 만국 박람회였다.

특히 요즘은 매년 7월 14일 승전기념일 행사 때 저녁 10시 반 정도부터 에펠탑을 배경으로 불꽃놀이를 하는데 이곳이 음악에 맞추어 터지는 불꽃을 감상할 수 있는 최적의 장소이다.

Métro 6호선 비르 아켐(Bir Hakeim) 역에서 도보 5~7분 / 6, 9호선 트로카데로(Trocadéro) 역에서 도보 5~7분 / 8호선 에콜 밀리테르(Ecole Militaire) 역에서 도보 1~2분 / 6, 8, 10호선 라 모트 피케(La Motte-Piquet) 역에서 도보 5분 RER C선 샹 드 막스 투어 에펠(Champ de Mars-Tour Eiffel) 역에서 도보 1~2분 버스 42, 69, 72, 80, 82, 87, 92번

★특별한 행사 관람을 위해서라면

샹 드 막스 공원은 승전기념일 행사 때 늘 많은 사람들로 붐빈다. 특히 콘서트장으로 사용할 때는 더욱 붐비는 편이니, 특별한 행사를 관람하기 위해서라면 적어도 5시간 전에는 도착해서 자리를 잡아야 편안히 관람할 수 있다.

로댕 미술관 Musée Rodin

MAPECODE 11065

오귀스트 로댕이 살던 저택으로 로댕의 작품들이 전시되어 있는 곳

19세기를 대표하는 조각가 오귀스트 로댕(Auguste Rodin)은 1908년부터 1917년 사망할 때까지 18세기 양식의 비롱 저택에 살았다. 이 저택은 1904년부터 이사도라 던컨, 앙리 마티스, 라이너 마리아 릴케 등의 예술가들의 작업실로 사용되던 곳이었다. 1911년 프랑스에서 이 저택을 매입해서 로댕이 세상을 떠나던 1917년까지 아무런 어려움 없이 작품 활동을 할 수 있게 전폭 지지했다. 로댕은 국가 소유의 아파트와 작업실을 사용한 대가로 그의 작품을 국가에 헌납했다. 그때 헌납한 작품들이 이 저택에 진열되어 있다.
로댕의 작품은 매우 사실적으로 묘사되어 때로는 이성적이고, 때로는 관능적인 사람의 모습을 그대로 전해 준다.
우리에게 잘 알려진 〈생각하는 사람〉의 이성적인 느낌과 〈키스〉의 관능적인 모습은 인간이 가진 정열과 이성을 보는 이에게 그대로 전달해 준다. 규모가 그리 크지 않아서 관람에 부담이 없고 아늑한 느낌을 주는 곳이다. 르느와르, 모네, 고흐의 작품 일부도 전시되어 있다. 정문에 〈생각하는 사람〉 조각상이 있으며, 로댕 미술관은 미술관 자체도 훌륭하지만 조각품과 울창한 나무가 있는 정원에서 휴식을 취할 수 있어 좋다.

주소 79 Rue de Varenne, 75007 오픈 10시~17시 45분 / 12월 24일, 12월 31일은 16시 45분까지 / 월요일, 1월 1일, 5월 1일, 12월 25일 휴관 입장료 (일반) 12유로, (할인) 9유로 Metro 13호선 바렌(Varenne) 역에서 도보 1~2분 / 8, 13호선 앵발리드(Invalides) 역에서 도보 10분 RER C선 앵발리드(Invalides) 역에서 도보 10분 버스 69, 82, 87, 92번 홈페이지 www.musee-rodin.fr

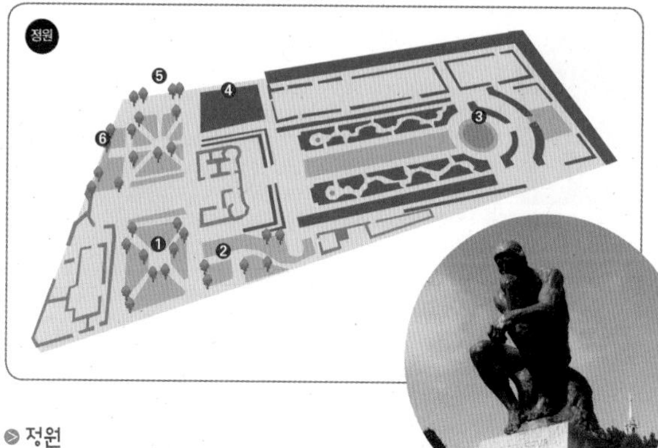

정원

1. 생각하는 사람 Le Penseur

창조자의 상징이 되어 버린 〈생각하는 사람〉 동상은 5번의 작품 〈지옥의 문〉 시리즈 중 첫 번째로 제작되었다. 〈지옥의 문〉 중앙에 있는 인물로 지옥에 자신의 몸을 던지기 전에 심각하게 고뇌에 빠져 있는 인간의 내면세계를 표현한 작품이다. 시인 단테가 자신의 창작에 대한 고뇌를 표현한 것이기도 한데 단테의 〈신곡〉 중 지옥 편에 등장하는 파올로와 프란체스카 등 저주받은 인간들을 힘없이 내려다보고 있다. 생각하는 사람은 여러 개로 제작되었으며, 1880년에 만들어진 규모가 작은 첫 작품에서 1904년에 대형의 석고상으로 확대된 작품이 1906년에는 브론즈로 다시 제작되어 파리의 팡테옹 앞에 설치되었다가 로댕이 죽은 후 로댕 미술관으로 옮겨 왔다.

2. 오노레 드 발자크 Honoré de Balzac

프랑스인들이 가장 사랑하는 소설가의 모습을 표현한 작품이지만 이 작품이 완성되었을 무렵 일반인들은 물론 의뢰한 사람도 극렬하게 분노하여 거부당하기까지 하였다. 그러나 이제 이 작품의 놀라운 단순성과 표현주의적 강렬함은 20세기 현대 조각의 선구자적 작품으로 인정받고 있다.

3. 우골리노 Ugolino

이 작품은 〈지옥의 문〉의 왼쪽 문을 장식하고 있으며 이탈리아 사람 피나텔리(Pignatelli)가 모델이 되었다. 단테의 〈신곡〉에서 자기 자식들과 함께 감옥에 갇힌 우골리노가 죽은 자식을 하나씩 차례로 먹어 치우는 장면을 표현한 것이다. 단테의 〈신곡〉에 의하면 13세기 이탈리아 두 도시 국가들 간의 전쟁에서 생포된 우골리노는 반역죄를 선고받고, 두 아들 및 손자 두 명과 함께 피사에 있는 기아의 탑에 투옥되었다. 탑의 열쇠는 강으로 내던져졌고 그들은 서서히 죽어간다. 아이들의 죽음을 목격한 우골리노는 죽기 전에 그들의 시신을 먹었고 교회가 금기시한 이러한 행동 때문에 그는 지옥으로 보내졌다.

4. 세 망령 Les Trois Ombres

〈지옥의 문〉 맨 위에 있는 이 작품은 단테의 시에서 자신의 고통을 이야기하는 지옥에 떨어진 사람들 틈 속에서 도망치는 망령들을 나타낸 것이다. 미켈란젤로의 영향을 많이 받은 작품으로 강건한 근육과 약간 뒤틀린 형태는 미켈란젤로의 작품 〈노예들〉과 비슷하다.

5. 지옥의 문 La Porte de l'Enfer

로댕의 여러 작품들을 한데 모아 구성한 작품으로 로댕이 사망하기까지 오랜 세월을 두고 심혈을 기울여 제작한 대표작이지만 끝내 로댕 생전에 완성을 보지 못하고 그의 사후에 완성된 작품이다.

이 작품의 주제는 단테의 〈신곡〉 중 지옥 편(Inferno)과 보들레르의 〈악의 꽃〉에서 영향을 받았다. 이 문의 주인공인 〈생각하는 사람〉은 지옥의 문 중앙 위쪽에 있다.

6. 칼레의 시민들 Les Bourgeois de Calais

백년전쟁 동안 영국에게 포위당한 칼레를 지키기 위해 목숨을 바친 여섯 명의 칼레 시민들을 기억하기 위해 칼레 시 당국에서 로댕에게 의뢰한 작품이다. 백년전쟁 동안 조그마한 칼레 시를 함락시킬 목적으로 영국군이 성을 포위하고 몇 달째 지키고 있자 결국 식량도 바닥이 난 칼레 시민들은 항복의 의사를 표현하기 위해 대표를 뽑아 보냈고, 이에 적의 장군은 모두를 살려줄 테니 대표 6명을 뽑아서 처형하겠다고 말하며 다음 날 아침 6명이 성문 앞으로 나올 것을 명했다. 그 말을 들은 칼레 시민들은 모두 두려워했지만 생피에르가 자신이 가겠다고 말하자 용기를 얻은 칼레 시민들이 이곳저곳에서 자신도 가겠다고 해서 지원자는 7명이 되었다. 제비뽑기로 누구 한 명을 빼는 것보다 다음 날 늦게 나오는 사람을 제외한 6명이 가기로 하고 다음 날이 되었다. 하지만 약속한 시간에 주동했던 생피에르가 보이지 않아서 그의 집에 가보니 그는 이미 죽은 후였다. 모두에게 용기를 주기 위해 스스로 목숨을 끊은 것이다. 남은 6명은 그의 모습에 용기를 얻어 당당하게 적군의 왕에게 갔다. 이들의 당당한 모습이 의아했던 왕은 이유를 물었고, 생피에르 이야기를 해주자 적군의 왕이 감동하여 모두를 살려주었다고 한다.

이 작품에서는 적군의 왕에게 다가가며 각자 죽음을 예감한 듯 고뇌에 찬 표정을 짓는 칼레 시민들의 모습을 완벽하게 창조해냈다.

비롱 저택

Salle 1. 코가 깨진 사나이 L'Homme au nez cassé

이 얼굴이 만들어진 것은 로댕의 작품 활동 초기로, 당시 그는 생계를 이어가기가 매우 어려운 때라 모델을 구할 수 있는 돈이 없었기 때문에 이웃집에 사는 비비라는 가난한 노인의 얼굴로 마스크를 만들었다.
그러나 난방 시설이 없던 차가운 아틀리에에서 비비의 머리를 빚은 점토가 얼어 갈라졌으며 두개골이 깨지고 간신히 얼굴만 지탱할 수 있었다. 그래서 코가 깨진 얼굴의 형태가 되고 말았다. 그는 이런 얼굴이 된 후 계속해서 시리즈로 이 작품을 제작하였는데 나중에 대리석으로 조각한 〈코가 깨진 남자〉가 드디어 살롱전에 입선하였다.

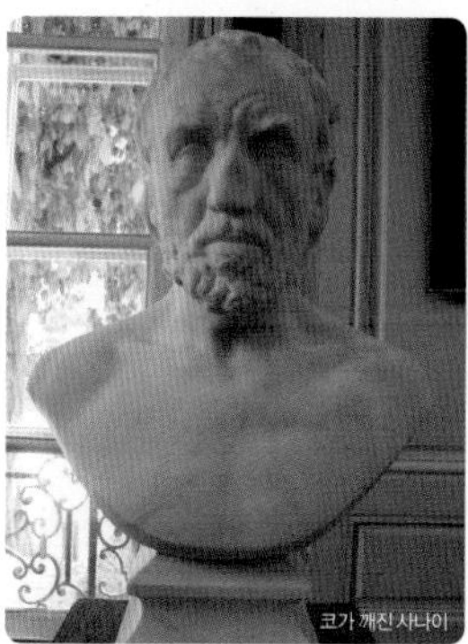
코가 깨진 사나이

Salle 3. 청동시대 L'Age d'airain

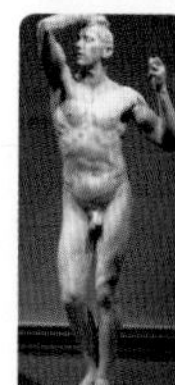

살아 있는 인체를 그대로 형을 떠낸 작품이라 하여 비난을 많이 받았던 작품으로 로댕이 만든 최초의 입상이다. 네이(Auguste Neyt)라는 젊은 군인을 모델로 하여 패배자란 명칭으로 제작되었으며 브뤼셀 살롱전에 출품하였으나, '실물에 의한 주조'로 비난을 받자 로댕은 〈청동시대〉로 이름을 바꿔 파리 살롱전에 출품하였다.

Salle 4. 입맞춤 Le Baiser

로댕은 〈지옥의 문〉 오른쪽 아래에 서로에 대한 감정을 깨닫는 순간의 두 연인의 모습을 표현하려고 만들었는데 나중에 〈지옥의 문〉과 어울리지 않아 그냥 떼어 내고 살롱전에만 출품하였다. 이 작품은 단테의 〈신곡〉에 나오는 프란체스카와 파올로를 나타낸 것이다.

입맞춤

Salle 4. 신의 손 La Main de Dieu

하얀 대리석의 거칠고 매끈한 질감을 동시에 표현한 작품으로, 이 작품을 잘 보면 어머니의 자궁 안에서 신의 손에 의해 창조물이 잉태되면서 서서히 그 몸체를 드러내고 있는 듯한 모습을 보여 준다.

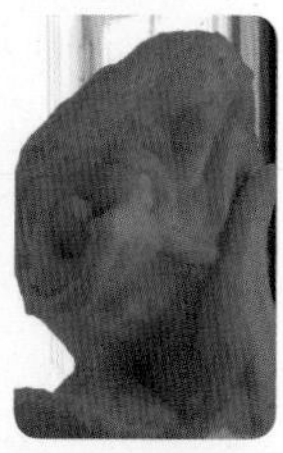

Salle 5 성당 La Cathedrale

이 작품은 원래 분수의 장식을 위해 제작되었다. 휘어진 활 모양의 두 손 사이로 물이 솟아 오르도록 계획되어 있었다. 두 개의 오른손을 마주보게 표현하여 동일한 손가락이 겹치지 않게 만들었는데 텅 빈 공간에서 불쑥 위로 솟은 두 개의 손을 통해 고딕 대성당의 첨탑을 표현하고 있다.

Salle 7 이브 Eve

〈이브〉는 아담과 같이 〈지옥의 문〉 옆에 놓으려고 만들어졌다. 〈이브〉의 모델이 된 이탈리아 여인의 포동포동하고 탄력 있는 근육을 강조했는데 나중에는 점점 모델의 살이 많아졌다. 로댕은 부피를 계속 수정하다가 그녀가 임신 중임을 실토하고 모델을 그만두자 이 작품을 미완성으로 남겼다.

발자크의 기념 두상

Salle 10 발자크의 기념 두상 Balzac en robe de moine

발자크상의 머리를 세부적으로 재현한 이 작품에서 로댕은 발자크의 신체적인 모습을 표현하기보다는 그의 인격과 본질 자체를 살리려고 노력하였다. 과장된 발자크의 두상에 창조적인 천재성을 상징적으로 나타내고 있다. 발자크의 투쟁적인 성격은 뻗친 머리칼에 나타난다.

성당

이브

에펠탑 la Tour Eiffel [라 뚜르 에펠]

파리의 상징이자 프랑스의 상징

MAPECODE 11066

에펠탑은 1889년 프랑스 혁명 100주년을 기념하여 개최된 세계 박람회를 위해 세워진 구조물로, 세계 박람회를 보러 오는 사람들이 비행기에서도 박람회 위치를 잘 볼 수 있도록 하기 위한 것이었다.

귀스타브 에펠(Gustave Eiffel)의 설계로 세워진 에펠탑은 원래는 박람회가 끝나면 철거될 계획이었다고 한다. 파리 하면 많은 사람들이 제일 먼저 떠올리는 상징이지만 당시 파리 시민들은 예술의 도시 파리와 어울리지 않는 '추악한 철덩어리'라 하여 미관을 해친다는 이유로 비판했기 때문이다. 특히 파리의 예술과 문학계 명사들의 반대가 심했다. 그래서 1909년엔 철거될 뻔하는 위기에 처했지만 다행히 최신 송신 안테나를 세우기에 이상적이라는 이유로 위기를 모면했기에 지금까지 남아 있는 것이다.

에펠탑이 처음 세워졌을 때는 세계에서 가장 높은 건축물이었다. 건물 전체가 철골 구조로 되어 있어서 강한 바람에도 13cm 이상 흔들리지 않고, 기타 위험으로부터 탑을 잘 고정시켜 준다. 또한 철골이기 때문에 더운 여름에는 15cm가 더 길어진다고 한다.

탑의 높이는 꼭대기의 안테나를 포함하여 320m이고, 총 무게는 10,000톤이다. 3층까지는 총 1,652개의 계단이 있고, 2천 5백만 개의 못이 있다. 4년마다 도색 작업을 하는 데 들어가는 페인트의 양만해도 엄청나다고 한다.

주소 5 Avenue Anatole France, Champ de Mars, 75007 오픈 6월 21일~9월 2일 9시~24시 45분 / 그 외 날짜는 9시 30분~23시 45분 (계단은 18시 30분까지) 요금 **엘리베이터** (2층) 일반 16.30유로, 12~24세 8.10유로, 4~11세 4.10유로, (3층) 일반 25.50유로, 12~24세 12.70유로, 4~11세 6.40유로 / **계단** (2층까지) 일반 10.20유로, 12~24세 5.10유로, 4~11세 2.50유로 / **계단** (2층까지) + **엘리베이터** (2층에서 3층) 일반 19.40유로, 12~24세 9.70유로, 4~11세 4.90유로 Métro 6호선 비르 아켐(Bir Hakeim) 역에서 도보 5~7분 / 6, 9호선 트로카데로(Trocadéro) 역에서 도보 5~7분 / 8호선 에콜 미리테르(Ecole Militaire) 역에서 도보 10~15분 RER C선 샹 드 막스 투어 에펠(Champ de Mars-Tour Eiffel) 역에서 도보 1~2분 버스 42, 69, 72, 82, 87번 홈페이지 www.tour-eiffel.fr

★ 에펠탑 전망대에 올라가려면

에펠탑 전망대에 올라가려면 에펠탑 공식 홈페이지에서 미리 예약을 한 후 예약 시간에 맞춰 올라가면 된다. 성수기라면 반드시 예약을 먼저 하고 여행을 시작하자.

브랑리 박물관 Musée du quai Branly [뮈제 뒤 깨 브랑리]

MAPECODE 11067

유럽 외 지역의 원시 문명을 중심으로 한 박물관

2006년 6월 23일 개관한 브랑리 박물관은 유리 벽에서 각양각색의 상자가 돌출한 것 같은 설계와 열대를 연상시키는 미술관 주변의 정원이 돋보인다. 각각 건축가 장 누벨(Jean Nouvel)과 조경가 질 클레망(Gilles Clément)이 설계했고, 식물학자 파트릭 블랑(Patrick Blanc)이 건물 외벽에 식물이 심어져 있는 '살아 있는 벽'을 설계했다.

4만 평의 크기를 자랑하는 이 미술관은 본관, 테라스, 행정동, 미디어테크의 4개 동으로 나뉘어 있으며, 아프리카, 아시아, 오세아니아, 아메리카 원주민들의 예술을 취급하고 있고, 소장품이 약 30만 점에 이른다. 그 중 3,500점 정도가 전시되고 있는데 대부분 유물들은 19~20세기 초 프랑스가 식민지로부터 강탈해 온 것이다. 그리고 아시아 유물 중에는 주불 한국 대사관에서 기증한 우리나라의 생활 의복 600여 점도 있다.

사진, 그림, 음악, 텍스트 등 다양한 미디어를 통해 여러 민족의 문화를 소개하고 있고, 상설 전시 외에도 관내의 한 부분과 정원을 사용한 특별전도 개최하고 있으며 박물관 소장품 중에서 주제별로 선정한 미술 작품들이 전시된다.

주소 37 Quai Branly, 75007 오픈 (화, 수, 일) 11시~19시, (목, 금, 토) 11시~21시 / 월요일, 5월 1일, 12월 25일 휴관 요금 (일반) 10유로, (할인) 7유로 / 뮤지엄 패스 사용 가능 / 매월 첫째 주 일요일 무료 Métro 9호선 알마 마르소(Alma-Marceau) 역에서 도보 7~10분 RER C선 퐁 드 알마(Pont de l'Alma) 역에서 도보 5분 버스 42, 63, 80, 92번 홈페이지 www.quaibranly.fr 촬영 사진 촬영 불가

하수도 박물관 Musée des Egouts de Paris [뮈제 데제구 드 빠리]

파리의 지하 세계

MAPECODE 11068

1200년 즈음 필립 오거스트(Philippe Auguste)가 파리의 도로에 협곡을 만들었고, 1370년에는 위그 오브리오(Hugues Aubriot)가 몽마르트르 거리에 천장을 만들어 하수도를 만들었다. 1850년 오스만 남작(Baron Haussmann) 때 벨그랑(Eugène Belgrand)이 하수 처리 시스템을 개발하여서 파리에 물을 공급했다. 그것은 식수와 식수가 아닌 물을 둘로 나누는 것이었는데 1878년에는 그 길이가 600km나 되었다. 그 후에는 파리에서 이스탄불까지의 거리와 맞먹는 길이의 2,100km까지 늘여 놓았다.

이 하수도 박물관은 현재 방문 가능한 하수도 중에서는 세계에서 가장 크다. 하수도에는 지상에 어떤 길이 있는지를 알 수 있도록 표시되어 있고 하수도에 사용했던 다양한 종류의 기구들이 전시되어 있다.

입장할 때는 더운 여름이라 해도 온도가 낮고 습기가 많기 때문에 두꺼운 겉옷을 준비하는 것이 좋다.

※ 2020년 1월 1일까지 개조 공사로 휴무

주소 Face au 93 quai d'Orsay, 75007 오픈 토~수요일(10월~4월) 11시~16시, (5월~9월) 11시~17시 / 1월의 2주간 목, 금요일 휴관 요금 (일반) 4.40유로, (할인) 3.60유로 Métro 9호선 알마 마르소(Alma-Marceau) 역에서 도보 2분 RER C선 퐁 드 알마(Pont de l'Alma) 역에서 도보 1분 버스 42, 63, 80, 92번 촬영 사진 촬영 가능

★ 소설 Story

하수도는 소설 〈레 미제라블〉에 등장하는데 코제트의 연인 마리우스가 폭동에서 부상을 당하자 그를 등에 업은 채 장발장이 찾아가는 곳이다. 그는 하수도에서 어둠과 졸음으로 방향마저 잃게 되고, 물이 목까지 차는 어려움에도 아랑곳하지 않는다. 〈레 미제라블〉에 등장한 하수도의 영사실에서는 '파리의 땅 밑에는 또 하나의 파리가 있다.'라는 〈레 미제라블〉의 한 구절이 인용되어 있다.

트로카데로, 샹젤리제 지역

Trocadéro, Champs-Élysées

파리에서 가장 아름답고 낭만적인 구역

개선문에서 콩코르드 광장까지 뻗어 있는 샹젤리제 대로를 중심으로 한 지역이다. 샹젤리제 거리와 조르주 생크 거리, 몽테뉴 거리에는 명품 브랜드 숍과 별 4개짜리 호텔, 고급 레스토랑이 즐비해 파리에서 가장 화려한 구역으로 손꼽히고 있으며, 에펠탑이 잘 보이는 샤이요 궁전은 여행자들이 즐겨 찾는 장소이기도 하다. 또한 파리에서 가장 아름다운 다리인 알렉상드르 3세교까지 있어서 이 구역은 누가 뭐라고 해도 파리에서 가장 아름답고 낭만적인 구역이라고 말할 수 있다.

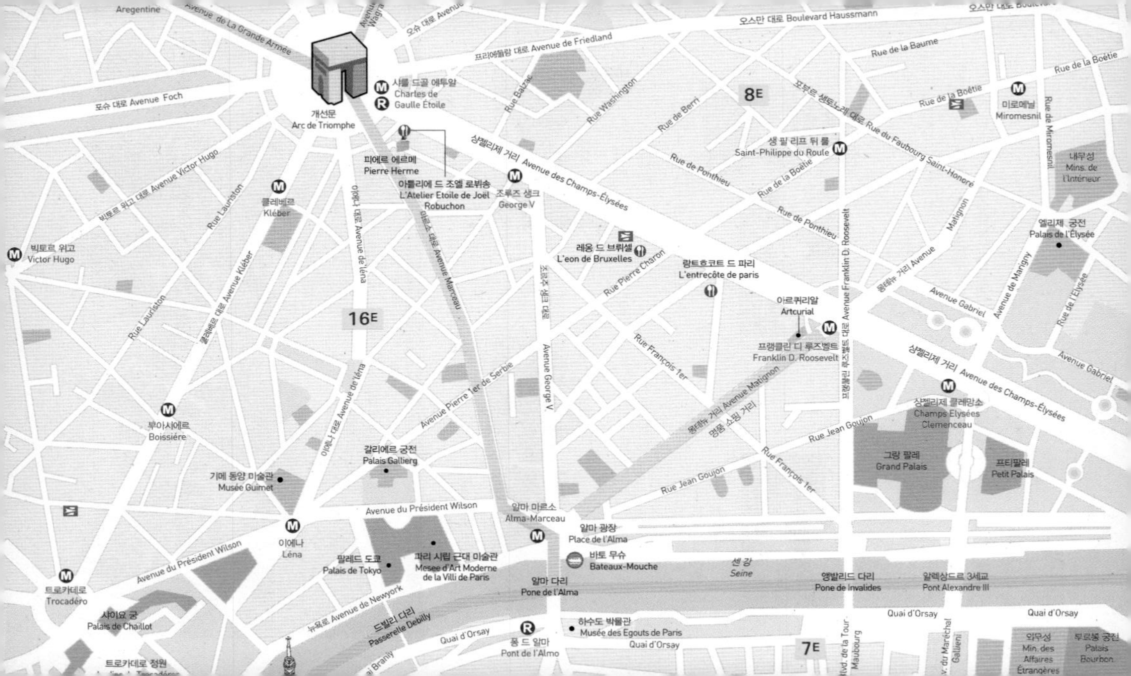

오스만 대로 Boulevard Haussmann
프리에들랑 대로 Avenue de Friedland
Avenue de La Grande Armée
포슈 대로 Avenue Foch
개선문
Arc de Triomphe
샤를 드골 에투알
Charles de
Gaulle Étoile
Rue de la Baume
Rue de la Boétie
8E
Rue Balzac
Rue Washington
Rue de Berri
포부르 생토노레 대로 Rue du Faubourg Saint-Honoré
미로메닐
Miromesnil
Rue de Miromesnil
내무성
Mins. de
l'Intérieur
생 필 리프 뒤 룰
Saint-Philippe du Roule
피에르 에르메
Pierre Herme
아틀리에 드 조엘 로뷔숑
L'Atelier Etoile de Joël
Robuchon
상젤리제 거리 Avenue des Champs-Élysées
조르즈 생크
George V
Rue de Ponthieu
Rue de la Boétie
Matignon
엘리제 궁전
Palais de l'Élysée
빅토르 위고 대로 Avenue Victor Hugo
Rue Lauriston
클레베르
Kléber
빅토르 위고
Victor Hugo
이에나 대로 Avenue de léna
마르소 대로 Avenue Marceau
레옹 드 브뤼셀
L'eon de Bruxelles
Rue Pierre Charon
랑트흐코트 드 파리
L'entrecôte de paris
마티뇽 거리 Avenue
Avenue de Marigny
Rue de l'Elysée
Avenue Gabriel
아르퀴리알
Artcurial
프랭클린 디 루즈벨트
Franklin D. Roosevelt
프랭클린 루즈벨트 대로 Avenue Franklin D. Roosevelt
16E
조르주 생크 대로
Avenue George V
Rue François 1er
클레베르 대로 Avenue Kléber
Avenue Pierre 1er de Serbie
마티뇽 거리 Avenue Matignon
명품 쇼핑 거리
상젤리제 거리 Avenue des Champs-Élysées
상젤리제 클레망소
Champs Elysées
Clemenceau
부아시에르
Boissière
이에나 대로 Avenue de léna
Rue Jean Goujon
갈리에르 궁전
Palais Gallierg
그랑 팔레
Grand Palais
프티팔레
Petit Palais
기메 동양 미술관
Musée Guimet
Avenue du Président Wilson
알마 마르소
Alma-Marceau
알마 광장
Place de l'Alma
이에나
Léna
팔레드 도쿄
Palais de Tokyo
파리 시립 근대 미술관
Mesee d'Art Moderne
de la Villi de Paris
바토 무슈
Bateaux-Mouche
센 강
Seine
Avenue du Président Wilson
트로카데로
Trocadéro
알마 다리
Pone de l'Alma
앵발리드 다리
Pone de Invalides
알렉상드르 3세교
Pont Alexandre III
뉴욕로 Avenue de Newyork
드빌리 다리
Passerelle Debilly
샤이요 궁
Palais de Chaillot
Quai d'Orsay
퐁 드 알마
Pont de l'Almo
하수도 박물관
Musée des Egouts de Paris
7E
Blvd. de la Tour-Maubourg
Av. du Maréchal Gallieni
외무성
Min. des
Affaires
Étrangères
부르봉 궁전
Palais
Bourbon
트로카데로 정원

트로카데로, 샹젤리제 지역

개선문에서 콩코르드 광장까지 뻗어 있는 샹젤리제 대로를 중심으로 한 지역으로 샹젤리제 거리와 조르주 생크 거리, 몽테뉴 거리에는 명품 브랜드와 별 4개짜리 호텔, 고급 레스토랑이 즐비해 파리에서 가장 화려한 구역으로 손꼽히고 있다.

샤이요 궁
에펠탑을 가장 멋지게 촬영할 수 있는 장소

도보 20분 또는 버스나 메트로 약 5분

개선문
나폴레옹의 승리를 축하하기 위해 세운 개선문

샹젤리제 거리
파리를 대표하는 거리

도보 3분

알렉상드르 3세교
파리에서 가장 화려한 다리

샤이요 궁 Palais de Chaillot [빨레 드 샤이요]

에펠탑을 가장 멋지게 촬영할 수 있는 장소

MAPECODE 11069

이에나교(pont d'Iena)를 중심으로 에펠탑(la Tour Eiffel)의 반대편에 있는 샤이요 궁전은 1937년 파리 만국 박람회를 위해 20세기 건축 양식인 신 고전주의 건축 양식으로 지어졌다.

현재 내부에는 해양 박물관(Musée de la marine), 인류 박물관(Musée de l'Homme), 프랑스 문화재 박물관(Musée des monuments Français)과 국립 극장(Théâtre National de Chaillot)이 있다. 이곳에 있던 시네마테크는 1997년 화재로 손실된 후 베르시에 있는 시네마테크(La Cinémathèque Française a Bercy)로 이전했다. 테라스 양쪽 건물 벽에는 금박을 입힌 8개의 청동 조각들이 세워져 있고, 각 건물 상단에는 프랑스 시인인 폴 발레리(Paul Valéry)가 쓴 시구가 금박 글씨로 적혀 있다. 유엔 총회에서는 샤이요 궁 안에서 1948년 세계 인권 선언을 채택했으며, 1991년에 세계 문화유산으로 등록되었다.

주소 17 Placel du Trocadero, 75016 오픈 9시 45분~17시 15분 / 화요일 휴관 Métro 6, 9호선 트로카데로(Trocadéro) 역에서 바로

에펠탑의 정면 사진을 찍기에 가장 좋은 곳이 바로 샤이요 궁전이다.

개선문 Arc de Triomphe [아르끄 드 뜨리옹쁘]

나폴레옹의 승리를 축하하기 위해 세운 개선문

MAPECODE 11070

튈르리 공원에 있는 카루젤 개선문과 라데팡스에 있는 신개선문의 중간에 위치하고 있다. 8, 16, 17구의 경계에 있는 이 개선문은 높이가 50m, 폭이 약 45m로 1806년 오스텔리츠 전투에서 승리한 나폴레옹(Napoléon I)의 명령으로 건축가 장 프랑수아 살그랑(Jean-François Chalgrin)의 설계로 세워지기 시작했다. 하지만 1812년 러시아 전쟁에서의 첫 번째 패배로 공사가 중단되고, 나폴레옹의 사후인 1836년에서야 루이 필립(Louis-Philippe I)의 요구로 겨우 완성되었다.

나폴레옹은 전쟁의 승리를 축하하기 위해 자신이 만들어 놓은 이 개선문을 살아 있을 때는 통과하지 못하고, 죽은 후에야 파리로 귀환해 개선문을 지나고 앵발리드 돔 성당 아래에 묻히게 되었다. 또한 제2차 세계 대전 때는 독일 점령에서 파리를 해방시킨 샤를 드 골 장군이 이 문을 통해서 행진하기도 했다.

개선문의 벽에는 장군들의 이름이 새겨졌고, 아부키 전쟁, 터키에서의 승리, 오스텔리츠 전쟁 등 나폴레옹의 영광스러운 장면들이 여러 개의 조각들로 장식되어 있다. 또한 개선문의 안쪽 벽에는 나폴레옹이 이끄는 부대를 지휘했던 장군들의 이름이 새겨져 있는데, 전쟁 중에

① 개선문의 전망대 바로 아래에 나폴레옹이 승리로 이끈 전투들이 30개의 방패에 새겨져 있고, ② 그 바로 아래 샹젤리제 거리에서 바라보는 쪽에는 프랑스 군대가 출정하는 모습을, 뒷면에는 귀향을 조각해 놓았다. ③ 그 아래쪽 왼편 네모난 곳에는 나폴레옹이 1790년 터키 군대와의 전투에서 승리한 것을 묘사해 두었고, ④ 그 바로 아래에는 1810년 비엔나 조약을 기념하기 위한 조각으로 승리한 나폴레옹을 묘사해 두었다. ⑤ 오른쪽 네모난 곳에는 마르소 장군의 장례식을 묘사해 놓았고, ⑥ 그 아래에는 1792년 조국을 지키기 위해 일어나는 시민들의 모습을 조각해 두었다.

전사한 사람의 이름에는 줄이 그어져 있다. 개선문 아래에는 제1차 세계 대전에서 이름 없이 죽어간 참전 용사들을 위한 무덤이 있는데 매년 7월 14일에 이곳에서 군사 행렬을 한다. 11월 11일에는 무명 용사의 묘비 앞에서 군사들을 기억하는 행사가 열린다. 개선문이 있는 샤를 드 골 에투알 광장(La Place Charles de Gaulle Etoile)은 12개의 대로가 별 모양으로 둘러싸여 있어서 별이라는 뜻의 에투알 광장이라고 불린다. 그 대로 중 하나가 샹젤리제 거리이다. 개선문 전망대에 오르면 에투알 광장의 모습과 더불어 파리 시의 전경을 제대로 볼 수 있다.

주소 Place Charles-de-Gaulle, 75008 오픈 1월 2일~3월 31일 10시~22시 30분, 4월 1일~9월 30일 10시~23시, 10월 1일~12월 31일 10시~22시 30분 요금 (일반) 12유로, (할인) 9유로 / 뮤지엄 패스 사용 가능 / 11월~3월 매월 첫째 주 일요일 무료 Métro 1, 2, 6호선 샤를 드 골 에투알(Charles de Galles-Etoile) 역에서 도보 1분 RER A선 샤를 드 골 에투알(Charles de Galles-Etoile) 역에서 도보 1분 버스 22, 30, 31, 52, 73, 92번, Balabus 홈페이지 www.paris-arc-de-triomphe.fr

★ 개선문으로 가려면

개선문 주위는 로터리로 되어 있기 때문에 지하도를 이용해서 개선문 근처로 가야 한다. 지하도는 샹젤리제 거리에서 개선문을 바라볼 때 오른편으로 마지막 메트로 입구를 약간 더 지나가면 입구를 찾을 수 있다. 메트로 또는 RER을 이용해서 샤를 드 골 에투알 역에서 하차했을 경우에는 1번 출구로 올라와서 나온 방향으로 개선문을 바라보고 조금만 더 걸으면 입구를 쉽게 찾을 수 있다.

샹젤리제 거리 Avenue des Champs-Élysées [아브뉘 데 샹젤리제]

파리를 대표하는 거리 샹젤리제

MAPECODE 11071

튈르리 정원과 이어지는 산책길인 샹젤리제 거리는 베르사유 궁전의 정원 조성으로 유명해진 르 노트르(Le Nôtre)에 의해 조성되었다. 그리스 신화에서 낙원이라는 의미의 앨리제를 따서 '앨리제의 뜰'이라는 뜻의 샹젤리제로 불리게 되었다. 실제로 샹젤리제는 그리스 로마 신화에 등장하는 용사들의 영혼이 머무는 장소 이름이다.

샹젤리제 거리는 플라타너스와 마로니에 나무들로 조성된 전체 약 2.3km, 폭이 약 70m인 거리로 개선문 쪽은 화려한 상점들로 이루어져 있고 콩코르드 광장 쪽으로는 울창한 공원이 조성되어 있다.

나폴레옹 3세 때인 19세기 후반 파리의 부호들과 정치인, 예술가들이 개인 저택을 갖게 되면서 그들을 만족시키기 위한 레스토랑과 유명 브랜드, 화랑들이 들어서면서 유명해졌다. 특히 이곳은 파리 하면 떠오르는 노천 카페로도 유명하다.

1840년 나폴레옹의 유해가 이 거리를 통해서 지나간 후에는 승리의 길이라고 불리기도 하는 샹젤리제는 프랑스인들에게 축구 경기나 큰 행사가 있을 때마다 많은 인파가 몰려드는 의미 있는 곳이다.

★ 샹젤리제 걷기

없는 것이 없을 정도로 볼거리가 다양한 샹젤리제 거리는 약간의 경사가 있기 때문에 끝에서 끝까지 모두 걸으려면 개선문에서 시작해 콩코르드 광장 쪽으로 걷는 것이 더 수월하다.

엘리제 궁전 Palais de l'Élysée [빨레 드 렐리제]

프랑스 대통령의 공식 관저

MAPECODE 11072

엘리제 궁전은 대통령 관저가 위치한 곳으로 장관 회의도 이곳에서 열린다.1722년 정도에 완공되었지만, 보수와 내부 장식 수리 등을 통해 현재까지 가장 고전적인 건축 양식을 나타내고 있다. 루이 15세가 애첩인 퐁파두르(Marquise de Pompadour) 부인에게 선물했고, 그녀가 죽자 한 금융업자에게 팔려 현재와 같은 규모로 확장되었다. 또한 벨기에의 워털루 전투에서 패한 나폴레옹이 1815년 6월 22일 두 번째 양위 문서에 서명을 하고 유배를 떠난 곳이 바로 이곳이다. 그의 조카 루이 나폴레옹 보나파르트가 1851년 12월 2일 쿠데타를 일으키기 위해 음모를 꾸미며 머물렀던 곳이기도 하다. 1873년 이래로 프랑스 대통령 관저로 사용되고 있으며 현재는 현 대통령인 프랑수아 올랑드(Francois Hollande) 대통령의 관저로 사용되고 있다.

주소 55 Rue du Faubourg-Saint-Honoré, 75008
Métro 13호선 샹젤리제 클레망소(Champs-Élysées-Clemenceau) 역에서 도보 2~3분 버스 28, 32, 52, 80, 83, 93번

그랑 팔레와 프티 팔레 Grand Palais, Petit Palais [그랑 빨레, 쁘띠 빨레]

만국 박람회를 기념해 지어진 박물관

MAPECODE 11073 11074

그랑 팔레와 프티 팔레는 서로 마주보고 있는데 앵발리드 저택을 모방한 둥근 천장의 건물로 되어 있으며 고전주의 양식의 석조와 다양한 아르누보 양식의 철제가 혼합된 모습이다. 그랑 팔레 건물의 네 귀퉁이는 레시퐁(Récipon)의 천마와 마차 모양의 거대한 청동상으로 화려하게 장식되어 있다.

그랑 팔레와 프티 팔레 모두 박물관, 미술관으로 이용되고 있는데, 프티 팔레에는 파리 시립 미술관이 들어서 있고 작품은 중세와 르네상스 시대의 오브제 미술품, 회화와 데생, 가구와 오브제 미술, 인상주의 풍경 화가들의 컬렉션 등이 전시되고 있다.

주소 **그랑 팔레** Av. du Général-Eisenhower, 75008 / **프티 팔레** Av. Winston-Churchill, 75008 오픈 **그랑 팔레**(목~월) 10시~20시, (수) 10시~22시(전시회에 따라 차이가 있음) / **프티 팔레** 10시~18시(특별 전시회를 제외하고 화요일은 20시까지) / 월요일, 5월 1일, 12월 25일 휴무 Métro 1, 13호선 샹젤리제 클레망소(Champs-Élysées-Clemenceau) 역에서 바로 / 1, 9호선 프랭클린 디 루즈벨트(Franklin D. Roosevelt) 역에서 도보 5분 RER C선 앵발리드(Invalides) 역에서 도보 5분 버스 28, 42, 52, 72, 73, 80, 83, 93번 홈페이지 www.grandpalais.fr / www.petitpalais.paris.fr

사라진 13번지

우리나라에서 죽음의 숫자 4를 싫어하는 것처럼 서양에서는 숫자 13을 싫어한다는 건 누구나 다 알 것이다. 그중에서도 숫자 13을 특히나 싫어하던 나폴레옹의 부인 조세핀이 엘리제 궁전에 살 때 포부르 생토 노레 거리(Rue du Faubourg-Saint-Honoré)의 13번지를 빼 버려서 현재에도 이 거리에는 13번지가 없다. 유명한 부티크, 영국과 일본 대사관이 들어서 있는 거리를 걸으면서 13번지가 정말 없는지 확인해 보는 것도 재미있다.

파리는 번지수가 지그재그로 이어진다. 한쪽이 홀수 번지수가 이어진다면, 다른 쪽은 짝수 번지수만 있다. 그래서 간혹 10번지 다음 11번지를 찾을 때 10번지 맞은편에 있는 것이 아니라 상당히 멀리 떨어져 있는 경우도 있다. 그러니 13번지를 찾으려면 12번지나 14번지를 찾는 것이 아니라 11번지, 15번지를 찾아보는 것이 빠르다.

알렉상드르 3세교 Pont Alexandre III [뽕 알렉상드르 트로와]

파리에서 가장 화려한 다리

MAPECODE 11075

알렉상드르 3세교는 화려한 아르누보 양식으로 만들어진 장식품들이 아름답게 장식되어 있는 파리에서 가장 아름다운 다리다. 19세기 건축물의 걸작이라고도 할 수 있는 이 다리는 근처의 샹젤리제나 그랑 팔레, 앵발리드 저택 등과 잘 어울린다. 야경이 특히나 아름다워서 센 강의 하이라이트라고도 할 수 있다. 다리에는 아치형의 도리가 있고 난간에는 사람과 동물, 꽃 등이 장식되었으며 네 모퉁이에는 높이가 약 20m인 금색으로 된 청동상이 장식되어 있다. 이 다리는 파리 만국 박람회에 맞춰 1897년 만들어졌는데, 1892년 프랑스-러시아의 공조를 성사시킨 러시아의 알렉상드르 3세의 이름이 붙여졌다.

Métro 1, 13호선 샹젤리제 클레망소(Champs-Élysées-Clemenceau) 역에서 도보 3분 RER C선 앵발리드(Invalides) 역에서 도보 3분

알마 광장 Place de l'Alma [쁠라스 드 랄마]

다이애나 비가 사망한 곳으로 유명한 광장

MAPECODE 11076

'알마'란 나폴레옹 3세 시대의 크리미아 전쟁에서 승리를 거둔 곳의 이름으로, 이 광장은 나폴레옹의 승리를 기념해 만들었다. 현재 광장에는 자유의 불꽃(Flamme de la Liberté)이 있는데 1989년에 에랄드 트리뷘(Herald Tribune)이 자유의 여신상의 불꽃을 본떠서 만든 것이다.

1997년 8월 31일 영국 다이애나 황태자비가 알마교 밑을 지나는 터널에서 교통사고로 사망하면서 사람들에게 더 잘 알려진 이곳에는 지금도 다이애나를 그리워하는 전 세계의 사람들이 찾아오고 있다. 그래서 자유의 불꽃은 현재 다이애나의 추모비처럼 다이애나에 관해 기억하는 물건과 글귀로 둘러싸여 있다.

Métro 9호선 알마 마르소(Alma Marceau) 역에서 바로 RER C선 퐁 드 알마(Pont d'Alma) 역에서 도보 1~2분 버스 42, 63, 72, 80, 92번

기메 동양 미술관 Musée Guimet [뮈제 귀메]

진귀한 아시아 예술품들을 전시하고 있는 미술관

MAPECODE 11077

이 미술관은 진귀한 아시아 예술품들을 소장한 세계적인 미술관으로 사업가이자 동양학자인 에밀 기메(Emile Guimet)가 리옹에 설립한 것을 1884년 파리로 옮긴 것이다. 확장 공사 후 재개관하여 아프가니스탄부터 인도, 중국, 일본, 한국, 베트남 그리고 기타 동남아에 이르기까지 아시아의 문화를 보여 준다.

에밀 기메가 숨을 거둔 후 1927년에는 모든 유물이 정부에 기증되고, 중앙 아시아와 중국 등에서 가져온 귀중한 예술품들과 트로카데오에 있던 동양 유물들도 모두 이곳으로 이전했다. 미술관은 1997년부터 진행된 대대적인 공사를 마치고 2001년 새롭게 문을 열었다.

4만 5천 점이 넘는 작품들과 동시에 보기 드문 소장품들로 유명한데 예를 들어 캄보디아의 앙코르와트 사원 조각상들이나 1,600점의 히말라야 미술품이 그것이다. 중국 청동기와 칠기, 일본, 인도, 베트남과 인도네시아에서 수집한 수많은 불상들도 볼거리이다.

한국의 작품으로는 삼국 시대의 〈반가사유상〉을 비롯한 불상들, 1954년 일본에서 프랑스인이 구입한 신라 금관, 고려 청자, 천수관음보살상, 조선 백자 및 고가구, 이한철의 〈화조도〉와 조만영의 〈초상〉 그리고 무엇보다 가장 귀중한 작품인 김홍도의 〈민화 팔폭 병풍〉 등이 소장되어 있다.

주소 6 Place d'léna, 75116 오픈 10시~18시(화요일, 5월 1일, 12월 25일, 1월 1일 휴관) 요금 (일반) 11.50유로, (할인) 8.50유로 / 뮤지엄 패스 사용 가능 / 매월 첫째 주 일요일 무료 Métro 9호선 이에나(léna) 역에서 바로 / 6호선 부아시에르(Boissière) 역에서 도보 5분 버스 22, 30, 32, 82, 63번 홈페이지 www.guimet.fr 촬영 플래쉬 없이 사진 촬영 가능

Cristian Zamfir

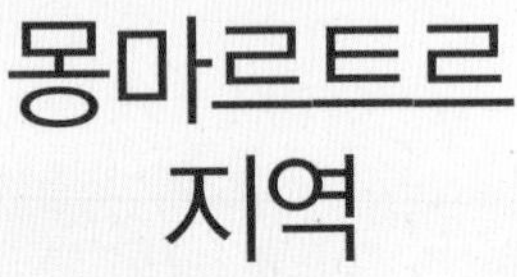

몽마르트르 지역

Montmartre

예술가들이 모여 살던 곳

파리에서 가장 높은 지역인 몽마르트르는 '순교자의 언덕'이라는 뜻을 가지고 있다. 로마 점령 시기인 서기 250년경 생 드니 성자가 이곳에서 참수형을 받고 순교한 후 잘려진 자신의 머리를 들고 현재 파리 북부의 생드니 성당이 있는 곳까지 걸어 갔다고 하는 전설에서 언덕의 이름이 유래했다.

또한 피카소, 고흐 등 많은 예술가들이 이곳에 머무르면서 작품 활동을 했던 곳이다. 아름다운 골목이 있는 몽마르트르에서 파리를 내려다보고, 예술가들의 자취를 따라가면서 파리의 낭만을 한껏 느껴 보자.

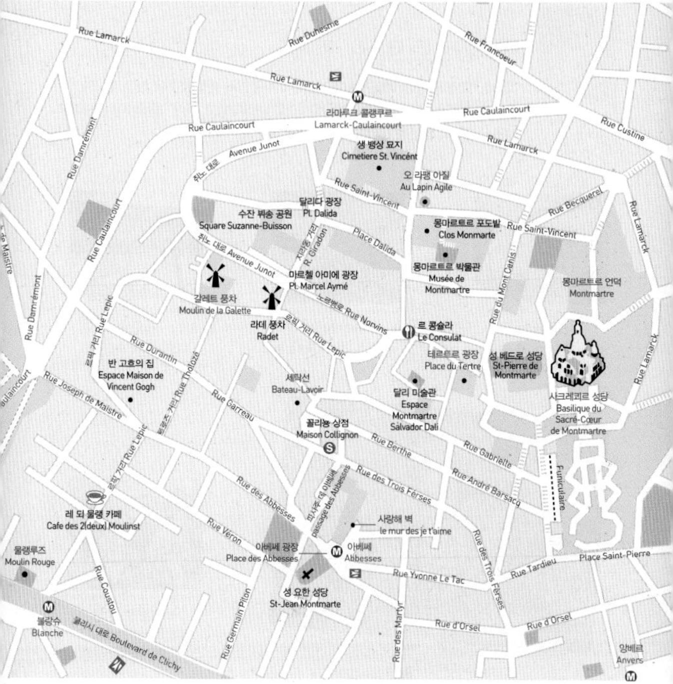

몽마르트르 언덕

몽마르트르는 산이 없는 파리의 유일한 언덕이기도 하고, 아름다운 골목들이 많아서 영화나 CF, 드라마 등에 자주 등장하는 곳이다. 특히 영화 〈물랭루즈〉와 〈아멜리에〉의 배경이 되었던 곳이니, 화면 속 명소들을 찾으면서 걸어 보는 것도 재미있다.

몽마르트르 지역

피카소, 고흐 등 많은 예술가들이 이곳에 머무르면서 작품 활동을 했던 곳이다. 아름다운 골목이 있는 몽마르트르에서 파리를 내려다보고, 예술가들의 자취를 따라가면서 파리의 낭만을 한껏 느껴 보자.

아베쎄 광장
아르누보 양식의 메트로 입구가 아름다운 메트로 역과 광장

도보 1분

사랑해 벽
'사랑해'라는 말이 적혀 있는 벽

도보 5분

세탁선
20세기 새로운 미술 운동인 입체파 그림을 처음으로 그렸던 아틀리에

도보 5분

테르트르 광장
몽마르트르 언덕의 중심으로 화가들이 모여 있는 광장

도보 3분

사크레쾨르 성당
파리의 가장 높은 곳에 위치한 아름다운 성당

도보 7분

오 라팽 아질
'재빠른 토끼'란 이름의 오래된 주점

도보 7분

갈레트 풍차
파리에 남아 있는 두 개의 17세기 풍차

도보 10분

물랭루즈
영화 〈물랭루즈〉로 더욱 유명해진 쇼 공연장

아베쎄 광장 Place des Abbesses [쁠라스 데자베쎄]

아르누보 양식의 메트로 입구가 아름다운 메트로 역과 광장

MAPECODE 11078

아베쎄 지하철 역 입구를 중심으로 위치한 아베쎄 광장은 파리에서 낭만적인 장소 중 하나로 손꼽힌다. 지하철 역 입구는 아르누보 양식의 최초의 작품으로 엑토르 기마르(Hector Guimard)가 설계한 것인데 기마르는 아르누보 건축의 대표적인 건축가이며, 파리의 지하철 역사를 디자인한 사람이다. 그래서 프랑스 사람들은 아르누보를 기마르 양식이라고도 부른다. 그가 디자인한 지하철 역 중 현재 남아있는 두 군데 중 한 곳이 바로 아베쎄 역이다. 아베쎄 역은 깊이가 30m나 되는 파리 지하철 역 중에서 가장 깊은 역으로 플랫폼부터 티켓 창구까지 파리에서 가장 큰 엘리베이터(총 100명 정원)를 이용하거나 몽마르트르의 그림이나 사진으로 장식되어 있는 계단을 이용할 수 있다.

주소 Place des Abbesses, 75018 Métro 12호선 아베쎄(Abbesses) 역에서 바로

사랑해 벽 le mur des je t'aime [르 뮈르 데 쥬뗌므]

'사랑해'라는 단어가 적혀 있는 벽

MAPECODE 11079

사랑해 벽은 프레데릭 바롱(Frederic Baron)에 의해서 만들어졌는데, 프레데릭은 80년대에 동생과 함께 곳곳의 외국 대사관을 다니면서 사랑의 단어를 모았다. 그렇게 모은 300개의 각각 다른 언어와 사투리로 적은 1,000번의 '사랑해'라는 단어가 이 벽에 쓰여 있다.

동양의 언어는 그들이 잘 못 적기 때문에 동양의 언어를 잘 쓰는 사람을 섭외해서 공동 작업으로 벽을 완성했는데 벽은 40m²(10X4) 크기이고, 각각 21X29.7cm 크기의 총 511개 조각으로 이루어져 있다.

한국어는 총 세 군데에 '사랑해', '나는 당신을 사랑합니다', '나 너 사랑해'라고 적혀 있다.

Métro 12호선 아베쎄(Abbesses) 역에서 바로 홈페이지 www.lesjetaime.com

세탁선 Le Bateau-Lavoir [바또 라부아]

20세기 새로운 미술 운동인 입체파 그림을 처음으로 그렸던 아틀리에

MAPECODE 11080

세탁선은 1890년과 1920년 사이에 집값 때문에 파리 시내에서 살 수 없었던 많은 예술가들이 집값이 쌌던 몽마르트르로 몰려들게 되면서 많은 시인들과 예술가들이 거주했던 곳이다. 세탁선이 사람들에게 알려진 시기는 피카소가 이곳에 화실을 차리면서였다. 피카소는 큐비즘의 논란을 일으켰고, 입체주의의 영감을 불러온 〈아비뇽의 아가씨들(Les Demoiselles d'Avignon)〉을 이곳에서 그렸다.

세탁선 앞의 유리창 안을 들여다보면 이곳에서 활동했던 작가들의 이름과 사진, 작품들을 확인할 수 있는데 모딜리아니(Amedeo Modigliani), 마티스(Henri Matisse), 기욤(Guillaume Apollinaire) 등의 예술가들이 이곳에서 활동을 했다.

'세탁선'이란 이름은 막스 자코브(Max Jacob)가 예전엔 센 강변에 빨래를 하기 위해 떠다니는 배가 있었는데, 그 배의 모양과 집이 닮았다고 해서 지어준 별명이다. 1970년에 화재로 불에 탔지만 곧 복구되어 내부에는 작가들의 작업실과 기거했던 방들이 복원되어 있다. 현재는 박물관으로 개방한다.

주소 13 Place Emile-Goudeau, 75018 Métro 12호선 아베쎄(Abbesses) 역에서 도보 3~5분

테르트르 광장 Place du Tertre [쁠라스 뒤 테르트르]

몽마르트르 언덕의 중심이자 화가들이 모여 있는 광장

MAPECODE 11081

테르트르란 말은 '언덕의 꼭대기'라는 뜻인데, 실제로 이 광장은 몽마르트르의 작은 언덕 꼭대기에 있는 광장이다. 한때 이곳은 처형 장소였지만 19세기부터 화가들이 이곳에 모이기 시작했고, 지금도 이곳은 화가들의 언덕으로 유명하다. 이곳에 모인 화가들은 거의 다 예술 협회에 등록되어 있기 때문에 좋은 회화 작품도 만날 수 있고, 기념이 될 만한 초상화를 그려갈 수도 있다. 초상화를 그리는 가격은 조금씩 차이가 있겠지만, 약 25~30유로 정도이다.

주소 Place du Tertre, 75018 Métro 12호선 아베쎄(Abbesses) 역에서 7분 / 2호선 앙베르(Anvers) 역에서 도보 7~10분

★주의사항

이곳의 화가들 중 몇몇은 본인의 그림을 촬영하는 것을 상당히 불쾌하게 생각한다. 따라서 그림 사진을 찍을 때면 조심하는 것이 좋다. 또한 간혹 이 광장 주변에서 자리를 잡고 그려 주는 화가 외에도 호객 행위를 하는 가짜 화가들도 있으니 주의하자.

사크레쾨르 성당 Basilique du Sacré-Cœur de Montmartre [바질리끄 뒤 사크레쾨르 드 몽마르뜨르]

파리의 가장 높은 곳에 위치한 아름다운 성당

MAPECODE 11082

1870년에 일어난 보불 전쟁 이후 믿음의 충실한 표현을 하기 위해서 알렉산드르 르장틸(Alexandre Legentil)과 위베르 로우(Hubert Rohaut)는 예수 성심에게 바칠 성당을 몽마르트르에 짓기로 결정하는데, 이유는 이곳이 생 드니(Saint Denis) 성인의 순교지이기 때문이다.

콘스탄티노플(지금의 이스탄불)의 성 소피아 성당(Sainte-Sophie)을 본떠 로마 비잔틴 양식으로 지은 사크레쾨르 성당은 콩쿠르에서 뽑힌 폴 아바디에(Paul Abadie)의 설계로 1914년에 완공되었다.

외관은 샤토 랑동(Château-Landon)의 석회암으로 만들어져서 빗물과 접촉할수록 하얗게 되는 특성이 있다. 정면 중간에는 그리스도의 동상이 있고 그리스도 동상의 양옆으로는 르페브르(Hippolyte Lefèbvre)가 제작한 잔 다르크와 생 루이의 동상이 있다. 또한 성당의 입구 중간에는 청동문이 있는데, 청동문에는 최후의 만찬을 비롯해 그리스도의 생애를 담은 장면들이 조각되어 있다.

그리스 십자가 모양을 한 성당 내부도 비잔틴 양식에 따라 모자이크로 장식이 되어 있다. 성당 제대 뒤에는 세계에서 가장 큰 그리스도의 대형 모자이크가 있는데, 크기가 무려 475m²나 된다고 한다. 대형 모자이크는 프랑스의 가톨릭 내에서 그리스도의 찬양을 묘사하고 있는데 그리스도를 중심으로 아래위 두 부분으로 나뉘어 있으며, 아래쪽에는 그 당시 프랑스의 모습이 묘사되어 있고 위쪽에는 성인들의 모습을 장식했다.

또한 사크레쾨르 성당은 오르간 연주로도 유명하다. 성당 내부의 대형 오르간은 아리스티드 카바이에 콜(Aristide Cavaillé-Coll)이 1898년 에스페(Espée)의 남작의 성을 위해서 만들었는데 남작이 죽자 3년 후에 이곳으로 옮겨 왔다.

성당 뒤편의 종탑은 높이가 83m에 이르며 이 탑 안에는 안시(Annecy)에서 1895년 주조해 기증한 프랑스에서 가장 큰 종이 있다. 종의 무게는 18.835t으로, 직경이 3m나 된다.

타원형의 돔은 에펠탑 다음으로 파리에서 제일 높다. 약 237개의 계단을 올라가면 성당의 돔이 나오고 파리의 파노라마 전경이 펼쳐진다. 200m 이상 높이의 돔은 날씨가 좋으면 최고 50km까지 전망할 수 있다.

주소 35 Rue de Chevalier, 75018 오픈 **성당** 6시~22시 30분 **돔** 5월~9월 8시 30분~20시, 10월~4월 9시~17시 돔과 **지하 묘소** 9시~18시 요금 **성당** 무료 **돔** 6유로 Métro 2호선 앙베르(Anvers) 역에서 도보 5분, 12호선 아베쎄(Abbesses) 역에서 도보 7~10분 버스 30, 31, 80, 85번 홈페이지 www.sacre-coeur-montmartre.com 촬영 사진 촬영 불가

생 뱅상 묘지 Cimetière St. Vincent [시메띠에르 생 뱅상]

유명인들이 많이 묻혀 있는 작은 묘지

MAPECODE 11083

몽마르트르 언덕의 포도밭 바로 근처에 있는 이 묘지는 포도밭의 수호성인의 이름을 따서 생 뱅상 묘지라는 이름으로 불리게 되었다. 묘지의 규모는 크지 않지만, 몽마르트르가 예술인들이 좋아하는 지역이었던 것을 반영하듯 유명 예술인들이 많이 묻혀 있다. 특히 〈벽을 드나드는 남자〉라는 소설로 유명한 마르셀 에메(Marcel Ayme)를 비롯해 몽마르트르의 구석구석을 그림으로 남긴 모리스 위트릴로(Maurice Utrillo) 등이 이곳에 잠들어 있다.

주소 6 Rue Lucien Gaulard, 75018 오픈 **3월 중순~11월 초** (월~금) 8시~18시, (토) 8시 30분~18시, (일 · 공휴일) 9시~18시 / **11월 초~3월 중순** (월~금) 8시~17시 30분, (토) 8시 30분~17시 30분, (일 · 공휴일) 9시~17시 30분 Métro 12호선 라마루크 콜랭쿠르(Lamarck-Caulaincourt) 역 버스 80번

생 뱅상 묘지 내부

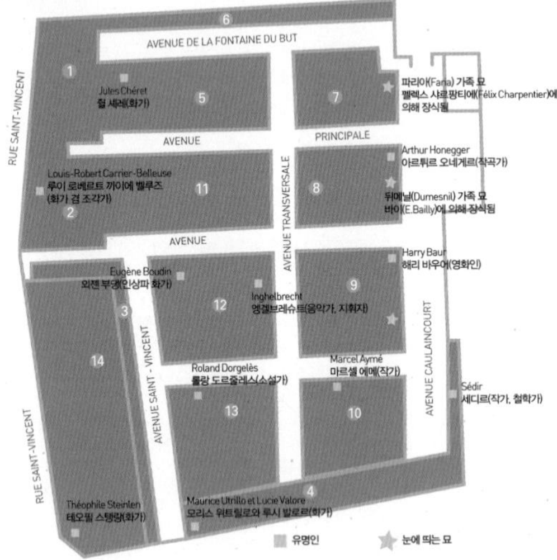

오 라팽 아질 Au Lapin Agile [오 라빵 아질]

'재빠른 토끼'라는 이름의 오래된 주점

MAPECODE 11084

19세기 후반에 설립된 '재빠른 토끼'라는 뜻의 오 라팽 아질은 몽마르트르의 카바레로 유명하다. 건물의 붉은색 벽에 그려진 냄비에서 술을 들고 나오고 있는 토끼의 모습이 인상적인데 1875년 화가 앙드레 질(André Gill)의 그림이며 그의 서명인 'A.Gill'을 토끼 그림과 빗대어 오 라팽 아질이라고 부르게 되었다. 이 주점에는 19세기 말과 20세기 초에 이름 없는 가난한 예술가였던 피카소와 위트릴로, 모딜리아니 등이 밤마다 드나들었다고 한다. 오 라팽 아질은 들어가면 '누구라도 강한 아편을 마시고 있는 것처럼 느끼게 된다'라고 말할 정도로 개성이 강한 주점이다. 아직도 예전의 실내 장식이 그대로 남아 있으며 한때 프랑스 대중 샹송 가수인 에디트 피아프도 이곳에서 열창을 했었다고 한다.

주소 22 Rue des Saules, 75018 오픈 21시~ 2시(월요일 휴무) 요금 **입장료+음료수 1잔** (일반) 28유로, (학생) 20유로(주말과 공휴일 제외) / 알코올 음료수 5유로, 알코올 없는 음료수 3유로 Métro 12호선 라마루크 콜랭쿠르(Lamarck-Caulaincourt) 역에서 도보 3분 버스 80번 홈페이지 www.au-lapin-agile.com

갈레트 풍차 Moulin de la Galette [물랭 드 라 갈레뜨]

파리에 남아 있는 두 개의 17세기 풍차

MAPECODE 11085

파리에서 가장 높은 지대인 몽마르트르에는 17세기에 밀을 갈거나 포도의 즙을 짜는 데 이용하던 재분용 풍차가 30대 이상이나 설치되어 있었다. 하지만 1870년부터 풍차가 없어지기 시작했고 현재는 두 개의 풍차만 남아 있다. 그 두 개가 바로 블뤼트팡 풍차(Blute-Fin)와 라데 풍차(Radet)이다.

블뤼트팡 풍차는 1622년에 세워졌는데, 1870년 마지막 주인이었던 드브레(Nicolas-Charles Debray)는 춤을 추는 술집을 만들어 1895년에 갈레트 풍차라고 이름을 붙였다.

라데 풍차는 1717년에 세워졌는데 1960년대에 완전히 재건되었다. 1934년대에는 갈레트 풍차라는 이름으로 주말과 휴일에는 댄스홀이 열렸다. 그리고 1978년에 다시 재건축되면서 공개하지 않고 있다.

두 개의 풍차는 몽마르트르에서 활동했던 그 당시 화가들에게 예술적인 영감을 주었다. 르느와르의 그림 중 〈갈레트 풍차에서의 춤(Le Bal du Moulin de la Galette)〉과 고흐의 그림 중 〈블뤼트팡 풍차(Moulin de Blute-fin)〉가 유명하다.

주소 83 Rue Lepic, 75018 Métro 12호선 라마루크 콜랭쿠르(Lamarck-Caulaincourt) 역에서 도보 3분 버스 80번

갈레트 풍차는 르픽 거리(Rue Lepic)와 지라동 거리(Rue Giradon)에서 찍을 때 가장 멋있다.

물랭루즈 Moulin Rouge [물랭루즈]

영화 〈물랭루즈〉로 유명해진 쇼 공연장

MAPECODE 11086

1900년부터 댄스홀로 사용된 '붉은 풍차'라는 이름의 물랭루즈는 건물 앞에 있는 붉은 풍차 장식 때문에 그 이름이 붙여졌다. 1890년대 이곳은 캉캉춤의 발생지는 아니지만 프렌치 캉캉으로 명성을 날리기도 했고 스트립쇼 공연도 했다. 또한 이곳은 마약과 매춘 등이 공공연하게 행해지던 곳이다. 하지만 관객들의 무관심으로 1902년 12월 29일의 마지막 공연 이후로 잠시 영화관으로 바뀌었다. 하지만 다시 쇼 공연장으로 바뀌었고 현재는 샹젤리제의 리도쇼와 더불어 파리의 유명한 공연장으로 남아 있다. 하지만 처음 생길 때의 모습 그대로 남아 있는 것은 입구의 풍차뿐이다.

현재는 캉캉춤은 없어졌지만 화려한 쇼를 관람할 수 있으니, 파리에서 화려한 쇼를 즐기고 싶다면 한 번 들러 봐도 좋다.

주소 82 Blvd de Clichy, 75018 공연 **디너쇼** 19시 / **쇼** 21시, 23시 요금 (19시 디너쇼) 190~420유로, (21시, 23시 쇼) 80~210유로 Métro 2호선 블랑슈(Blanche) 역에서 바로 버스 30, 54, 68, 74번 홈페이지 www.moulinrouge.fr

위험한 지역으로 알려진 몽마르트르

몽마르트르는 파리에서 가장 위험한 지역으로 알려져 있어서 간혹 몽마르트르를 제외하고 파리를 여행하는 사람도 보았다. 하지만 사실 몽마르트르를 빼놓고는 파리에 대해서 이야기하기 어려울 만큼 가장 파리다운 곳이라고 말할 수 있다. 소문대로 몽마르트르는 아주 안전한 지역은 아니지만 주의하면서 다닌다면 전혀 위험하지 않은 여행지이다.
위험하다는 것은 사크레쾨르 성당 아래 광장에 모여 있는 흑인들이 지나가는 관광객들의 팔에 팔찌를 채우고 돈을 받기 때문이다. 이들은 돈을 주지 않으면 다른 흑인들이 합세해서 위협을 한다. 몽마르트르를 여행할 때는 흑인들이 다가오면 일단은 손을 주머니에 넣고 빠르게 이동하는 것이 좋다. 흑인들도 많고, 주요 관광지이다 보니 소매치기들도 많다. 하지만 몽마르트르가 다른 곳에 비해 특별히 더 위험한 것은 아니니 너무 걱정 말자.

몽마르트르 버스 즐기기

몽마르트르는 산이 없는 파리에서 가장 높은 지대이며 언덕이라 걸어가기도 만만치 않다. 그래서 몽마르트르는 파리에서 유일하게 등산 열차가 있는 곳이기도 하다. 파리의 일반적인 교통권을 가지고 있다면 몽마르트르만 운행하는 미니버스인 몽마르트르 버스를 타 보자. 피갈(Pigalle) 역에서부터 사크레쾨르 성당 등 몽마르트르 주요 관광지를 모두 지나가는 버스다.

파리 기타 지역

잘 알려지지 않은 파리의 숨은 명소들

파리에는 이 외에도 잘 알려지지 않은 관광 명소가 많은 편이다. 파리를 감싸고 있는 블로뉴 숲과 뱅센느 숲은 물론 휴일을 즐기거나 잠시 쉬어가기 좋은 북쪽의 뷔트 쇼몽 공원, 파리의 일상을 들여다볼 수 있는 생마르탱 운하, 유명인들이 잠들어 있는 페흐 라세즈 묘지, 새롭게 조성된 독특한 공간 베르시 등 파리의 숨은 명소들을 즐겨 보자.

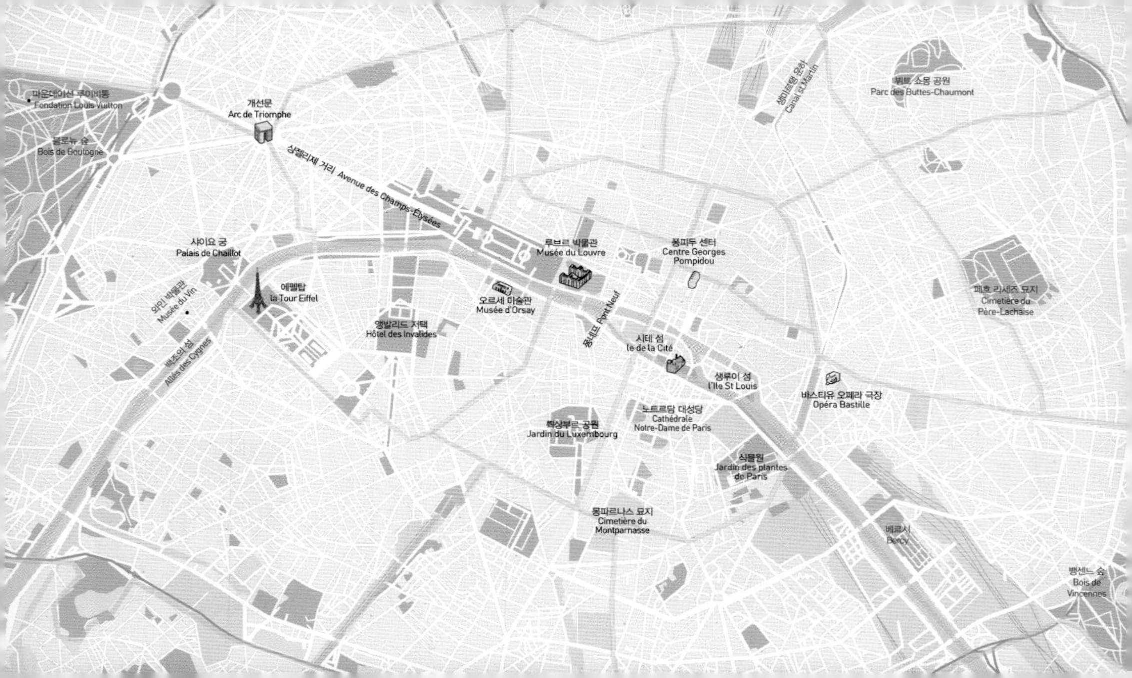

파운데이션 루이비통
Fondation Louis Vuitton
개선문
Arc de Triomphe
블로뉴 숲
Bois de Boulogne
샹젤리제 거리 Avenue des Champs-Élysées
샤이요 궁
Palais de Chaillot
와인 박물관
Musée du Vin
에펠탑
la Tour Eiffel
백조의 섬
Allés des Cygnes
앵발리드 저택
Hôtel des Invalides
오르세 미술관
Musée d'Orsay
루브르 박물관
Musée du Louvre
퐁네프 Pont Neuf
퐁피두 센터
Centre Georges
Pompidou
시테 섬
le de la Cité
생루이 섬
l'Ile St Louis
뤽상부르 공원
Jardin du Luxembourg
노트르담 대성당
Cathédrale
Notre-Dame de Paris
식물원
Jardin des plantes
de Paris
몽파르나스 묘지
Cimetière du
Montparnasse
생마르탱 운하
Canal st.Martin
뷔트 쇼몽 공원
Parc des Buttes-Chaumont
페흐 라셰즈 묘지
Cimetière du
Père-Lachaise
바스티유 오페라 극장
Opéra Bastille
베르시
Bercy
뱅센느 숲
Bois de
Vincennes

생마르탱 운하 Canal st.Martin [까날 생 마르땅]

파리에서 가장 서민적인 곳을 지나가는 운하

MAPECODE 11087

1825년에 개통된 총 길이가 5km나 되는 파리 북쪽의 생마르탱 운하는 25m의 높낮이 차이가 있기 때문에 9개의 갑문을 가지고 있다. 원래는 파리에 음료수를 운반하기 위해서 만들어졌는데 현재는 레저용으로 사용하고 있다. 생마르탱 운하를 유람하는 유람선이 있는데, 꽤 인기 있는 유람선이다. 운하 주변으로는 주택, 공장, 카페 등 많은 산업 노동자들의 터전을 볼 수 있다.

Métro 3, 5, 8, 9, 11호선 레퓌블리크(République) 역에서 도보 3분, 7호선 샤토 랑동(Château Landon) 역에서 도보 3분 / 7, 7bis호선 루이 블랑(Louis Blanc) 역에서 도보 3분 / 2, 5, 7bis호선 조레스(Jaurès) 역에서 1분 / 2호선 콜로넬 파비앵(Colonel Fabien) 역에서 도보 3~5분 버스 26, 46, 75번

생마르탱 운하 유람선

파리에서 색다른 경험을 즐기고 싶다면, 생마르탱 운하를 따라 운행하는 유람선을 이용하면 좋다. 센 강을 따라 운행하는 다른 유람선처럼 파리의 화려하고 멋진 건물들을 관람할 수 있는 유람선은 아니지만, 파리에서 가장 파리답고 서민적인 오래된 지역을 둘러볼 수 있기 때문이다. 운하를 따라 운행하는 배는 약 2시간 30분 동안 유람을 한다. 그리고 운하의 특성에 따라 물높이를 조절해서 운행하고 있는 구간도 있기 때문에 운하라는 독특한 재미를 톡톡히 느낄 수 있다. 빠르게 움직이는 다른 유람선보다 여유롭게 주변을 둘러보면서 여행을 즐길 수 있기도 하다.

유람선은 생마르탱의 북쪽인 라빌레트 공원 쪽에서 내려오는 것과 남쪽인 바스티유 광장에서 올라가는 두 군데의 승선장이 있으니 편리한 승선장을 이용하면 된다. 하루에 5번 정도 운행하고, 계절별로 시간이 다를 수 있으니 미리 홈페이지를 통해 시간을 확인하고 가는 것이 좋다.

요금 (일반) 18유로, (4~12세) 9유로, (4세 미만) 무료 홈페이지 www.canauxrama.com

유람선 타는 곳 – 바스티유 광장

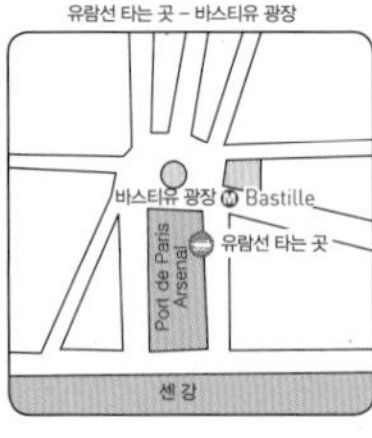

유람선 타는 곳 – 라빌레트

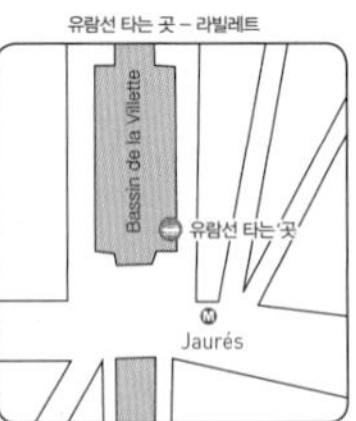

베르시 Bercy [베르씨]

파리 속에 있는 새로운 마을

MAPECODE 11088

파리 12구, 동쪽 부분에 위치한 베르시는 팔레 옴니스포르 드 파리-베르시(POPB)를 중심으로 현대화의 최첨단을 걷는 구역으로 새롭게 태어난 곳으로, 현재는 넓은 공원과 쿠르 생테밀리옹(Cour Saint-Emilion)을 따라 늘어서 있던 와인 창고들을 개조해 새롭게 태어난 레스토랑과 상점들이 파리지앵들의 많은 사랑을 받고 있다.

팔레 옴니스포르는 현재 도심의 주요 공연장이며 최고의 스포츠 경기장이기도 하다. 가파른 면에 잔디로 덮여 있는 이 거대한 피라미드 구조의 경기장은 현대 파리 동부의 역사적 건축물이 되었다. 갖가지 종류의 경기, 클래식 오페라뿐 아니라 특히 록 콘서트가 열리는 곳으로 유명하다.

베르시 지역에 넓게 자리하고 있는 베르시 공원은 1993년에서 1997년 사이에 조성된 것으로 건축가 베르나르 위에(Bernard Huet), 마들렌 페랑(Madeleine Ferrand), 장피에르 프가(Jean-Pierre Feugas), 베르나르 르로이(Bernard Leroy)와 풍경 화가인 랑 르 케스(Ian Le Caisne), 필립 라귄(Philippe Raguin)이 만들었다. 공원에는 회전목마와 포도밭, 연못, 언덕 등 다양한 시설이 있어서 휴식을 취하기에도 좋다.

Métro 14호선 쿠르 생테밀리옹(Cour St. Émilion) 역 / 6,14호선 베르시(Bercy) 역 버스 24, 62, 87번

★무인 지하철 타기

1980년대에 만들어진 최첨단 무인 시스템의 지하철 14호선이 베르시 마을의 두 역을 모두 통과한다. 이 지하철은 운전자가 없기 때문에 맨 앞에 앉으면, 지하철이 움직이는 앞부분을 투명 유리를 통해 볼 수 있다.

뷔트 쇼몽 공원 Parc des Buttes-Chaumont [빠끄 데 뷔뜨쇼몽]

파리의 북쪽을 대표하는 공원

MAPECODE 

파리 19구, 북동쪽에 위치한 뷔트 쇼몽 공원은 2,473ha의 크기로 파리에 있는 426개의 공원 중에 라빌레트 공원과 튈르리 공원에 이어서 세 번째로 크다.

나폴레옹 3세 때인 1860년 오스만(Haussmann) 남작은 건축가 장 샤를 알팡(Jean-Charles Alphand)과 함께 쓰레기 더미와 교수대가 있던 채석장을 아름다운 전경의 50m 높이의 구릉으로 바꾸어 놓았다. 영국식 공원에 바위와 인공 바위로 호수와 섬을 만들고 여기에 로마 양식의 신전을 지었다. 또한 폭포, 시내, 섬으로 이어지는 인도교 등을 조성했다. 이 바위산에서는 가끔 자살하는 사람들이 있어 자살자들의 산이라는 흉측한 별명이 붙어 있기도 하다.

오픈 7시~21시 15분 / (6월~8월 15일) 7시~22시 15분 / (9월 30일~5월 31일) 7시~20시 15분 Métro 7bis호선 뷔트 쇼몽(Buttes Chaumont), 보트자리스(Botzaris) 역에서 바로 버스 26, 48, 60, 75번

페흐 라세즈 묘지 Cimetière du Père-Lachaise [시메띠에르 뒤 뻬흐라세즈]

세계에서 가장 유명한 파리 최대의 묘지

MAPECODE 11090

파리 20구에 있는 이 묘지는 1803년 나폴레옹이 만들었고, 1804년 개방 이후 화려한 장식을 한 무덤 7만 구가 들어섰으며, 현재는 야외 조각 공원과 같은 느낌이다. 과거 200년 이상에 걸쳐 프랑스의 역사와 문화에 이름을 남긴 사람들의 무덤이 있는데 이곳에 묻힌 이들 가운데엔 1960년대 록 스타 짐 모리슨(1943~1971년)의 무덤이 있으며 그의 무덤에는 항상 방문객이 많다. 또한 발자크 쇼팽, 들라크루아, 모딜리아니 등의 예술가들이 잠들어 있다. 한편 국민군의 벽(Mur des Fédéréss)에서는 1871년 파리 코뮌 저항군들이 정부군의 총에 희생된 아픈 역사를 지닌 곳이기도 하다.

주소 16 Rue du Repos, 75020 오픈 (월~금) 8시~18시, (토요일) 8시 30분~18시, (일요일, 3월 중순~10월) 9시~18시 Métro 2, 3호선 페흐 라세즈(Père Lachaise) 역에서 바로 / 3, 3bis호선 강베타(Gambetta) 역에서 도보 2분, 2호선 필리프 오귀스트(Philippe Auguste) 역에서 바로 버스 26, 62, 69번

페흐 라세즈 묘지 내부 위치

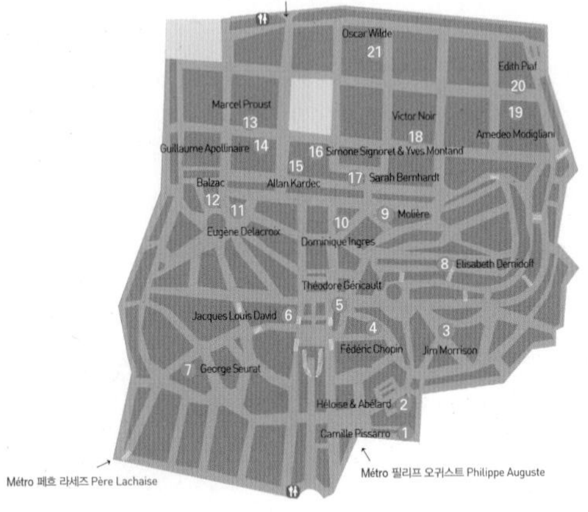

① 카미유 피사로: 인상파 화가
② 엘로이즈 & 아벨라르: 중세의 전설 속의 연인. 둘의 만남은 불과 1년밖에 되지 않아 가족들의 반대로 헤어지고 아벨라르는 거세까지 당하고 둘 다 수도원에 들어가게 되지만 연애 편지를 통해 사랑을 나누다가 아벨라르가 죽고 22년 후 엘로이즈가 죽자 그녀의 유언대로 함께 묻히게 되는데, 그녀를 묻으려고 무덤을 팠을 때 아벨라르가 두 팔을 벌려 그녀를 받아들였다는 전설이 내려온다.
③ 짐 모리슨: 록 그룹 도어즈의 리드 싱어
④ 프레데릭 쇼팽: 폴란드에서 태어난 유명한 작곡가
⑤ 테오도르 제리코: 낭만주의 회화의 창시자. 〈메두사호의 뗏목〉을 그렸다. 묘지에도 그림이 새겨져 있다.
⑥ 자크 루이 다비드: 〈나폴레옹의 대관식〉을 그린 궁중화가
⑦ 조지 쇠라: 신인상주의를 대표하는 프랑스 화가
⑧ 엘리자베스 데미도프: 러시아의 공주로 3층짜리 고전양식의 신전이 세워져 있다.
⑨ 몰리에르: 17세기의 극작가이자 배우
⑩ 도미니크 앵그르: 19세기 고전주의를 대표하는 화가
⑪ 외젠 들라크루아: 〈민중을 이끄는 자유의 여신〉이라는 회화로 유명한 낭만주의 화가
⑫ 발자크: 작가
⑬ 마르셀 프루스트: 〈잃어버린 시간을 찾아서〉라는 소설을 쓴 작가
⑭ 기욤 아폴리네르: 〈미라보 다리〉라는 시로 유명한 시인
⑮ 알랑 카르덱: 사이비 종교 창시자로 현재도 순례자들의 발길이 잦다.
⑯ 시몬 시뇨레와 이브몽땅: 프랑스의 유명한 영화배우 커플
⑰ 사라 베르나르: 프랑스의 유명한 비극 배우
⑱ 빅토르 누아르: 저널리스트로 실물 크기로 제작된 그의 동상의 어느 부위를 만지면 출산의 능력을 준다는 속설이 있다.
⑲ 아마데오 모딜리아니: 이탈리아의 화가
⑳ 에디트 피아프: 프랑스 대중 가수
㉑ 오스카 와일드: 아일랜드의 작가였던 오스카 와일드의 무덤은 늘 인기가 많다. 영국에서 쫓겨난 후 파리에서 살다 이곳에 묻혔다.

★ Book Story

유명한 발자크의 소설 〈고리오 영감〉 마지막 대사에 나오는 묘지가 바로 이곳이다. 라스티냐크는 두 딸로부터 버림을 받은 채 가련하게 숨을 거둔 고리오 영감을 이곳에 묻은 다음 파리를 향해 소리친다. "파리야, 이제 우리 둘이서 겨뤄 보자!"

백조의 섬 Allés des Cygnes [일 데 씨이뉴]

파리 시민들에게 휴식처가 되어 주는 인공 섬

MAPECODE 11091

파리의 15구와 16구 사이의 센 강 위에 있는 인공 섬인 백조의 섬은 원래 제방과 부두의 역할을 하도록 만들어진 것이다. 그러나 1878년 이후로 가로수를 세우고 벤치를 놓아서 산책로로 조성되었다.

백조의 섬의 끝, 그르넬 다리(Pont de Grenelle) 한쪽 편에 우뚝 솟아 있는 자유의 여신상(la Statue de la Liberté)은 1886년에 프랑스가 미국에게 선물한 자유의 여신상에 대한 보답으로 미국이 프랑스 대혁명 100주년 기념일을 맞아 프랑스에게 선물한 것이다. 하지만 미국이 선물한 자유의 여신상은 프랑스가 선물한 자유의 여신상의 4분의 1 정도로 작다. 또 처음에는 에펠탑을 바라보는 형태로 세워졌었지만 1967년 다리 보수 공사 때 미국의 자유의 여신상을 바라보는 지금의 형태로 세워졌다. 자유의 여신상의 모델은 프랑스 최고의 성녀인 잔 다르크라고 알려져 있다.

Métro 6호선 비르 아켐(Bir-Hakeim) 역에서 도보 2분 / 10호선 샤를 미셸(Charles Michel) 역에서 도보 5~7분 RER C선 케네디 라디오 프랑스(Kennedy Radio France) 역에서 도보 5분

와인 박물관 Musée du Vin [뮤제 뒤 뱅]

프랑스 와인을 더 자세히 알고 싶다면

MAPECODE 11092

에펠탑 근처에 위치한 와인 박물관은 와인의 역사를 배우고, 와인을 시음할 수 있는 곳이기 때문에 와인을 좋아하는 사람들에게 인기가 높다. 지금의 와인 박물관은 미니모 수도원의 와인 저장소에 만들어진 것인데, 원래 미니모 수도원은 루이 13세가 와인을 마시기 위해 자주 찾았을 정도로 훌륭한 와인이 생산되던 곳이다. 박물관 내부에는 포도 재배부터 와인이 탄생되기까지의 과정을 밀랍 인형과 모형으로 재현해 놓아 와인을 잘 모르는 사람들의 이해를 돕고 있으며, 한쪽에는 레스토랑으로 꾸며져 있어 프랑스 전통 요리와 함께 와인을 마시며 식사를 즐길 수 있다. 와인 판매도 하고 있어 선물용 와인을 구입하려는 이들에게도 인기가 좋다.

주소 Rue des Eaux, 75016 오픈 **박물관** 화~토요일 10시~18시 **레스토랑** 화~토요일 12시~15시(예약 필수) 요금 전시 + 와인 테이스팅 13,90유로 / 와인 시음 한 잔 5유로, 소믈리에 설명 + 와인 시음 25유로 / 레스토랑 메뉴(박물관 입장료 포함) 29.50유로~ 홈페이지 www.museeduvinparis.com

블로뉴 숲 Bois de Boulogne [부아 드 블로뉴]

파리의 서쪽에 넓게 펼쳐져 있는 숲

MAPECODE 11093

파리 서쪽의 블로뉴 숲은 846ha 크기의 숲이다. 숲 안에는 프랑스 국립 민족 민속 박물관, 어린이 유원지, 세익스피어 정원, 한국 정원 외에 유명한 롱샹 경마장(Hippodrome de Longchamp)이나 롤랑가로(Roland-Garros, 프랑스 오픈이 열리는 테니스장)도 있다. 그리고 호숫가와 피크닉, 보트를 즐길 수 있는 장소도 있어서 휴식을 취하기에 좋은 곳이다. 매년 6월 21일에는 장미 정원에서 장미 축제가 열린다.

블로뉴 숲은 19세기 중반 나폴레옹 3세가 오스망 남작에게 런던의 하이드 파크에 버금가는 넓은 공원을 만들게 하여 생긴 결과물이다.

Métro 10호선 포르트 도테이유(Porte d'Auteuil) / 1호선 포르트 마요(Porte Maillot) RER C선 뇌이 포르트 마요(Neuilly Porte Maillot), 아브뉘 포슈(Avenue Foch)

뱅센느 숲 Bois de Vincennes [부아 드 방센느]

파리 동쪽 외곽으로 넓게 펼쳐져 있는 숲

MAPECODE 11094

뱅센느 숲은 파리 동쪽에 있는 995ha에 이르는 아주 큰 규모의 숲이다. 그 크기는 런던 하이드 파크의 4배, 뉴욕 센트럴 파크의 3배에 달하는 크기이다. 이 숲은 원래는 왕가의 사냥터였는데, 프랑스 혁명 후에는 군의 훈련장이 되었고, 그 후 1860년에는 나폴레옹 3세에 의해 시민들을 위한 공원으로 조성되었다. 뱅센느 숲 안에는 4개의 호수와 놀이공원이 있으며 14.5ha에 이르는 프랑스 최대 규모의 동물원, 경마장, 자전거 경기장 등과 13세기의 뱅센느 성이 있다. 날씨가 좋은 날이면 호수에서 배도 빌려 탈 수 있다.

Métro 8호선 포르트 도레(Porte Dorée), 포르트 드 샤랑통(Porte de Charenton) / 1호선 샤토 드 뱅센느(Château de Vincennes) RER A선 뱅센느(Vincennes)

파운데이션 루이비통 Fondation Louis Vuitton [파운데이션 루이비통]

루이비통 재단에서 세운 현대 미술관

MAPECODE 11095

2014년 10월 오픈한 새로운 미술관 파운데이션 루이비통은 건축가 프랭크 게리가 바다를 항해하는 배의 모습을 본떠 건축한 건물이다. 세워진지 얼마 되지 않았지만 이미 파리의 대표적인 랜드마크로 자리를 잡아 가고 있다. 루이비통 재단에서 운영해 이름이 '파운데이션 루이비통'이라 붙여졌고, 현대 미술 작품들을 관람할 수 있다.

파운데이션 루이비통은 루이비통 재단의 기업 미술관이지만 50년 후에는 파리 시에 소유를 넘기는 조건으로 건축되었다. 파리 시민들에게 사랑받고 있는 블로뉴 숲 가운데 지어진 것이기 때문에 임대하는 조건으로 건축이 가능했고, 미술관 건립 부지와 건축 허가 등으로 까다로웠던 조건들 역시 해결할 수 있었다.

루이비통 재단이 소장한 작품들을 전시하고 있으며 세계적인 작가들을 꾸준하게 초대해 기획전도 개최할 예정인 이 미술관은 근처 공원까지 더해져 앞으로 파리를 대표하는 명소가 될 것이다.

또한 파운데이션 루이비통은 샹젤리제 거리에서 셔틀버스을 이용해 편리하게 갈 수 있기 때문에 샹젤리제 거리와 함께 여행을 계획하면 좋다.

주소 8 Avenue du Mahatma Gandhi, 75116 전화 +33-1-40-69-96-00 오픈 수~월 10시~20시(금 ~23시) / 화요일 휴무 요금 16유로 위치 샹젤리제 거리(Avenue de Friedland 코너 부근)에서 셔틀버스로 약 10~15분(요금 편도 1유로) Métro 1호선 레 사블롱(Les Sablons) 역에서 도보 약 10~15분 버스 244번 (주말과 휴일은 버스 운행 안 함) 홈페이지 www.fondationlouisvuitton.fr

Paris Restaurant

파리의 레스토랑

미식가의 나라인 프랑스의 요리는 세계 3대 요리 중 하나로 손꼽힌다. 그 프랑스 요리의 중심이라 할 수 있는 파리에서 맛있는 레스토랑을 찾는 것은 그렇게 어려운 일은 아니다. 그래도 특별한 맛집들을 찾고 싶다면, 마레 지구나 생제르맹데프레 부근, 오데옹 부근 등에 있는 식당을 찾으면 좋다. 고급 레스토랑은 에펠탑이나 샹젤리제 부근 등 대표적인 관광지 주변으로도 꽤 많은 편이다.
미슐랭 가이드에서 추천하는 맛집이나 전통을 중시하는 나라인 만큼 역사와 전통이 있는 레스토랑을 찾는 것도 만족스러운 식사를 할 수 있는 좋은 방법이다.

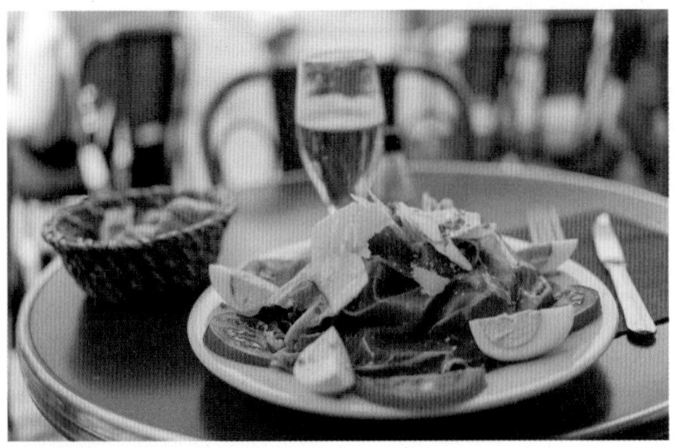

레스토랑의 종류

레스토랑 Restaurant

일반적인 레스토랑은 우리나라와 다르게 주로 점심(11시~15시)과 저녁(19시~22시)에 맞추어 문을 여는 곳이 대부분이나 특정 관광 지역은 시간에 관계 없이 늘 문을 열기도 한다.
레스토랑의 종류는 정말 다양하며 소문난 고급 레스토랑이 아닌 이상 가벼운 옷차림으로 출입이 가능하다. 단, 레스토랑에 들어갈 때는 외부 음식물의 반입이 금지된 경우가 대부분이니 휴대하고 있던 물이나 음료 등은 가방에 넣어 두자.

비스트로 Bistro

서민적인 파리지앵의 분위기를 느낄 수 있는 곳이다. 파리지앵들은 흔히 비스트로 대신 트로케(Troquet)라고도 부르는데, 대부분 조그맣고 가정적인 분위기로 대학생 등의 젊은이들이 열띤 토론과 함께 주말 저녁을 보내는 곳이기도 하다. 주로 포도주와 간단한 간식거리를 즐기는 곳이지만, 전통 프랑스 향토 요리를 내어 놓는 곳도 있다.

브라스리 Brasserie

비스트로보다 조금 더 대중적인 곳이며 주로 맥주를 판매하는 곳으로 한국의 선술집같이 편한 곳이다. 비교적 가격이 저렴한 편으로 음식은 일명 까스끄후뜨라 부르는 파리식 샌드위치나 간단한 오믈렛과 감자튀김 혹은 소시지 등을 맛볼 수 있다.

살롱 드 떼 Salon de Thé

점심시간에 샐러드나 일품 요리를 즐길 수 있으며 다른 시간에는 주로 차와 함께 케이크와 타르트를 즐길 수 있다. 영업시간이 비교적 짧은 곳이 많고 일반적으로 카페보다 격조 있는 편이다. 점심시간에는 우아하게 한껏 멋을 부린 중년 부인들이 모여 앉아 수다를 떠는 모습을 종종 볼 수 있다.

카페 Café

거리에서 쉽게 찾아볼 수 있는 카페는 차와 음료는 물론, 아침에는 크루아상과 차를 즐기고, 점심 식사나 가벼운 요리도 언제든지 즐길 수 있는 곳이다.
파리뿐 아니라 프랑스 전역은 노천 카페가 곳곳에 많으므로 여행 중 잠시 한숨을 돌리며 가볍게 커피나 차를 즐겨 보는 것도 여행의 묘미가 될 것이다.

고급 레스토랑

프랑스 미식가들의 입맛을 사로 잡고 있는 미슐랭 가이드에서 추천하는 고급 레스토랑을 찾아보는 것도 여행의 재미다. 미슐랭 가이드에서 추천하는 레스토랑 중에서도 여행자들이 조금 더 부담 없이 가 볼 수 있는 레스토랑을 소개한다.

레 종브르 Les Ombres

MAPECODE 11101

케 브랑리 미술관 내에 있는 고급 레스토랑으로 에펠탑 부근에 있다. 전망 좋은 5층에 자리 잡고 있어 파리의 최고의 뷰를 보며 식사를 할 수 있다.
점심과 저녁 식사를 위한 코스 요리를 비롯해 다양한 프랑스 요리들을 맛볼 수 있는 곳이다. 특히 미슐랭 가이드에서 추천하고 있는 레스토랑이기 때문에 근사한 식사를 즐기고 싶은 여행자들에게 추천한다. 홈페이지를 통해 예약이 가능하니 미리 예약하는 것을 권한다.

주소 27 Quai Branly, 75007 전화 +33-1-4753-6800 오픈 매일 12시~14시 15분, 19시~22시 30분 홈페이지 www.lesombres-restaurant.com

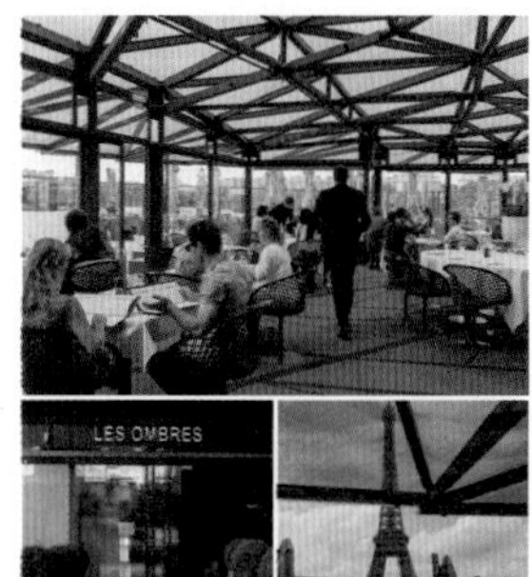

아틀리에 드 조엘 로뷔숑

MAPECODE 11102

L'Atelier Etoile de Joël Robuchon

조엘 로뷔송은 프랑스의 대표적인 스타 셰프로 일본, 홍콩, 마카오, 싱가포르 등 많은 나라에서 프렌치 레스토랑을 운영하고 있는 인기 셰프이다. 특히 오픈하는 레스토랑마다 미슐랭 가이드의 별을 획득하고 있어 더욱 인기가 높다. 파리에는 생제르망 데프레와 샹젤리제 두 곳에 있다. 두 곳의 메뉴 구성이 조금씩 달라 모두 가 보는 것도 좋지만, 여행자들이 비교적 편하게 접근할 수 있는 곳은 샹젤리제점이다.

주소 133 Av. des Champs-Élysées, 75008 전화 +33-1-4723-7575 오픈 월~일 11시 30분~15시 30분, 18시 30분~24시 홈페이지 www.joel-robuchon.com/fr

브누아 Benoit

미슐랭 원스타 레스토랑인 브누아는 마레 지구, 퐁피두 센터 부근에 위치하고 있어 시내 중심에서 맛도 좋고 분위기도 좋은 레스토랑을 찾는 여행자들에게 인기가 좋다. 런치는 약 40유로 선이고 디너는 약 70~80유로 선으로 일반 비스트로보단 가격이 조금 비싼 편이긴 하지만 고급 레스토랑에 비해서는 저렴한 편이다.

주소 20 Rue Saint Martin, 75004 전화 +33-1-5800-2205 오픈 매일 12시~14시, 19시 30분~22시 홈페이지 www.benoit-paris.com

전통 레스토랑

프랑스 가정식 전통 요리를 판매하는 곳으로 고급 레스토랑부터 중저가 레스토랑, 오랜 전통을 유지하고 있는 레스토랑 등이 파리 곳곳에 있다. 그중에서도 오랜 역사가 있거나 유명인들이 단골로 삼았던 곳을 소개한다.

르 프로코프 Le Procope

MAPECODE 11104

파리에서 가장 오래된 카페로 나폴레옹도 이곳을 자주 드나들었다고 한다. 역사적인 곳인 만큼 프랑스의 전통 요리를 그대로 맛볼 수 있다. 분위기 또한 클래식하다. 방의 이름도 이곳을 찾았던 사람들의 이름을 따서 플랭클린 방(Salon Franklin), 라파예트 방(Salon Lafayette), 쇼팽 방(Salon Chopin), 디드로 방(Salon Diderot), 볼테르 방(Salon Voltaire), 마라 방(Salon Marat)으로 나누어져 있다.

주소 13 Rue de l'Ancienne Comédie 전화 +33-1-4046-7900 오픈 (월~수, 일) 12시~24시, (목~토) 12시~1시 홈페이지 www.procope.com

폴리도르 Polidor

MAPECODE 11105

영화 〈미드나잇 인 파리〉 속 배경으로 등장해 우리에게 익숙한 폴리도르는 오랜 전통이 있는 파리의 레스토랑으로 꾸준히 사랑받는 곳이다.

1845년부터 운영되고 있는 곳답게 빅토르 위고, 헤밍웨이 등 우리가 잘 아는 많은 유명인들이 단골로 삼았던 곳이기도 하다. 전통있는 레스토랑에서 프랑스 가정식 전통 요리를 비교적 저렴한 가격에 맛보고 싶은 여행자들에게 추천한다.

주소 41 Rue Monsieur Le Prince, 75006 전화 +33-1-4326-9534 오픈 매일 12시~14시 30분, 19시~24시 30분(일요일 23시까지) 홈페이지 www.polidor.com

라 프티 셰즈 A La Petite Chaise

MAPECODE 11106

파리에서 제일 오래된 레스토랑인 라 프티 셰즈는 프랑스 전통 요리를 맛볼 수 있는 레스토랑이다. 파리에서 가장 오래된 곳인 만큼 역사와 전통이 깃든 곳을 찾고자 하는 분들이라면 이곳을 방문해 보면 좋겠다. 그렇다고 전통만 있는 것은 아니다. 비교적 저렴한 가격과 깔끔한 인테리어, 친절한 종업원 그리고 믿을 수 있는 맛까지 더해져 인기가 높다. 꽤 부유층 지역에 위치하고 있고, 그 때문인지 격식이 있는 손님들이 많은 것도 특징이다. 특히 양파 스프와 양고기, 송아지 고기, 디저트가 유명하다. 인기가 많은 곳인 만큼 저녁 시간이라면 예약은 필수다.

주소 36 Rue de Grenelle, 75007 전화 +33-1-4222-1335 오픈 매일 12시~14시, 19시~23시 홈페이지 www.alapetitechaise.fr

비스트로 & 브라스리 & 일반 레스토랑

파리의 대부분의 레스토랑은 비스트로나 브라스리 등 일반적인 레스토랑이다. 그중에서도 랜드마크처럼 여행자들이 자주 찾는 곳이거나 쉽게 방문할 수 있는 몇 곳의 레스토랑을 추천한다.

르 콩슐라 Le Consulat

MAPECODE 11107

파리에서 활동했던 유명한 화가들의 아지트였던 곳이다. 르 콩슐라는 몽마르트르 언덕에 위치하고 있는 레스토랑이다. 아직도 19세기 때 모습을 그대로 간직하고 있어 마치 이 레스토랑의 단골이었던 고흐나 피카소와 같은 유명한 화가들을 만날 수 있을 것 같은 착각을 불러 일으키기 때문에 예술을 사랑하는 여행자들이 주로 찾는다. 메뉴는 프랑스 가정식 전통 요리들을 판매하고 있다.

주소 18 Rue Norvins,75018 전화 +33-1-4606-5063

보코 Boco

MAPECODE 11108

파리의 유명한 셰프들이 테이크아웃 요리로 만든 음식들을 맛볼 수 있는 캐주얼한 분위기의 음식점이다. 편의점과 같이 음식을 먼저 고른 후, 계산대에서 계산을 하면 된다. 음식을 가져가는 경우 음식이 담긴 그릇이 포함되어 있기 때문에 꽤 많은 사람들이 테이크아웃을 선호하기도 한다. 파리에 여러 체인점이 있지만 오페라 가르니에와 루브르 박물관 부근에 있는 레스토랑이 관광객들이 이용하기 좋은 위치에 있다.

주소 3 Rue Danielle Casanova, 75001 전화 +33-1-4261-0007 오픈 월~금 8시 30분~22시, 토 11시~18시 홈페이지 www.boco.fr/en/restaurants/opera

레옹 드 브뤼셀 Leon de Bruxlles

MAPECODE 11109

벨기에식 홍합 요리 전문점으로 홍합 스튜나 오븐에 구운 홍합 요리 등을 저렴하고 맛있게 즐길 수 있기 때문에 많은 여행자들이 찾는다. 홍합 요리를 좋아하고 따뜻한 홍합 스튜를 좋아한다면 추천한다. 단, 홍합은 계절 요리 재료이기 때문에 여름보다 겨울이 훨씬 맛이 좋다. 가장 편하게 찾을 수 있는 곳이 샹젤리제에 위치한 곳이고 오페라 가르니에 근처도 비교적 쉽게 방문할 수 있다. 이외에도 파리 곳곳에 매장이 있으니 참고하자.

주소 63 Av. des Champs-Élysées, 75008 전화 +33-1-4225-9616 오픈 매일 11시 45분~24시 홈페이지 www.leon-de-bruxelles.fr

랑트흐코트 드 파리 L'entrecote de Paris

MAPECODE 11110

프랑스식 갈비살 스테이크인 랑트흐코트 부위를 중심으로 한 스테이크 전문 레스토랑으로 메뉴는 전식으로 샐러드가 나오고 본식으로 스테이크와 감자튀김이 나온다. 샹젤리제 거리 중심에서 비교적 저렴하면서 맛있는 곳을 찾는다면 추천할 수 있는 곳이다. 단, 가격에 비해 양이 넉넉한 편은 아니다.

주소 29 Rue de Marignan, 75008 전화번호 +33-1-4225-2860 오픈 매일 11시 30분~24시 30분 홈페이지 www.entrecote.paris

콩 KONG

MAPECODE 11111

파리에서 가장 핫한 레스토랑 중 하나로, 퐁네프 다리 부근에 있어 찾아가기 쉽다. 파리의 유명 디자이너인 필립 스틱의 디자인으로 만들어진 돔 형태의 루프탑 레스토랑이라 분위기가 좋다. 영화 〈섹스 앤 더 시티〉 속 촬영지라 더욱 인기가 많다. 꼭대기 층은 레스토랑, 그 아래 층은 라운지 바이다.

주소 1 Rue du Pont Neuf, 75001 전화 +33-1-4039-0900 오픈 매일 12시~2시 홈페이지 www.kong.fr

살롱 드 떼

일반적인 카페보다 조금 격조 있는 곳인 살롱 드 떼는 아침이나 점심 혹은 브런치 등을 즐기거나 커피나 디저트를 맛볼 수 있는 곳이다.

라뒤레 Ladurée Royale

MAPECODE 11112

파리의 마카롱을 이야기할 때 라뒤레를 빼놓고 이야기할 수 없다. 라뒤레는 1862년 처음 문을 연 이래 아직까지 그 명성을 이어 나가고 있는데 처음에는 빵집으로 시작했지만 나폴레옹 3세 때 제과점으로 바뀐 후, 지금은 살롱 드 떼 형태로 운영있다. 마카롱도 유명하지만 아침 식사나 브런치도 유명한 곳이다. 본점인 루아얄점뿐 아니라 샹젤리제점도 인기가 많다.

주소 16-18 Rue Royale, 75008 전화 +33-1-4260-2179 오픈 월~토 8시~20시 / 일요일, 공휴일 10시~19시 홈페이지 www.laduree.com

마리아쥬 프레르 Mariage Freres

MAPECODE 11113

파리의 홍차를 대표하는 마리아쥬 프레르의 본점인 마레 지구점에는 살롱 드 떼를 함께 운영하고 있어서 홍차와 가벼운 디저트, 애프터눈 티 등을 즐길 수 있다. 파리에서 우아하게 홍차를 즐기는 여유를 느껴 보고 싶다면 마레 지구를 지날 때 잠시 들러 보자. 본점은 매장과 함께 티룸과 작은 티 박물관을 운영하고 있다.

주소 30 Rue du Bourg Tibourg, 75004 전화 +33-1-4272-2811 오픈 매일 10시 30분~19시 30분 홈페이지 www.mariagefreres.com

앙젤리나 Angelina

MAPECODE 11114

1903년부터 운영되고 있는 고급 살롱 드 떼 앙젤리나는 디저트를 사랑하는 파리지앵과 여행자들에게 인기가 높은 곳이다. 앙젤리나는 파리 곳곳에 있긴 하지만 그래도 유서 깊은 튈르리 공원 옆의 살롱 드 떼가 가장 인기가 높다. 특히 몽블랑이나 에클레어, 쇼콜라쇼가 유명하다. 몽블랑을 처음 맛보는 사람들은 엄청나게 달 수 있으니 여럿이 하나 정도 주문하고 커피와 함께 곁들여 먹는 것을 추천한다.

주소 226 Rue de Rivoli, 75001 전화 +33-1-4260-8200 오픈 월~금 7시 30분~21시 / 주말, 공휴일 8시 30분~21시 홈페이지 www.angelina-paris.fr

빵집

파리의 거리를 걷다 보면 많은 빵집들을 만날 수 있다. 특히 파리지앵들은 빵집에서 파는 샌드위치 등으로 점심을 대체하기도 한다. 가벼운 식사를 원한다면 거리를 걷다가 만나는 빵집에서 샌드위치를 구입해 보자. 거리를 걸으며 파리지앵처럼 식사를 하는 것도 파리를 여행하는 즐거움이 될 수 있다. 많은 빵집이 있지만 그중 특별한 두 곳의 빵집을 소개한다.

위레 Huré

MAPECODE 11115

파리에서 맛있는 바게트를 찾는다면 위레를 빼놓을 수 없다. 전통적인 빵집들에 비해 비교적 모던한 분위기를 풍기는 빵집인데, 바게트 경연 대회에서 당당히 수상을 한 경력을 자랑하고 있는 곳이다. 파리의 여러 곳에 매장을 가지고 있어 오고 가며 쉽게 만날 수 있기도 하다. 충분히 만족스러운 맛을 전해 주는 위레의 바게트는 꼭 한번 맛보자.

주소 150 Avenue Victor Hugo, 75016 전화 +33-1-4704-6655 오픈 화~토 6시~20시 / 일, 월요일 휴무 홈페이지 www.hure-createur.fr

스토레 Stohrer

MAPECODE 11116

파리에서 가장 오래된 빵집인 스토레는 특별한 베이커리를 찾는 여행자들에게 추천하는 곳이다. 우선 파리에서 가장 오랜 역사를 가지고 있는 곳이기도 하고, 영국 엘리자베스 여왕도 파리를 방문할 때마다 꼭 찾는다고 해서 더 유명해졌다. '스토레'는 사람 이름으로 루이 15세와 결혼했던 폴란드 왕의 딸 마리아 레슈친스카가 베르사유 궁전으로 오면서 제빵사 니콜라스 스토레를 데려왔고 그에 의해서 이 빵집이 생겨났다. 이 빵집에서 가장 유명한 빵은 니콜라스 스토레가 만든 바바 오 럼이다. 전통 방식 그대로 만들어지고 있는 바바 오 럼은 빵 안에 부드러운 럼이 들어 있어 맛있다. 만들기가 어려운 만큼 맛있기도 어렵다고 하는데 파리의 스토레 빵집에서는 맛있는 바바 오 럼을 만날 수 있다.

주소 51 Rue Montorgueil, 75002 전화 +33-1-4233-3820 오픈 매일 7시 30분~20시 30분 Métro 3호선 에티엔 마르셀(Etienne Marcel) 역에서 도보 약 5분 홈페이지 www.stohrer.fr

디저트 전문점

달콤한 디저트를 빼놓고는 프랑스 음식을 이야기하기 어려울 정도로 파리에는 다양하고 맛있는 디저트가 있다. 다양한 디저트 만큼이나 많은 디저트 전문점들이 있는데 대부분 살롱 드 떼를 겸하고 있어 향긋한 차와 달콤한 디저트를 즐기며 잠시 쉬어 갈 수 있다.

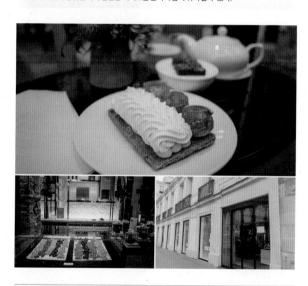

자크 제낭 Jaques Genin

MAPECODE 11117

자크 제낭 매장은 파리 여행 중에 곳곳에서 만날 수 있다. 매장의 수석 쇼콜라티에였던 사람이 바로 자크 제낭으로 프랑스 쇼콜라티에 중에서도 최고로 손꼽히는 인물이다. 그가 자신의 이름을 걸고 초콜릿 매장을 낸 곳이기 때문에 이곳의 맛은 보장되어 있다고 해도 과언이 아니다. 초콜릿이나 밀푀유 등이 맛있다.

주소 133, Rue de Turenne, 75003 전화 +33-1-4577-2901 오픈 화~일 11시~19시(일요일 ~20시) 홈페이지 jacquesgenin.fr

포숑 Fauchon

MAPECODE 11118

파리의 대표적인 디저트 식료품점 중의 한 곳으로 1886년 처음 오픈해 전통을 이어 오고 있는 곳이다. 포숑 매장은 전 세계적으로 다양한 곳에 있기도 하지만 본고장인 파리의 마들렌 본점을 꼭 한번 방문해 보라고 권하고 싶다. 초콜릿은 물론, 마카롱이나 에클레어 등의 디저트를 비롯해 샴페인이나 와인, 잼 등을 판매하고 있다. 또한 카페와 칵테일 바도 함께 운영하고 있어서 가볍게 디저트에 차를 마시거나 식사를 할 수도 있다.

주소 30 Place de la Madeleine, 75008 전화 +33-1-7039-3800 오픈 월~토 10시~20시 30분 홈페이지 www.fauchon.com

장폴 에방 Jean Paul Hevin

MAPECODE 11119

전 세계적으로 유명한 쇼콜라티에인 장폴 에방이 자신의 이름을 걸고 오픈한 초콜릿 가게다. 방돔 광장 부근에 있어서 여행자들이 쉽게 오고 갈 수 있어 더욱 인기가 높아졌다. 1층은 일반적인 초콜릿 상점으로 꾸며져 있고, 2층은 살롱 드 떼가 함께 운영되고 있기 때문에 가벼운 점심 식사를 비롯해 차와 커피 그리고 초콜릿을 맛볼 수 있다.

주소 231 Rue Saint-Honore, 75001 전화 +33-5535-3596 오픈 **매장** 월~토 10시~19시 30분, **살롱 드 떼** 월~토 12시~18시 30분 / 일요일, 공휴일 휴무 홈페이지 www.jeanpaulhevin.com

피에르 에르메 Pierre Hermé

MAPECODE 11120

프랑스를 대표하는 마카롱 브랜드로 잘 알려진 라뒤레와 양대 산맥을 이루며 전 세계적으로 명성을 떨치고 있는 디저트 전문점이다. 파리 곳곳에 매장이 있고 특히 관광지와 멀지 않은 곳에도 매장이 많아 파리 여행을 하며 쉽게 찾을 수 있다는 것도 큰 장점이다. 단, 살롱 드 떼를 갖추고 있는 경우가 거의 없기 때문에 테이크아웃으로만 구매해야 한다는 점이 아쉽다. 가장 쉽게 찾을 수 있는 매장은 샹젤리제 거리에 있는 곳이다.

주소 133 Avenue des Champs Elysées, 75008 전화 +33-1-4354-4777 오픈 매일 10시~22시 30분 홈페이지 www.pierreherme.com

에클레어 드 제니 L'éclair de Génie

MAPECODE 11121

파리에는 요즘 단일 메뉴만 판매하는 디저트 가게들이 많이 늘어나고 있다. 그중에서도 에클레어를 전문으로 하는 에클레어 드 제니는 오픈한 지는 얼마 되지 않았지만 벌써부터 핫 플레이스로 떠오르고 있다. 마레 지구에 위치하고 있고 테이크아웃 매장이긴 하지만 인기 많은 메뉴는 일찍부터 판매가 완료될 만큼 많은 사람들이 찾고 있다.

주소 14 Rue Pavée, 75004 전화 +33-1-4277-8511 오픈 월~금 11시~19시 / 토, 일 10시~19시 30분 홈페이지 leclairdegenie.com

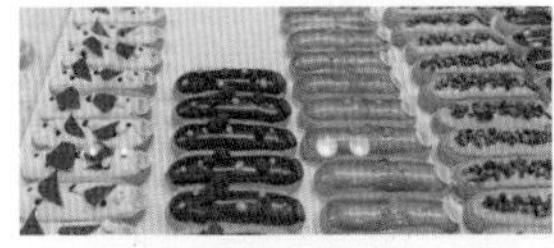

근교 여행

- 베르사유
- 오베르 쉬르 우아즈
- 지베르니
- 퐁텐블로
- 바르비종
- 보르비콩트
- 라데팡스
- 몽생미셸
- 루아르 고성
- 스트라스부르

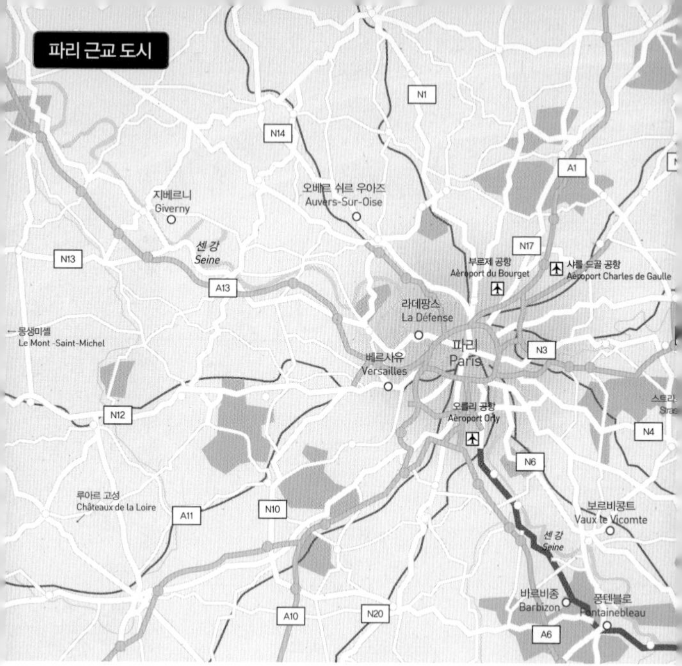

파리 근교 도시

지베르니
Giverny
오베르 쉬르 우아즈
Auvers-Sur-Oise
센 강
Seine
부르제 공항
Aèroport du Bourget
샤를 드골 공항
Aèroport Charles de Gaulle
라데팡스
La Défense
← 몽생미셸
Le Mont -Saint-Michel
파리
Paris
베르사유
Versailles
오를리 공항
Aèroport Orly
루아르 고성
Châteaux de la Loire
보르비콩트
Vaux le Vicomte
센 강
Seine
바르비종
Barbizon
퐁텐블로
Fontainebleau
N1 N14 A1 N13 N17 A13 N3 N12 N4 N6 A11 N10 A10 N20 A6

베르사유 Versailles

파리에서 약 20km 떨어져 있는 베르사유는 작은 시골 마을이었지만, 베르사유 궁전이 세워지고 난 후 프랑스의 정치적 수도이자 왕궁이 자리했던 곳으로 관광객들에게 가장 많은 사랑을 받고 있다.

오베르 쉬르 우아즈 Auvers-Sur-Oise

파리에서 북쪽으로 약 30km 떨어진 마을로 고흐가 47세의 짧은 생을 마감할 때까지 약 70일 동안 살았던 작은 마을이다.

지베르니 Giverny

파리에서 북서쪽으로 약 75km 떨어진 곳에 있는 지베르니는 르누아르, 세잔 등과 함께 1800년대의 새로운 예술 운동인 인상주의를 탄생시킨 클로드 모네가 거주하며 작업한 마을이다.

퐁텐블로 Fontainebleau

파리에서 남동쪽으로 약 60km 떨어진 곳에 있는 퐁텐블로는 풍부한 삼림과 거대한 숲이 있어서 중세부터 왕과 귀족들에게 사냥터로 사랑받아 왔다.

바르비종 Barbizon

퐁텐블로 숲에서 북서쪽으로 약 10km 떨어진 곳에 있는 작은 마을 바르비종은 밀레와 루소, 코로 등 많은 화가들이 사랑했던 시골 마을이다.

보르비콩트 Vaux le Vicomte

파리에서 동남쪽으로 약 50km 떨어져 있는 보르비콩트 성은 루이 14세가 보르비콩트 성을 질투해서 베르사유 궁전을 짓게 된 것으로 유명하다.

라데팡스 La Défense

파리의 주거 공간 부족과 여러 가지 이유로 미테랑 대통령 때 만들어진 파리의 서쪽에 있는 신 도심으로 라데팡스는 현대식 건물들이 가득 들어서 있다.

몽생미셸 Le Mont -Saint-Michel

섬 전체가 수도원으로 이루어져 유네스코 세계문화유산에 등록된 몽생미셸 섬은 어느 날 해일이 이 숲을 삼켜 산이 섬으로 바뀌었다고 한다.

리옹 역

기차

파리에는 총 7개의 기차역이 있고, 열차의 행선지와 종류 등에 따라서 분류가 된다.

북역 Gare du Nord

북역은 프랑스 북부에서 출발하는 기차가 출발, 도착하는 역이다. 대표적으로 영국과 연결된 유로스타, 벨기에, 폴란드, 덴마크 쪽으로 가는 국제 열차가 이곳에서 출발, 도착한다. 파리 근교로 가는 오베르 쉬르 우아즈행 열차도 이곳에 있다.

동역 Gare de l'Est

주로 동쪽으로 가는 열차가 이곳에서 출발, 도착한다. 프랑스 동부인 알자스 방면 열차와 독일 남부, 스위스, 오스트리아 방면으로 가는 열차가 있다.

리옹 역 Gare de Lyon

리옹 역은 프랑스 동남쪽 도시 리옹, 마르세유, 리비에라 지방 방면의 열차가 출발, 도착한다.

오스테를리츠 역 Gard d'Austerlitz

프랑스 남서부, 스페인과 포르투갈로 가는 열차가 이곳에 있다.

몽파르나스 역 Gard Montparnasse

프랑스 남서부로 향하는 열차가 주로 이곳에 있다. 대표적으로 샤르트르, 몽생미셸행 열차를 이곳에서 이용한다.

베르시 역 Bercy

이탈리아로 가는 야간 열차가 이곳에서 출발, 도착한다.

생라자르 역 Gare St-Lazare

노르망디나 브르타뉴 지방으로 향하는 열차가 있다. 도빌, 트루빌, 옹플뢰르 등으로 가는 열차가 이곳에서 출발, 도착한다.

파리의 기차역에서 기차 타기

자신이 가지고 있는 티켓에서 열차 종류와 열차 번호, 출발 시간을 확인하고, 각 기차역에 있는 전광판에서 출발하는 기차의 플랫폼 정보를 확인하자. 보통 기차 출발 시간 15분 정도 전부터 플랫폼을 확인할 수 있다.

플랫폼 앞에서 종착역의 정보를 확인하고 탑승한다. 간혹 한 기차에 두 종착역이 있어 중간에 갈라지는 기차도 있으니 반드시 확인하고 타야 한다.

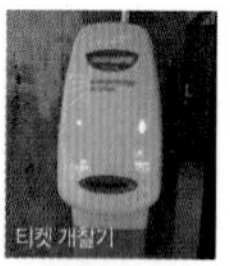

티켓 개찰기

탑승 전에 티켓 개찰을 잊지 말자. 기차역 플랫폼 근처의 노란색 개찰기에 표를 넣으면 된다.

★기차 티켓 구입하기

기차 티켓을 구입하러 일일이 기차역까지 가지 말고 가까운 La Boutique SNCF(TGV 여행 안내소)를 찾자.

노트르담 대성당

Versailles

절대 왕권의 상징

파리에서 약 20km 떨어져 있는 베르사유는 원래는 작은 시골 마을이었지만, 베르사유 궁전이 세워지고 난 후 1682년부터 1789년까지 프랑스의 정치적 수도이자 왕궁이 자리했던 곳으로 현재 파리 근교에서 관광객들에게 가장 많은 사랑을 받고 있는 곳이다.

베르사유 궁전과 정원은 루이 14세부터 루이 16세까지의 절대 왕권의 상징으로서, 둘러보는 것만으로도 하루가 모자랄 정도로 어마어마한 규모를 자랑한다. 힘들더라도 베르사유 궁전과 별궁인 그랑 트리아농, 프티 트리아농, 왕비의 촌락까지 전부 둘러보는 것이 좋다.

① RER C5 (VICK) 베르사유 리브 고슈(Versailles-Rive Gauche)행을 타고 종점 하차(생미셸 역에서 약 30분). 궁전까지 약 600m, 도보 약 5분 소요. RER 역에서 나와서 건널목을 건너 오른편으로 걷다가 왼편으로 기념품점과 오른편으로 베르사유 시청을 지나면서 좌회전하면 멀리 궁전이 보인다.

② 몽파르나스(Gard Montparnasse) 역에서 국철로 랑부이에(Rambouillet), 샤르트르(Chartres)행을 타고 베르사유 샹티에(Versailles Chantiers) 역에서 하차(10~30분). 궁전까지 약 1km, 도보 약 15분 소요.

③ 생라자르(Gare St-Lazare) 역에서 국철로 베르사유 리브 드루와트(Versailles- Rive Droite)행을 타고 종점에서 하차(약 30분). 궁전까지 1.2km, 도보 약 15분 소요.

④ 파리 Métro 9호선의 종점 퐁 드 세브르(Pont de Sévrès) 역에서 출발하는 171번 버스 베르사유 플라스 드 알마(Versailles Place d'Almes)행을 타고 궁전 앞에서 하차. 약 20~40분 소요(2유로 또는 버스 티켓 1장).

요금 **기차** 편도 3.65유로 / 왕복 7.30유로

베르사유 궁전 Château de Versailles [샤또 드 베르사유]

유사 이래 가장 화려한 궁전

MAPECODE 11201

태양왕 루이 14세(Louis XIV)는 신하인 재무장관 푸케(Nicolas Foucquet)의 보르 비 콩트(Vaux-le-Vicomte) 성을 둘러보고 온 후 성의 어마어마한 화려함에 자존심을 다치게 되었고, 그래서 유사 이래 가장 화려한 궁전을 지으라고 명령을 하게 된다. 푸케의 성에 관련된 건축가 르 보(Le Vau), 망사르(Jules Hardouin-Mansart), 실내 장식가 르 블랑(Charles Le Brun), 조경가 르 노트르(André Le Nôtre)를 비롯한 예술가들이 참여해 50년 동안 막대한 비용을 들여 궁전을 지었는데, 원래 습지였던 이 땅의 자연 조건을 완전히 바꾸어서 숲을 만들고, 분수를 만들기 위해 몇 개의 강줄기를 바꾸고, 거대한 펌프를 만들어 센 강의 물을 길어다가 부었다고 한다. 또한 궁전의 상판에서 천장의 못 하나까지 모두 장식을 할 정도로 화려하게 궁전을 지었다.

1682년 파리에서 베르사유로 궁전을 옮긴 후 매일같이 수백 명의 귀족들이 모여 화려한 연회를 열었다. 이것은 루이 14세에게 언제 반기를 들지 모르는 귀족들을 정치적으로나 경제적으로 나약하게 만들려는 전략이었다. 하지만 결국 이러한 일들이 1789년 프랑스 혁명을 가져오게 된다.

오픈 **궁전** (비수기) 9:00~17:30, (성수기) 9:00~18:30(월요일 휴관) **정원** (비수기) 8:00~18:00, (성수기) 7:00~20:30 **그랑 트리아농** 12:00~18:30(11월~3월은 17시 30분까지) **왕비의 촌락** (비수기) 12:00~17:30, (성수기) 12:00~19:00

요금 **궁전** (일반) 18유로, (할인) 13유로, (18세 미만) 무료 **1일권** (일반) 20유로, (분수쇼 하는 날) 27유로 **2일권** (일반) 25유로, (분수쇼 하는 날) 30유로 - 왕복 기차비+궁전+그랑 트리아농+프띠 트리아농+왕비의 촌락+분수쇼+오디오 가이드 모두 포함 **왕비의 촌락+트리아농** (일반) 12유로, (할인) 8유로 **정원** (일반) 8.50유로, (할인) 7.50유로 - 분수쇼가 있을 때는 (일반) 9.50유로, (할인) 8유로 홈페이지 www.chateauversailles.fr

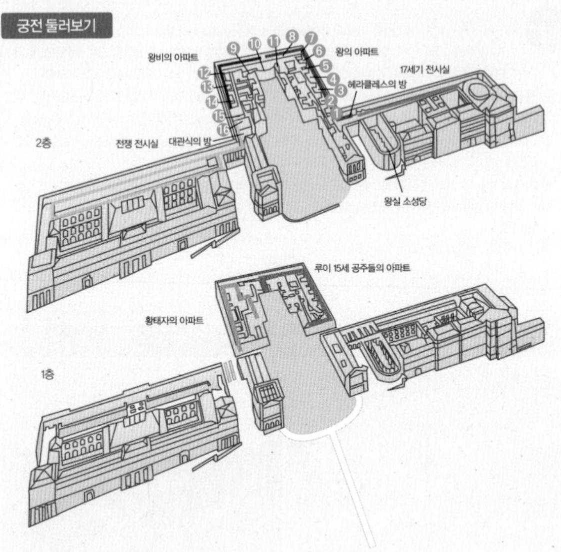

왕실 소성당 Chapelle royale

망사르가 설계한 성당으로 높은 천장에는 삼위일체 이야기 외에 예수의 부활과 재림을 알리는 등 성서를 모티브로 한 벽화들이 그려져 있다. 그리고 루이 15, 16, 18세와 샤를 10세의 결혼식이 있었던 곳으로, 1770년에는 이곳에서 루이 16세와 마리 앙투아네트의 결혼식이 거행되었다.

헤라클레스의 방 Salon d'Hercule

북쪽 날개에서 중앙까지 연결해 주는 곳에 있는 이 방은 궁전의 방 중에서 가장 크다. 벽난로 위에는 베로네즈(Véronèse)의 성경을 주제로 한 대형 회화가 있고, 천장에는 르 모안(François Le Moyne)이 1733년~1736년에 그린 헤라클레스를 예찬한 천장화가 장식되어 있다.

왕의 아파트 Le Grand Appartement du Roi

❶ 풍요의 방 de l'Abondance

천장은 풍요로움과 넉넉함을 표현하는 천장화로 장식되어 있는데 르브룅(Lebrun)의 제자인 르네 앙투안 오아스(René-Antoine Houasse)의 작품이다. 그리고 루이 14세의 아들과 손자의 초상화가 있다. 이 방은 연회와 뷔페 파티를 위해 사용되었다.

❷ 비너스의 방 Salon de Vénus

천장에는 미의 세 여신에 둘러싸인 비너스의 모습이 있으며, 정면에는 로마식 복장을 한 루이 14세가 있다.

③ 디아나의 방 Salon de Diane

천장에 사냥과 달의 여신 디아나가 장식되어 있다. 루이 14세의 흉상이 있는 이 방은 주로 당구와 게임을 즐기던 방이다.

④ 마르스의 방 Salon de Mars

루이 14세의 경비가 행해졌던 이 방은 전쟁의 신 마르스에 관한 장식이 되어 있다.

⑤ 머큐리의 방 Salon de Mercure

도로의 신인 머큐리의 방의 천장화는 새벽 별과 함께 수레에 오른 머큐리의 모습을 표현해 놓았다.

⑥ 아폴론의 방 Salon d'Apollon

아폴론은 그리스의 신이면서 태양의 신, 치유와 예언, 쾌락을 위한 음악과 시를 창조하는 신이다. 그래서 특히나 화려한데 루이 14세가 은제 왕좌에 앉아 접견을 했다 해서 '옥좌의 방'이라고도 불린다.

⑦ 전쟁의 방 Salon de la Guerre

거울의 갤러리의 북쪽에 있는 방으로 루이 14세의 용맹스러운 기마상 부조 등 승리를 거둔 프랑스를 상징하고 있는 방이다.

⑧ 거울의 방 La galerie des Glaces

베르사유 궁전에서 가장 유명한 곳이다. 총 길이 73m, 넓이 10.50m의 크기로 17개의 창문과 578개의 거울이 있는 방이다. 1678년~1684년에 망사르(Jules Hardouin-Mansart)에 의해 만들어졌는데 서쪽 회랑 전체를 차지한 이 홀에서는 정원이 한눈에 내려다보인다. 천장에는 르브룅(Lebrun)이 루이 14세의 생애를 그린 대벽화가 있다. 크리스털 샹들리에, 황금 촛대, 화병 등의 장식품도 당시의 최고 급품이다. 1870년~1871년 프랑스-프로이센 전쟁 후 승전한 프로이센이 거울의 방에서 독일 제국의 수립을 선언했으며, 1919년 6월 28일 이 방에서 베르사유 조약이 체결되어 공식적으로 제2차 세계대전을 종결지었다.

⑨ 둥근 천장 창이 있는 대기실 Salon de l'œil de Bœuf

이 방은 왕의 침실과 입구 사이에 있는 방으로 왕을 알현하려는 왕족들의 대기실로 쓰던 방이다.

⑩ 왕의 침실 Chambre de Roi

1701년 루이 14세는 자신의 방을 성의 동서쪽, 즉 거울의 방 뒤쪽에 있으면서 궁전의 정면에 해당하는 이 방으로 옮겼다. 루이 14세는 1715년 이 방에서 숨을 거두었다.

⑪ 국무회의실 Cabinet du Conseil

왕의 침실과 거울의 방을 연결해 주는 방이다.

왕비의 아파트 Le Grand Appartement de la Reine

⑫ 평화의 방 Salon de la Paix

전쟁의 방과 거울의 방의 반대편인 남쪽의 모퉁이에 있는 방으로, 르 모안(François Le Moyne)의 벽화는 유럽에 평화를 가져오는 루이 14세의 모습을 묘사하고 있다.

⑬ 왕비의 침실 Chambre de la Reine

침대 양옆으로는 베르사유를 통과하는 문이 있는데 왕비가 아이들에게 직접 갈 수 있도록 만들어 놓은 것이다. 마리 앙투아네트가 이곳에서 황태자를 출산했다. 마지막으로 사용했던 마리 앙투아네트의 침실을 재현해 놓았는데, 거울 위로 루이 16세, 마리 앙투아네트의 어머니인 마리 테레즈와 오빠인 요셉 2세의 초상화가 걸려 있다.

⑭ 귀족의 방 Salon des Nobles

왕비가 귀족 부인들과 모임을 갖던 방이다. 마리 테레즈를 위한 천장화로 장식되어 있다.

⑮ 대기실 Antichambre de la Reine

왕과 왕비가 가족들과 함께 대중 앞에서 식사를 하던 곳으로 루이 16세와 마리 앙투아네트, 자녀들의 초상화가 걸려 있다. 1764년에는 모차르트가 이곳에서 왕에게 소개되기도 했다.

⑯ 경호원들의 방 Salle des Gardes de la Reine

1789년 10월 6일 프랑스 혁명 당시 경호원들과 혁명군 사이에 격투가 벌어진 장소이다.

대관식의 방 Salle de couronnement

이 방은 다비드의 작품들로 장식되어 있는데, 그중에는 유명한 나폴레옹 황제의 대관식 그림도 걸려 있다. 다비드는 같은 주제로 같은 그림을 두 개 그렸는데, 각각 루브르와 이 방에 있다. 두 그림은 같아 보이지만 여자의 옷 색깔 등 몇 군데 다른 점이 있으니 비교해 보는 것도 좋다.

★ 베르사유 궁전을 돌아보려면

베르사유 궁전 내부와 왕비의 촌락 등을 둘러보려면 파리에서 출발할 때 RER 역에서 파는 Le Passport Chateau de Versailles(원 데이 패스)를 구입해서 가는 것이 좋다. 왕복 기차비부터 입장료, 오디오 가이드까지 포함되어서 훨씬 저렴한데다가 궁전에서 따로 티켓을 끊는 수고를 덜어 주기 때문이다. 베르사유 궁전은 워낙 유명한 관광지이기 때문에 줄이 엄청나게 길다. 오전 9시~10시 사이에 궁전에 들어가거나, 그렇지 않다면 먼저 정원과 트리아농, 왕비의 촌락 등을 관람한 후 성수기에는 16시 30분~17시 30분 사이, 비수기에는 15시 30분~16시 30분 사이에 궁전을 둘러보는 것이 좋다.

베르사유 여행 안내소
주소 2bis av de Pairs **전화** 01-3924-8888 **오픈** (4월~10월) 9:00~19:00 / (11월~3월) 화~토 9:00~18:00, 일&월 9:00~17:00 / 1월 1일, 5월 1일, 12월 25일 휴관 **홈페이지** www.versailles-tourisme.com

대관식의 방

정원 Les Jardins [레 자르당]

프랑스식 정원의 최고 걸작

MAPECODE 11202

베르사유 궁전의 정원은 루이 14세의 명으로 파리의 수많은 정원을 설계한 조경가인 르 노트르(André Le Nôtre)가 1668년에 완성했다. 그 후에 망사르(Jules Hardouin-Mansart)가 약간 수정을 했고, 조각과 분수대와 꽃병들은 르 브랑(Charles Le Brun)에 의해 디자인되었다. 정원은 프랑스식 정원의 최고 걸작이라고 일컬어지는데 루이 14세가 특히나 심혈을 기울인 곳이라고 한다.

815ha의 넓은 부지에 라톤과 아폴론 등 2개의 샘, 그랑 카날과 프티 카날이라는 십자형 대운하가 있다. 숲으로 조성된 네 곳의 십자가로에는 각각 봄, 여름, 가을, 겨울의 연못이 있다.

분수를 이용한 '음악과 물의 쇼(Les Grandes Eaux Musicales)'가 4월~10월 매주 주말에 열리는데 분수는 300년 전과 똑같이 조종된다. 여러 곳의 큰 저수지에서 30km나 되는 배관을 통해 보내져 온 물의 압력을 이용하는 것이다.

7월~9월 여름에는 불꽃놀이와 조명이 어우러진 '밤 축제(Les Fête de Nuit)'도 열린다. 또한 대운하에서는 보트를 즐길 수 있고, 숲길을 따라 자전거를 즐길 수도 있다.

정원

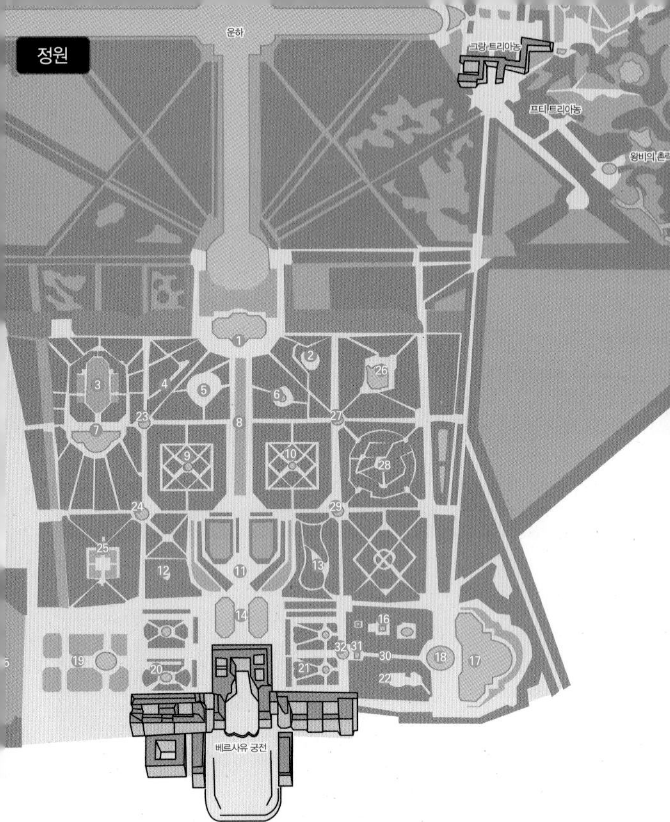

1 아폴론의 샘
3 왕의 정원
4 마로니에 길
5 **코로나드의 작은 숲**
7 **거울의 샘**
8 **녹색 융단**
10 황태자의 작은 숲
11 **라톤의 샘**
12 무도회장
13 아폴론 욕조의 작은 숲
14 **물의 정원**
17 **넵튠의 샘**
18 용의 샘
19 **오랑주리(오렌지 보관소)**
20 남쪽 정원
21 북쪽 정원
23 사튀론의 샘
24 바쿠스의 샘
25 왕비의 작은 숲
26 오벨리스크의 작은 숲
27 꽃의 샘
29 세레스의 샘
30 물의 길
32 피라미드

그랑 트리아농 Grand Trianon [그랑 뜨리아농]

1687년 망사르(Jules Hardouin-Mansart)의 설계로 만들어진 기둥식 회랑을 배치한 이탈리아 양식의 단층 건물인 그랑 트리아농은 루이 14세의 별궁이었다. 대리석의 트리아농이라고 불릴 정도로 장밋빛 대리석이 엄청나게 사용된 이 건물은 루이 14세가 좋아하는 곳으로서, 궁정의 공무에서 벗어나 가족과의 사적인 시간을 이곳에서 보냈다. 특히나 애첩인 망테팡(Madame de Montespan)과 지내기 위해서 지어진 것이다. 그랑 트리아농은 1979년에 유네스코 세계 유산에 등록되었다.

프티 트리아농 Petit Trianon [쁘띠 뜨리아농]

조경에 관심이 많았던 루이 15세가 1749년부터 식물원을 만들었는데 프티 트리아농은 1762년부터 1768년에 식물원의 중앙에 만든 저택으로 루이 15세의 애첩 퐁파두르 부인(Madame de Pompadour)을 위해서 자크 앙주 가브리엘(Jacques-Ange Gabriel)의 디자인으로 만들어졌다. 하지만 궁전이 완공될 당시에는 퐁파두르 부인은 이미 사망한 후였다. 그 후에는 루이 16세의 왕비 마리 앙투아네트(Marie-Antoinette)에게 주어지게 되고, 그녀는 정원을 영국식으로 만든 농촌 마을을 모방해 꾸며진 왕비의 촌락을 만들었다. 이곳은 혁명 동안은 술집이 되기도 했다. 궁전 내부는 2층의 8개의 방이 공개되는데, 루이 15세 시절의 장식이 거의 그대로 남아 있다.

왕비의 촌락 Hameau de la Reine [아모 드 라 렌느]

1783년 만들어진 왕비의 촌락은 마리 앙투아네트가 주위에 애인과의 만남을 겸한 '사랑의 신전'과 전원의 풍경이 느껴지도록 만든 것이다. 만들어질 당시에 왕족이나 귀족들 사이에는 자신의 마을을 소유하고, 취미 삼아 농사일을 하는 것이 하나의 유행이었다. 그래서 마리 앙투아네트도 그럴 목적으로 12채의 농가로 마을을 이루고, 직접 소젖을 짜기도 하고 낚시도 즐겼다고 한다. 현재는 '왕비의 집', '물레방아 집', '말보루 탑의 집' 등 10채가 남아 있는데 초가 지붕으로 된 예쁜 농가를 모아 놓은 동화 속 마을 같은 곳으로 왕가 사람들은 이곳에서 목가적인 분위기를 만끽하며 편안한 생활을 즐겼다.

오베르 쉬르 우아즈

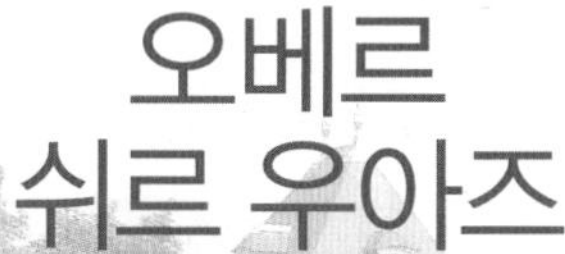

Auvers-Sur-Oise

고흐의 숨결이 남아 있는 작은 마을

파리에서 북쪽으로 약 30km 떨어진 오베르 쉬르 우아즈는 고흐가 1890년 7월 29일 47세의 짧은 생을 마감할 때까지 약 70일 동안 살았던 조그마한 마을이다. 고흐가 살았던 100년 전과는 다르게 마을의 모습은 조금씩 차츰 변해갔지만, 다행스럽게도 그가 그림을 그렸던 모습 거의 그대로 보존되어 있어 거리 곳곳에서 아직도 고흐의 숨결을 느낄 수 있는 사랑스러운 마을이다. 고흐를 사랑하는 사람이라면 반드시 방문해 보길 권한다.

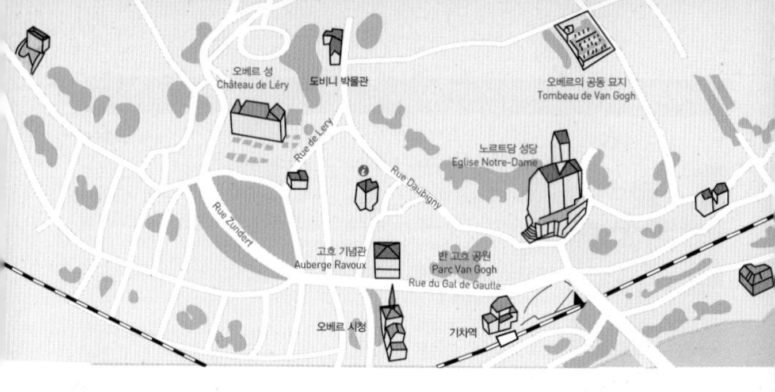

Access 파리 북역(Gare du Nord)에서 출발하여 퐁투아즈(Pontoise)행을 타고 생투앙 로몬(St-Ouen-l' Aumone) 역에서 내려서 갈아타거나 페르상 보몽(Persan Beamont) 역까지 가서 오베르 쉬르 우아즈(Auvers-Sur-Oise)행 열차로 갈아타면 된다. 매번 갈아타는 역이나 시간이 차이가 있을 수 있으니 출발할 때는 미리 사이트(www.ratp.fr)에서 열차 시간을 확인하고 가도록 한다.

요금 **기차** 왕복 12.30유로

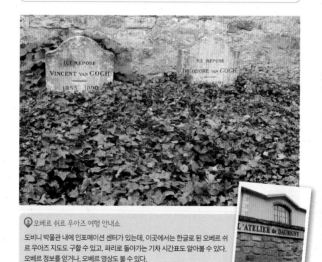

오베르 쉬르 우아즈 여행 안내소

도비니 박물관 내에 인포메이션 센터가 있는데, 이곳에서는 한글로 된 오베르 쉬르 우아즈 지도도 구할 수 있고, 파리로 돌아가는 기차 시간표도 알아볼 수 있다. 오베르 정보를 얻거나, 오베르 영상도 볼 수 있다.

홈페이지 www.auvers-sur-oise.com

반 고흐 공원 Parc Van Gogh [빠끄 방 고흐]

MAPECODE 11203

고흐의 동상과 만나다

아주 작은 공원 내부에는 러시아 출신의 프랑스 조각가인 자드킨(Ossip Zadkine)의 1961년 작품인 고흐의 동상이 세워져 있다. 나무껍질 같은 모습의 옷을 입고 있는 마르고 초라한 모습으로 묘사된 이 동상은 마치 인상파의 그림을 보는 것과 비슷한 느낌을 주는데, 사람들이 고흐를 만났다는 기념 촬영을 하는 장소로 가장 많이 이용되고 있는 곳이기도 하다.

고흐 기념관 Auberge Ravoux [오베르쥬 라부]

MAPECODE 11204

고흐가 생을 마감한 여관

빈센트 반 고흐가 70일 동안 머물던 여관으로 그의 생을 마감했던 곳이기도 하다. 고흐는 이 마을에서 약간 떨어진 곳에서 자살 시도를 하는데, 자살 시도 후 바로 죽지는 않고 이곳 고흐가 머물던 방에 돌아와서 2일 동안이나 괴로워하다가 마지막 숨을 거두었다.

현재는 고흐가 그 당시 살았을 때처럼 그의 방을 복원해서 고흐 기념관으로 이용하고 있는데, 이곳이 바로 빈센트 반 고흐가 살았던 곳 중 유일하게 손상되지 않고 남아 있는 집이라고 한다.

고흐의 방엔 오르세 미술관에 진열되어 있는 〈고흐의 방〉이라는 그림의 배경이 되었던 모습대로 침대와 의자가 있는데, 침대는 빈센트 반 고흐가 사용했던 침대이긴 하지만, 철골만 남아 있는 상태라 조금 아쉽다. 고흐의 생애를 다룬 10분짜리 영상을 상영하고, 고흐와 관련된 기념품도 구입할 수 있다.

주소 52 Rue du Général de Gaulle, 95430 Auvers-sur-Oise 오픈 10:00~18:00(월요일 휴관) 요금 6유로

★ 고흐의 방 아래층의 레스토랑

고흐의 방 아래층에는 고흐가 살았던 당시부터 있었던 레스토랑이 아직도 영업을 계속하고 있는데 19세기 화가들이 드나들던 모습 그대로이고, 고흐가 즐겨 먹던 음식도 맛볼 수 있다. 가격은 약 15~25유로 정도.

노트르담 성당 Eglise Notre-Dame [에글리즈 노트르담]

고흐의 〈오베르 성당〉의 배경이 된 곳

오베르의 노트르담 성당은 오르세 미술관에 전시된 고흐의 그림 중 〈오베르 성당〉이라는 작품의 배경이 된 곳이다. 정신병을 앓고 있던 고흐가 불안감 속에 그린 그림인데, 물론 이곳에도 고흐가 그림을 그렸던 장소에 표지판을 세워 두었다. 이 성당은 과부가 되어 오베르에 머물게된 루이 6세의 왕비인 아델라이드 드 모리엔느(Adélaïde de Maurienne)의 기도실이었던 곳으로, 11세기에 건축이 시작되었는데, 본당의 오른쪽 반원은 고딕 양식이고 제단은 로마네스크 양식이다. 특히나 프랑스 벡생(Vexin) 지방 양식인 이중 경사의 지붕을 가진 사각형 종루가 독특하다.

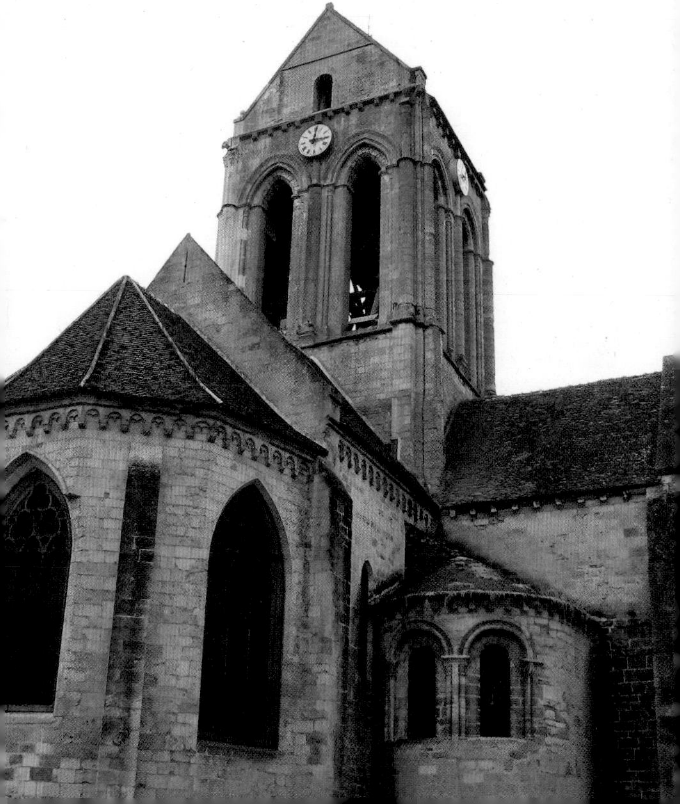

오베르의 공동 묘지 – 고흐의 무덤 Tombeau de Van Gogh [똥부 드 방고흐]

고흐 형제의 무덤

MAPECODE 11206

오베르 성당에서 나와 언덕으로 조금 올라가면 넓은 밀밭이 나오는데, 이 밀밭 길을 따라 조금만 걸어가면 빈센트 반 고흐와 동생인 테오 반 고흐가 묻혀 있는 무덤이 있는 공동묘지가 있다.
마을에서 약간 떨어진 오베르의 묘지에서는 화가 괴느뜨, 뮈레, 보그지오, 스피레그, 피어스, 더글라스, 존스, 레오니드 부르즈, 도비니의 친구와 제자들의 무덤도 만날 수 있는데, 아무래도 고흐의 숨결을 따라서 찾아온 오베르 쉬르 우아즈인 만큼, 가장 눈길을 끄는 곳은 바로 담쟁이 풀로 뒤덮인 빈센트 반 고흐, 테오 반 고흐의 무덤이다. 두 형제가 나란히 묻혀 있는데, 형 빈센트 반 고흐가 죽고 1년 후에 숨을 거둔 테오 반 고흐의 묘지도 왠지 쓸쓸해 보인다.

까마귀 나는 밀밭

고흐의 마지막 그림 〈까마귀 나는 밀밭〉의 배경

MAPECODE 11207

공동묘지에서 마을로 돌아가는 밀밭 길 중간쯤에는 고흐가 죽기 2일 전에 그린 마지막 그림 〈까마귀 나는 밀밭〉의 배경이 된 장소가 있다. 까마귀 나는 밀밭 그림은 마치 자살하기 직전 고흐의 심정을 그려 놓은 듯, 우울해 보이는 낮은 하늘과 먹구름, 그리고 까마귀들이 표현된 작품이다.
우울함 속에 이 작품을 그렸을 작가의 심정을 생각하면서 밀밭을 바라보면 조금 우울해 보이기도 한다. 하지만 날씨가 화창한 날이라면, 이곳 한쪽 풀밭에서 피크닉을 즐기는 사람들을 볼 수도 있고, 도심을 떠나 온 시골 같은 느낌에 편안한 느낌이 전해지는 곳이기도 하다.

Tip 빈센트 반 고흐

1853년~1890년. 네덜란드에서 태어나 화상, 선교사 등의 직업을 전전하던 고흐는 27세 때 화가가 되기로 결심하고 죽을 때까지 10년 밖에 안 되는 짧은 화가 인생 동안 800점이라는 엄청난 수의 작품을 남긴다. 처음에는 농민을 위주로 어두운 색조의 그림을 그렸지만, 1886년 동생 테오를 찾아 파리로 온 다음부터는 작품이 변했다. 고갱(Paul Gauguin), 세잔(Paul Cezanne)과 친교를 맺고 인상파의 그림을 그리면서 밝은 풍으로 바뀌게 되었다. 하지만 대도시 생활에 싫증을 느끼고, 점차 술에 의지하게 되면서 1888년에는 밝은 태양을 찾아 아를로 여행을 떠났다. 그 후 더 밝은 색조의 화풍으로 바뀌게 된다. 하지만 화가의 이상향을 만들고자 했던 고갱과의 동거가 2개월 만에 깨지고 그 후 고흐는 정신 질환을 앓게 되어 요양소에 머물게 된다. 정신 이상으로 자신의 귀를 잘랐던 고흐는 다시 오베르 쉬르 우아즈에 정착하였으나 1890년 7월 권총 자살로 짧은 생애를 마감했다.

오베르 성 Château de Léry

인상주의 화가들을 만날 수 있는 곳

MAPECODE 11208

마리 드 메디치(Marie de Médicis)를 수행한 이탈리아의 금융가 리오니(Lioni Zanobi)에 의해 17세기에 건축된 오베르 성은 다시 영주 레리(Jean de Léry)의 손을 거치고 18세기에는 콩티 대공의 소유가 되었다. 오늘날에는 발 드 우아즈 도의회가 소유하게 되었는데, 인상파 기념관으로 이용되고 있다. 내부에는 여러 시청각 자료를 활용하여 인상주의 화가들의 시대를 재현하였다. 19세기의 주점과 기차 좌석 등이 재현되어 있어서 인상파 화가들이 살던 시대를 더욱 가까이에서 느낄 수 있다. 그림 전시도 풍부하다.

특히나 미로처럼 되어 있는 미로 정원과 연못, 분수대, 낮은 잔디밭과 언덕 등 잘 가꾸어진 정원도 볼 만하다. 그리고 고흐가 자살을 시도했던 곳이라 추측되는 곳이 바로 이 성의 안쪽 이다.

주소 Rue de Léry, 95430 Auvers-sur-Oise 오픈 **성수기 4월 1일~9월 30일** (평일) 10:30~18:00, (주말) 10:30~18:30 / **비수기 10월 1일~3월 31일** (평일) 10:30~16:30, (주말)10:30~17:30 / **화요일 휴관** 요금 (일반) 15유로, (할인) 9유로 홈페이지 www.chateau-auvers.fr

지베르니

Giverny

클로드 모네가 거주하며 작업한 곳

파리에서 북서쪽으로 약 75km 떨어진 곳에 있는 지베르니는 르누아르, 세잔 등과 함께 1800년대의 새로운 예술 운동인 인상주의를 탄생시킨 클로드 모네(Claude Monet)가 거주하며 작업한 곳으로 유명해진 마을이다. 모네는 1883년 43세 때 작품의 모티브가 될 환경을 찾아 센 강변 주변을 전전하다가 결국 이곳을 찾았고, 작품 활동을 위해 가족들과 함께 지베르니에 정착하게 되었다. 그 후 이곳에서 창작 활동을 하고, 86세로 생을 마감할 때까지 이곳에 머물렀다. 모네가 살았던 당시 거의 그대로를 복원해 놓아 마치 모네가 살던 시대로 돌아가서 그림 속 풍경 속에 들어간 느낌을 받게 되는 곳이다.

생라자르(Gare St-Lazare) 역에서 국철로 루앙(Rouen)행 또는 르아브르(Le Havre)행을 타고 약 45분, 버논(Vernon) 역에서 하차. 버스로 약 15분 소요.

요금 **기차** 편도 14.70유로 **버스** 왕복 6.50유로 / 기차 티켓은 Grande Ligne 티켓 파는 곳에서 사야 하니 넉넉하게 시간을 두고 일찍 출발하거나 전날 미리 구입해 두자.

수련 정원과 모네의 집 Les Jardins et Maison de C. Monet [레 자르댕 에 메종 드 끌로드 모네]

모네가 살면서 직접 가꾼 정원

MAPECODE 11209

모네 가족이 살았던 집과 모네의 작업실 그리고 원예가이기도 했던 모네가 손수 조경한 '꽃의 정원'과 '물의 정원'이 있는 이곳은 모네의 작품에서 보았던 배경을 그대로 옮겨 놓은 듯하다. 약 8000m² 크기의 '꽃의 정원'에는 아네모네, 장미, 벚꽃, 동백꽃 등이 기하학적으로 심어져 있고 헤아리기 어려울 정도로 많은 종류의 꽃들이 계절마다 끊임없이 아름다운 모습으로 피고 있다.

'물의 정원'은 길에서 떨어진 약 5,750m² 부지에 펼쳐져 있는데 센 강변에서 물을 끌어오는 연못에는 다양한 종류의 수련들이 피어나, 여름에는 아름다운 수련꽃들이 물 위를 장식한다. 현재의 정원은 사진이나 그림을 바탕으로, 모네가 작품을 그렸던 모습대로 복원한 것이다.

가족이 살았던 집과 작업실의 실내 장식과 가구는 모네가 살았던 당시의 것을 그대로 재현했다. 파란색의 '부엌', 노란색의 '식당' 등 방마다 색조가 통일되어 있다는 점이 인상적이다. 2층의 맨 끝 왼쪽 방은 모네가 숨을 거둔 침실인데, 이곳에서 바라보는 꽃의 정원은 특히 아름답다.

현재 기념품 상점으로로 쓰이는 별채는 파리의 오랑주리 미술관에 있는 〈수련〉을 그리기 위해 특별히 지어진 모네 최후의 아뜰리에이다.

오픈 09:30~18:00 (4월 1일~11월 1일, 국경일을 제외한 월요일 휴무) 요금 (일반) 9.50유로, (할인) 5유로

모네의 묘지 Tombe de Monet [똥브 드 모네]

인상주의의 거장, 모네가 잠든 곳

MAPECODE 11210

1926년 12월 5일 숨을 거둔 모네는 이곳 마을 교회에 있는 공동 묘지에 가족들과 함께 묻혀 있다.

1840년 11월 14일 파리에서 태어난 모네는 소년 시절을 르아브르에서 보냈으며, 그곳에서 화가 부댕을 만나 초보적인 화법을 배웠다. 1862년에 글레르 밑에서 르누아르, 시슬레 등과 친분을 나누며 공부했고, 초기에는 쿠르베와 마네의 영향을 받아 인물화를 그리다 점차 풍경화를 그렸다. 1870년 프로이센-프랑스 전쟁 때 런던으로 피신하면서 터너, 컨스터블 등의 영국 풍경화파의 작품들을 접하게 된다. 1872년 다시 파리로 귀국하고 파리 근교의 아르장퇴유에 살면서 센 강변의 밝은 풍경을 그려, 인상파 양식을 개척하였다. 1874년 파리에서 '화가 · 조각가 · 판화가 · 무명 예술가 협회전'을 개최하고 여기에 12점의 작품을 출품하였는데, 출품된 작품 〈인상 · 일출〉이란 작품명에서 인상파란 이름이 모네를 중심으로 한 화가 집단에 붙여졌다. 1883년에는 지베르니로 옮겨 작품을 그렸고, 만년에는 저택 내 넓은 연못에 떠 있는 연꽃을 그리는 데 몰두하였다.

퐁텐블로

Fontainebleau

왕과 귀족들의 사냥터

파리에서 남동쪽으로 60km 떨어진 곳에 있는 퐁텐블로는 풍부한 삼림과 물이 있는 거대한 숲이 있어서 중세부터 왕과 귀족들에게 사냥터로 사랑받아온 곳이다. 이곳에 16세기 프랑수아 1세가 르네상스 양식의 궁전을 지었고, 이후 앙리 2세, 앙리 4세, 루이 14세, 루이 16세 등을 거치면서 궁전의 모습이 조금씩 바뀌었다. 혁명 후에도 나폴레옹 1세가 황제로서 최후의 나날을 보낸 곳이기도 하고, 19세기 나폴레옹 3세가 최후의 왕으로서 이곳에 살았다. 그래서 '퐁텐블로 궁전을 보면 역대 왕조의 발자취를 더듬어 볼 수 있다.'라고도 말한다.

파리 리옹(Gare de Lyon) 역에서 국철을 타고 퐁텐블로 아봉(Fontainebleau-Avon) 역에서 하차(약 60분 소요). 기차역에서 궁전까지는 버스로 약 10분 소요.

요금 **기차** 편도 8.85유로 **버스** 편도 1.80유로

퐁텐블로 여행 안내소

주소 4 Rue Royale **오픈** 10월~5월 (월~토) 10:00~18:00, (일 · 공휴일) 10:00~12:45, 15:00~17:00 / 6월~9월 (월~토) 10:00~19:00, (일 · 공휴일) 10:00~17:00 / 1월 1일, 5월 1일, 12월 25일 휴무

퐁텐블로 성 Château de Fontainbleau [샤또 드 퐁뗀블로]

왕들이 수렵을 즐겼던 프랑스의 가장 큰 왕궁

MAPECODE 11211

프랑스의 가장 큰 왕궁인 퐁텐블로 성은 원래 파리의 왕족들이 수렵을 즐길 때 묵었던 작은 집이 있던 곳인데, 16~18세기 프랑수아 1세(François I)에서 루이 15세(Louis XV)까지 모든 왕이 계속해서 건물을 추가시켜 호화로운 궁전으로 바뀌었다.
그래서 성은 프랑수아 1세가 세운 르네상스 양식의 건물과 정원, 루이 13세에서 15세 시대의 부르봉 왕조가 세운 고전 양식의 건물들이 다양하게 섞여 있다. 그래서 이 궁전을 한 바퀴 돌면 12세기부터 18세기 말까지의 건축 양식을 한눈에 볼 수 있다.
궁전 입구에 있는 발굽 모양의 계단과 디아나의 정원(Jardin de Diana)에 있는 활을 든 여자와 개의 동상 등이 이곳이 왕가 귀족들의 수렵장이었음을 말해 준다.

오픈 9:30~17:00(6월~9월 18:00까지) / 1월 1일, 5월 1일, 12월 25일, 화요일 휴무 요금 (일반) 12유로, (할인) 10유로, 오디오 가이드 4유로, 정원 무료, 뮤지엄 패스 사용 가능 / 매월 첫째 주 일요일 무료

르네상스 방들 Les Salles Renaissance

이 방들은 프랑수아 1세가 이탈리아의 예술가들을 초빙해서 프랑스 르네상스의 발상지가 되었다. 그래서 이탈리아 예술가들의 작품들로 장식되어 있는 프랑수아 1세의 갤러리(Galarie de FranÇois 1er)가 있다. 또한 프랑수아 1세의 아들인 앙리 2세 때 완공된 무도회장(Salle de Bal)에서는 루이 13세 때까지 다양한 행사와 축제가 행해졌다.

대주거동 Les Grands Appartement

대주거동에는 거실, 침실, 사무실 등이 있는데, 장식된 나무와 그림들, 태피스트리, 가구들이 있다.

나폴레옹 1세의 아파트

L'appartement intérieur de Napoléon 1er

나폴레옹이 1814년 4월 6일 사직하기 전까지 사용하던 침실, 사무실, 욕실 등을 복원해 놓았다.

소주거동 Petits Apartements

프랑스어 가이드가 동반해야만 관람할 수 있는데, 나폴레옹이 사용한 방에는 N이라는 이니셜을 새겨 두었다. 그리고 나폴레옹의 황후들의 거주지도 있으며, 처음에는 조세핀(Joséphine)이 사용하고, 1810년 후로는 마리 루이즈(Marie-Louise)가 사용했다.

거실과 위제니 황후의 중국 박물관

Les Salons et le Musée Chinois de l'Impératrice Eugénie

연못과 영국식 정원으로 직접 이어지는 방이다.

퐁텐블로 성의 정원 Les Jardins [레 자르당]

퐁텐블로 성의 아름다운 정원 MAPECODE 11212

❷ 이별의 정원
Cour des Adieux 또는 Cour du Cheval blanc

퐁텐블로 성의 메인 입구. 대부분이 프랑수와 1세에서 앙리 4세 때 꾸며진 것인데, 성의 입구부터 말발굽 모양의 계단까지이다. 원래 이름은 하얀 말의 정원이지만 이별의 정원이라고 불리는 이유는 1814년 4월 20일 나폴레옹이 계단을 걸어 내려와서 엘브 섬으로 출발하는 것을 기억하기 때문이다.

❸ 분수의 정원 Cour de la Fontaine

성과 잉어 연못(Etang des Carpes)을 연결해 주는 곳에 위치하고 있는데, 각각 다른 시기에 만들어진 세 개의 부분을 가지고 있다. 위쪽 부분이 가장 오래된 곳이다. 이 정원에는 미켈란젤로의 헤라클레스 조각상도 있다.

❹ 영국 정원 Jardin Anglais

근처에 있는 잉어 연못(Etang des Carpes)은 왕들이 축제를 벌이던 곳으로, 보트놀이를 즐길 수 있고 연못가를 따라 이어진 영국 정원에는 나무들과 조각상들이 늘어서 있다.

❺ 대화단 Grand Parterre

성의 남쪽에 위치. 베르사유 궁전의 정원들도 설계한 르 노트르(Le Nôtre)가 17세기에 개조한 프랑스식 정원으로 성의 정원 중에 가장 크다.

❻ 디아나의 정원 Jardin de Diana

아담한 정원. 카드린 드 메디시스(Catherine de Médicis)에 의해 만들어졌는데 앙리 4세가 세운 달의 여신 디아나의 분수가 지금도 당시의 모습 그대로 남아 있다. 가운데의 디아나의 조각상(La statue de Diane, 조각의 실물은 루브르에 소장됨)은 바쎄레미 프리외(Barthélémy Prieur)의 작품이고, 사슴 머리와 개의 조각은 피에르 비아르(Pierre Biard)가 만든 것이다.

오픈 (5월~9월) 9:00~19:00 / (3, 4, 10월) 9:00~18:00 / (11월~12월) 9:00~17:00

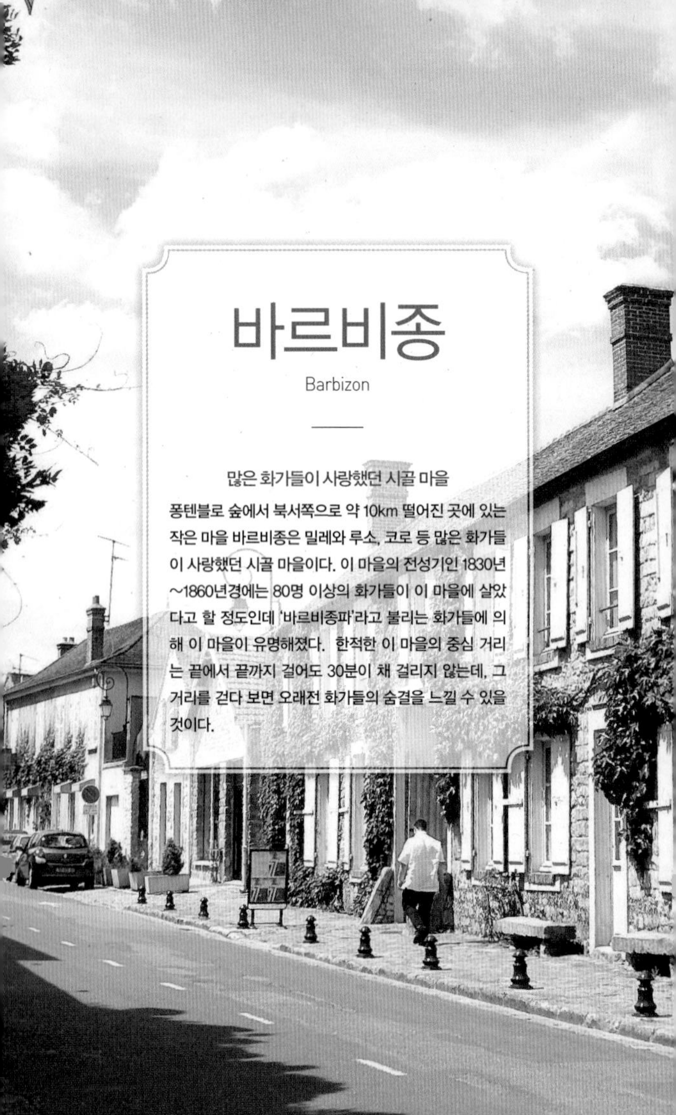

바르비종

Barbizon

많은 화가들이 사랑했던 시골 마을

퐁텐블로 숲에서 북서쪽으로 약 10km 떨어진 곳에 있는 작은 마을 바르비종은 밀레와 루소, 코로 등 많은 화가들이 사랑했던 시골 마을이다. 이 마을의 전성기인 1830년~1860년경에는 80명 이상의 화가들이 이 마을에 살았다고 할 정도인데 '바르비종파'라고 불리는 화가들에 의해 이 마을이 유명해졌다. 한적한 이 마을의 중심 거리는 끝에서 끝까지 걸어도 30분이 채 걸리지 않는데, 그 거리를 걷다 보면 오래전 화가들의 숨결을 느낄 수 있을 것이다.

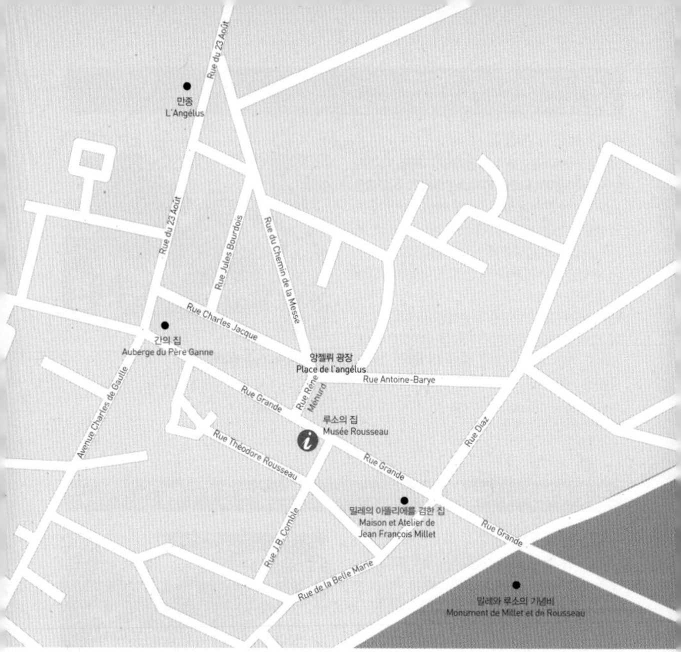

❶ 파리에서 기차로 출발할 때 리옹(Gare de Lyon) 역에서 국철로 몽로(Montreau), 상스(Sens), 라로슈미겐(Laroche-Migennes)행을 타고 믈룅(Melun) 역에서 하차(약 40분 소요), 바르비종까지 택시로 약 15분 소요.

❷ 퐁텐블로에서 버스로 출발할 때 21번 버스로 약 15분 소요, 버스는 수요일, 토요일에만 운행한다(버스 편도 1.80유로).

❸ 퐁텐블로에서 기차로 출발할 때 퐁텐블로 기차역에서 출발해서 퐁텐블로 성을 지나 바르비종 중앙 광장에 도착하고, 돌아오는 것은 바르비종 중앙 광장에서 출발하여 퐁텐블루 성, 기차역에 하차하게 된다.

여행 안내소 - 루소의 집

바르비종행 21번 버스의 정류장 중 하나인 앙젤뤼 광장(Place de l'angélus)에 하차하여 삼거리의 버스가 다니는 길이 아닌 작은 길로 들어서게 되면 바르비종의 중심 거리인 그랑드 거리(Rue Grande)를 만날 수 있다. 그곳에서 왼편으로 조금만 가면 여행 안내소가 있다. 여행 안내소로 쓰이는 이곳은 루소가 살았던 집이라고 한다.

밀레의 아뜰리에를 겸한 집
Maison et Atelier de Jean François Millet [메종 에 아뜰리에 드 장 프랑수아 밀레]

MAPECODE 11213

밀레가 살았던 소박한 집

이곳은 바르비종으로 이사온 밀레가 죽을 때까지 25년 동안을 지낸 집으로, 밀레는 아뜰리에를 겸한 2층 구조의 굉장히 작은 집에서 많은 아이들과 함께 생활을 했고 이곳에서 작업도 했다. 그는 오전에는 농사일을 하고 오후에는 그림을 그렸다고 하는데, 유명한 〈이삭줍기〉와 〈만종〉도 이곳에서 그렸다고 한다.

현재 이곳은 밀레의 작품과 유품을 공개하고 있으며, 그림의 모델이 된 마을 사람들의 사진도 있다. 그리고 바르비종에서 활동 중인 화가들의 그림을 판매하는 갤러리도 있다.

주소 27 Rue Grande 오픈 (월~목) 9:30~12:30, 14:00~17:30 요금 4유로

★ 밀레의 집을 둘러보려면

항상 문이 열려 있는 것이 아니라 벨을 누르면 안내원이 나와서 문을 열어 준다.

밀레와 루소의 기념비 Monument de Millet et de Rousseau [모뉘망 드 밀레 에 드 루소]

밀레와 루소를 추억하다

MAPECODE 11214

여행 안내소에서 밀레의 집을 지나 퐁텐블로 숲 입구에서 산으로 조금만 들어가면 밀레와 루소의 얼굴이 부조로 새겨진 바위가 있다. 밀레가 오른쪽, 그 친구이자 바르비종파의 대표 화가인 루소가 왼쪽에 있다.

간의 집 Auberge du Père Ganne [오베르쥐 뒤 페르 간]

MAPECODE 11215

바르비종파 화가들의 모임 장소

다시 그랑드 거리를 따라 되돌아가 여행 안내소를 지나 3분 정도 더 걸어가면 간의 집을 만날 수 있는데, 이 집은 19세기 초, 파리에서 온 젊고 가난한 화가들을 맞아들인 숙소로 바르비종파 화가들의 모임 장소가 된 곳이다. 내부에는 간 부부의 침실 등 그 무렵의 생활 모습을 엿볼 수 있는 방과 함께 그들의 작품도 전시하고 있다.

주소 92 Rue Grande 오픈 (수~월) 10:00~12:30, 14:00~17:30(11월~3월은 17:00까지) / 화요일 휴무 요금 3유로

만종 L'Angélus [랑젤뤼]

〈만종〉의 배경이 된 보리밭

MAPECODE 11216

간의 집에서 조금 더 걸어가 사거리에서 우회전해서 2~3분 정도 걸으면 보리밭이 있는데, 바로 이곳이 〈만종〉의 배경이 된 곳이다. 〈만종〉은 1859년 해 질 녘을 알리는 교회의 종소리가 울리는 가운데 삼종 기도를 바치는 농민의 모습이 신비롭게 묘사된 작품이다.

Tip 장 프랑수와 밀레

1814년~1875년. 사실파 화가이자 후에 바르비종파의 중심 인물이 된 밀레는 노르망디 쪽의 농가에서 태어났고 1839년에 파리로 갔다. 처음에는 간판 그림 등으로 생계를 유지하면서 역사화와 초상화를 그렸지만 리얼리즘을 지향한 도미에의 작품을 접한 뒤부터 농민화를 그리기 시작한다.

콜레라의 유행 등으로 파리가 혼란에 빠지자, 1849년 밀레는 바르비종으로 피난했다. 여기서 풍경 화가 테오도르 루소 등과 친분을 가지고 함께 활동을 했다. 자연과 농민을 무척이나 사랑한 밀레는 생을 마칠 때까지 바르비종에서 그림을 그렸으며, 그때까지는 추하게만 여겨졌던 농민의 모습을 기품 있고 신비롭게 묘사했다. 그가 남긴 〈만종〉과 〈이삭줍기〉 등의 명작은 모두 농촌의 풍경과 농촌에서 사는 소박한 농민들을 소재로 했다.

홈페이지 www.barbizon-tourisme.com

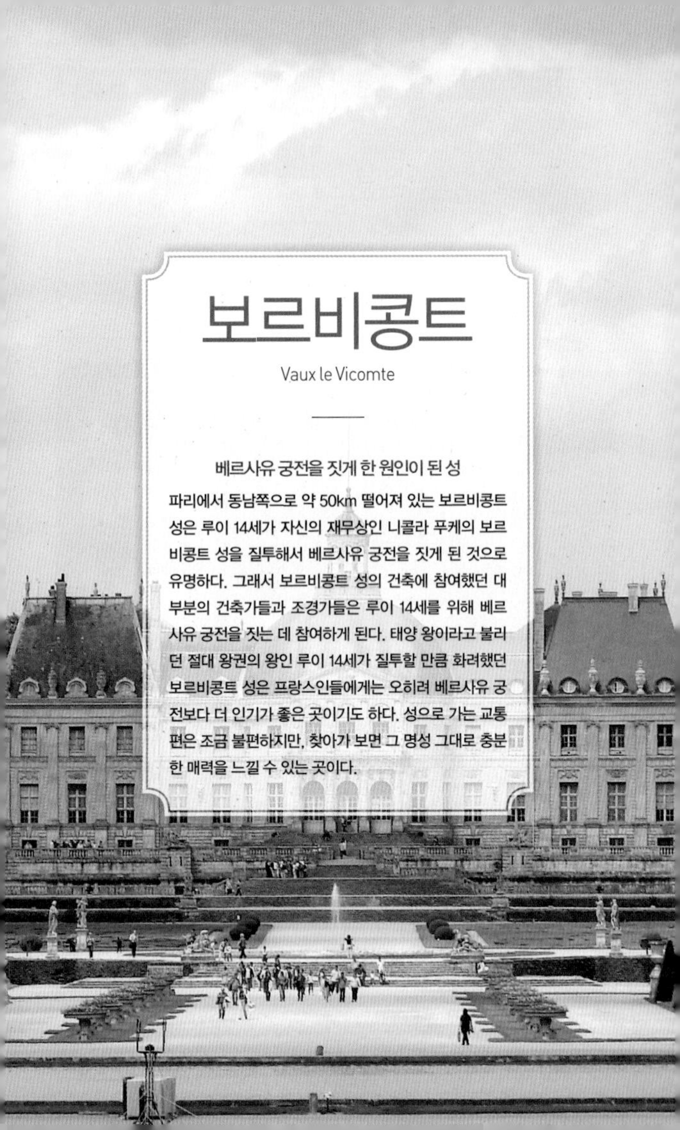

보르비콩트

Vaux le Vicomte

베르사유 궁전을 짓게 한 원인이 된 성

파리에서 동남쪽으로 약 50km 떨어져 있는 보르비콩트 성은 루이 14세가 자신의 재무상인 니콜라 푸케의 보르비콩트 성을 질투해서 베르사유 궁전을 짓게 된 것으로 유명하다. 그래서 보르비콩트 성의 건축에 참여했던 대부분의 건축가들과 조경가들은 루이 14세를 위해 베르사유 궁전을 짓는 데 참여하게 된다. 태양 왕이라고 불리던 절대 왕권의 왕인 루이 14세가 질투할 만큼 화려했던 보르비콩트 성은 프랑스인들에게는 오히려 베르사유 궁전보다 더 인기가 좋은 곳이기도 하다. 성으로 가는 교통편은 조금 불편하지만, 찾아가 보면 그 명성 그대로 충분한 매력을 느낄 수 있는 곳이다.

① 파리에서 기차로 출발할 때 리옹(Gare de Lyon) 역에서 출발하는 열차나 RER D선을 타고 믈룅(Melun) 역에서 하차한 후 셔틀버스나 택시로 약 10분 소요.
② 믈룅역에서 셔틀버스 **믈룅 역 바로 앞 버스 정류장을 지나서 보이는 오른편 카페 앞 정류장에서 탈 수 있다.** / 4월~10월 주말, 휴일만 운행함. / **갈 때** 10:00, 12:00, 14:00, 15:30(야간 개장 시 19:30, 20:30 추가) / **돌아올 때** 13:10, 15:05, 16:40, 18:10(야간 개장 시 20:05, 23:15 추가)
요금 **기차** 편도 8.20유로 **셔틀버스** 왕복 8유로(운전 기사에게 계산) **택시** 편도 약 15~19유로

보르비콩트 성 Château de Vaux le Vicomte [샤또 드 보르비콩트]

루이 14세도 질투한 아름다운 성

MAPECODE 11217

보르비콩트 성은 루이 14세 때의 막강한 왕정 재무 장관인 니콜라 푸케(Nicolas Fouquet)가 자신의 거처로 건설한 성이다. 푸케는 부친에게 물려받은 재산과 권력을 이용해 축적한 부를 바탕으로 건축가 르 보(Louis Le Vau)와 화가 르 브랑(Charles Le Brun)과 조경가 르 노트르(André Le Nôtre)에게 당대에 최고로 화려한 궁전을 지어 달라고 부탁한다. 그 결과, 푸케가 상상한 것보다 더 훌륭한 17세기 최고의 프랑스 성이 탄생되었다.
보르비콩트 성의 아름다움은 당시의 왕 루이 14세의 귀에까지 들어가게 되어 왕이 보르비콩트에 방문하게 되는데, 약 460만 평의 화려한 규모와 천 개의 분수가 있는 옥외 극장, 금실로 짠 태피스트리와 촛대, 훌륭한 벽화로 이루어진 성의 내부에 감탄하게 되고 왕의 방문을 기념하며 화려한 불꽃놀이와 아름다운 음악, 식사까지 연회가 굉장했다.
하지만 그 당시 프랑스의 왕이었던 루이 14세는 이 성의 주인 푸케에 대해 노여움과 질투의 감정을 느끼기 시작했다. 보르비콩트 성에 비해 자신의 왕실은 너무 초라해 보였기 때문이다.
마침 왕은 이전부터 푸케가 국가의 재정을 낭비한다고 들었던 것이 생각났다. 왕은 이것을 구실로 삼아 결국 푸케를 감옥에 넣고 종신형을 선고한다. 이렇게 해서 푸케는 세상에서 가장 아름다운 성과 정원을 완성하고서 이를 즐기지도 못한 채 감옥에서 1680년에 생을 마감하게 된다.
성의 내부에는 푸케의 갤러리와 루이 14세의 동상이 있는 로비, 푸케의 침실이 있는 푸케의 방과 푸케 부인의 방, 화장실과 루이 15세의 방, 루이 16세의 방, 건축가들의 갤러리와 화려한 장식이 돋보이는 뮤즈의 방과 놀이를 즐겼던 게임의 방, 헤라클레스의 방, 그랑살롱, 도서관, 루이 14세의 초상화가 있는 왕의 방과 왕의 서재 등이 있다. 나가는 길에는 지하로 내려가면 식당과 부엌을 재현해 놓은 방이 있으며, 르 노트르의 정원의 모습을 전시해 놓은 곳도 있다.

정원은 대운하를 중심으로, 성 쪽은 아기자기한 프랑스식 정원으로 꾸며져 있고 운하 바깥 쪽은 언덕으로 되어 있다. 특히 성을 등지고 왼편에 있는 왕관 모양의 분수대는 보르비콩트의 분수 중 하이라이트라고 할 수 있다. 조금 힘들더라도 운하를 지나서 반대쪽 언덕까지 올라가 보면 성과 정원이 한눈에 보인다. 운하를 건너는 방법은 운하를 돌아가는 방법밖에 없기 때문에 걸을 때는 이왕이면 운하의 왼편으로 걷는 것이 조금 더 빠르게 반대편으로 돌아갈 수 있다.

오픈 (3월 중순~11월 초순) 10:00~18:00 / 야간 (5월~10월 초) 20:00~24:00 / (12월 첫째 주 · 둘째 주 주말, 12월 18일~12월 31일) 11시~18시 / 12월 24일 17:00까지 / 12월 25일 휴무 요금 Visite Simple (일반) 16.50유로, (할인) 13.50유로, **야간** (일반) 19.50유로, (할인) 17.50유로 / Visite Complete (일반) 16유로, (할인) 13유로, **야간** (일반) 19유로, (할인) 17유로 / **분수쇼** 3월 말~10월 둘째 주, 마지막 주 토요일 15:00~18:00 / **불꽃놀이** 매월 첫째, 셋째 주 토요일 홈페이지 www.vaux-le-vicomte.com

라데팡스

La Défense

현대적인 모습의 색다른 파리를 느낄 수 있는 곳

파리의 주거 공간 부족과 여러 가지 이유로 미테랑 대통령 때 만들어진 파리의 서쪽에 있는 신 도심인 라데팡스는 현대식 건물들이 가득 들어서 있는 곳이다. 하지만, 고전적인 것을 더 좋아하는 파리 사람들의 입맛에는 맞지 않아서 파리지앵들의 이주는 거의 없었고, 집값의 하락으로 가난한 사람들이 주로 이주해서 살고 있다. 고전적인 매력이 느껴지는 파리에서 메트로로 불과 10분 정도 떨어진 라데팡스는 현대적인 모습의 파리의 색다름을 느껴볼 수 있다. 라데팡스에서 가장 눈길을 끄는 것은 프랑스 혁명 200주년을 기념해 만들어진 신 개선문인데, 최상층에 있는 전망대에서는 개선문, 콩코르드 광장, 루브르 박물관을 일직선으로 볼 수 있다.

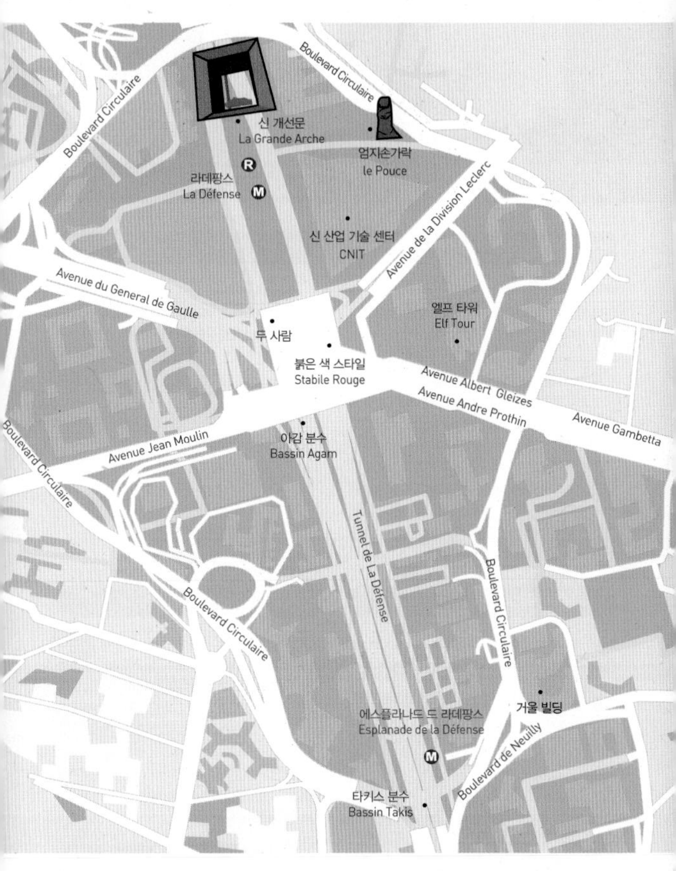

Access Métro 1호선 라데팡스(La Défense) 역에서 하차 RER A1, A3선 라데팡스(La Défense) 역에서 하차 주의할 점 라데팡스는 3존이기 때문에 RER로 가면 1~3존 티켓이 필요하지만 Métro로 가면 1~2존 티켓으로도 갈 수 있다.

신 개선문 La Grande Arche [라 그랑다르슈]

MAPECODE 11218

라데팡스의 상징

라데팡스의 상징이라고 말할 수 있는 신 개선문은 덴마크의 건축가 오또(Johan Otto Von Spreckelse)가 설계한 것으로 1986년에 건축을 시작해서 1989년 7월에 완공되었다.
개선문의 한 변의 길이가 36층 건물에 맞먹는 높이인 110m에 달하고 30만 톤 무게의 철근 콘트리트 건물인 신 개선문은 가운데 1ha에 달하는 사각형 구멍이 뚫려 있는데, 이 공간으로 파리의 노트르담 대성당이 그대로 들어갈 수 있다고 한다. 중앙의 공간에는 강철 와이어와 유리를 이용한 전망 엘리베이터가 설치되어 있어 정상까지 올라가 볼 수 있다. 정상에는 카페와 전망대가 있는데, 정상에 오르면 파리 시의 도시 계획의 기본 축인 그랑 닥스(Grand Axe)를 볼 수 있고, 샹젤리제의 개선문, 튈르리의 카루젤 개선문과 일직선으로 이어지는 모습을 정확히 볼 수 있다.
현재 신 개선문에는 정부 부처들과 공기업 및 국제기구 등이 들어가 있다.

주소 1 Place du parvis de La Défense 오픈 10:00~20:00 (9월~3월은 10:00~19:00) 요금 (일반) 10유로, (할인) 8,50유로, (화요일) 5유로 홈페이지 www.grandearche.com

MAPECODE 11219

엄지손가락 le Pouce

12m 크기의 청크아트의 조형물로 세자르(César Baldaccini)의 작품이다.

MAPECODE 11220

신 산업 기술 센터 CNIT

신 개선문을 등지고 왼쪽에 있는 조개 모양의 백색 건물이 신 산업 기술 센터CNIT(Centre des Nouvelles Industries et Technologies)이다. 1958년에 세워진 이 건물은 라데팡스에서 가장 오래된 건물이자 가장 유명한 건물이기도 한데, 제르퓌스(Bernard Zehrfuss), 카믈로(Robert Camelot), 마이(Jean de Mailly) 등의 건축가가 합동으로 설계한 작품으로, 내부의 전체 면적이 8만m^2에 달한다.

MAPECODE 11221

붉은색 스타일 Stabile Rouge

모빌 조각의 대가 칼더(Calder)의 마지막 작품인 높이 15m의 붉은색 현대 조각이다.

MAPECODE 11222

엘프 타워 Elf Tour

빛의 방향과 강도에 따라 변화를 보이는 외관 때문에 낮과 밤에 각각 다른 느낌을 준다. 다른 회사를 합병해 토탈 피나 엘프가 된 이 회사는 프랑스 최대의 석유 회사이다.

MAPECODE 11223

두 사람

까트르 떵(Quatre Temps) 상가 앞에 알록달록한 미로(Joan Miró)의 조형물이 세워져 있다.

MAPECODE 11224

아감 분수 Bassin Agam

라데팡스 지역 한가운데에 있는 음악 조명 분수로 수요일 12시에서 1시까지, 주말과 공휴일에는 오후 4시까지 음악에 맞추어 분수의 물이 춤을 춘다. 시원하게 음악 분수를 감상할 수 있도록 벤치도 마련되어 있다.

MAPECODE 11225

타키스 분수 Bassin Takis

각각 다른 높이로 세워진 49개의 모빌 철판들이 빛을 받아 반짝이는 이 분수대는 물 위에 신 개선문 그림자가 보인다. 또한 파리 시내의 나폴레옹 개선문과 신 개선문을 동시에 볼 수 있는 곳이기도 하다.

몽생미셸

Le Mont -Saint-Michel

섬 전체가 수도원인 유네스코 세계문화유산

섬 전체가 수도원으로 이루어진 유네스코 세계문화유산에 등록된 몽생미셸 섬은 원래 목지와 닿아 있었으며 숲 속에 산이 솟아 있었는데, 어느 날 해일이 이 숲을 삼켜 산이 섬으로 바뀌었다고 한다. 특히 이 일대는 조수간만의 차가 심해서 밀물 때에는 빠른 속도로 물이 차 들어와 예전에는 많은 순례자가 목숨을 잃기도 했다고 한다. 그래서 섬의 입구에는 조수간만 시각을 나타내는 표시가 있으며 밀물 때 모래사장으로 내려가지 말라는 주의가 적혀 있다. 가장 큰 밀물이 몰려오는 것은 보름날과 음력 초하루의 36~48시간 후라고 한다. 입구를 따라 들어가서 그랑드 거리(Rue Grande)를 따라 계속 올라가면 오른편에 전망대가 나오는데 이곳 전망대에서는 사원의 전체적인 모습과 섬 주변의 모습을 한눈에 볼 수 있다.

파리 몽파르나스(Gard Montparnasse) 역에서 기차를 타고 렌느(Rennes) 역에서 하차 후 역 옆의 버스 정류장에서 전용 버스로 간다. 버스 시간에 맞춰 기차를 타면 되고 대부분 파리에서 9시 5분에 출발하는 기차를 탄다. 기차는 기차 패스가 있어도 예약을 해야 하는 TGV를 타야 한다. 특히 이 구간은 인기가 많은 구간이니 미리 예약을 하는 것이 좋다. 버스는 www.lescourriersbretons.fr에서 시간을 확인하자.
요금 기차+버스 편도 약 83유로

몽생미셸 여행 안내소

주소 BP. 4, Le Mont St-Michel
전화 02 33 60 14 30 **오픈** 7월~8월 9:00~19:00 / 10월~3월 (월~토) 9:00~12:00, 14:00~18:00, (일) 10:00~12:00, 14:00~17:00 / 4월~6월, 9월 9:00~12:00, 14:00~17:00 / 1월 1일, 12월 25일 휴관
홈페이지 www.manchetourisme.com

수도원 Abbaye du Mont-Saint-Michel [아베이 몽생미쉘]

미카엘 대천사의 계시를 받아 세워진 수도원

MAPECODE 11226

아브랑슈(Avranches)의 사제였던 성 오베르(St Aubert)는 꿈속에서 이곳에 수도원을 세우라는 미카엘 대 천사의 계시를 받았다. 이 수도원은 그 계시를 받은 오베르 사제가 708년부터 장기적인 공사를 거쳐 완공시켰고 그 후 여러 차례 개축이 거듭되다가 16세기에 들어서 지금의 모습을 갖추게 되었다. 그래서 내부는 로마네스크 양식과 고딕 양식 등 중세의 건축 방식이 혼합되어 있다. 특히 1211년에는 라 메이베이유(La Méiveille)라고 불리는 고딕 양식의 3층 건물을 추가했는데 1층은 창고와 순례자 숙박소, 2층은 기사의 방과 귀족실, 3층은 수사들의 대식당과 회랑으로 사용되었다. 특히나 2겹의 아케이드가 줄지어 있는 화려한 회랑은 고딕 양식의 최고로 꼽힌다.

이 수도원은 성지로서 많은 순례 사도들을 불러들였고, 10세기 때는 베네딕트 교인들이 사원에 정착한 이후 섬 내의 마을은 커지기 시작했다. 외관이 무척 견고해 보여 수도원이라기보다는 오히려 성처럼 느껴지는데 실제로 백년 전쟁 중에는 요새로서 사용되기도 했고, 나폴레옹 1세 때는 감옥으로도 사용되었다.

오픈 (5월~8월) 9:00~19:00, (9월~4월) 9:00~18:00 / 1월 1일, 5월 1일, 12월 25일 휴무 요금 (일반) 9유로, (18세 미만) 5.50유로

Photo Spot

몽생미셸의 섬 전체를 배경으로 사진을 찍으려면 육지로 이어지는 도로를 따라 조금만 걸어 나가면 섬 전체를 배경으로 하는 멋진 사진을 찍을 수 있다.

★ 몽생미셸의 명물인 오믈렛

몽생미셸의 명물인 풀라드 어머니(La Mère Poulard)의 거대한 오믈렛을 먹을 수 있는 곳이 번화가의 입구에 있다. 오믈렛은 실제로 먹을 때는 하나를 3인분으로 나누기 때문에 1인분의 양은 적은 편이다. 폴라드 어머니는 노르망디 지방의 명물인 가레뜨 파이를 담은 캔 상품에도 얼굴이 그려져 있는 유명한 사람으로 이 집은 늘 붐비므로 수도원에 가기 전에 예약을 해 놓는 편이 좋다. 하지만 양에 비해 가격이 비싸고, 한 끼 식사로 먹기에는 턱없이 부족하다.

루아르 고성

Châteaux de la Loire

루아르 강을 중심으로 자리한 중세의 고성들

프랑스 중부에 있는 루아르 강은 프랑스에서 가장 긴 강으로 그 길이가 총 1000km가 넘는다. 이 강은 온화한 기후와 지리적 요건을 갖추고 있어서 프랑스의 역대 왕들이 앞다투어 이곳에 거대한 성을 지었고, 그 결과 루아르 강을 따라 약 800여 개의 성이 흩어져 있다. 이 루아르의 고성들 중에서 특히 유명한 몇몇 성들을 둘러보는 것은, 프랑스를 여행할 때 빼놓을 수 없는 코스가 되었다. 특히 유명한 샹보르 성과 레오나르도 다 빈치의 숨결이 남아 있는 앙부아즈 성을 비롯하여, 역사와 사연을 간직하고 있는 성이 많기 때문에 하루에 다 둘러보기란 무리다. 파리에서 당일치기를 할 예정이라면 계획을 잘 세워서 꼭 가고 싶은 성을 두세 군데만 둘러보는 것이 좋다.

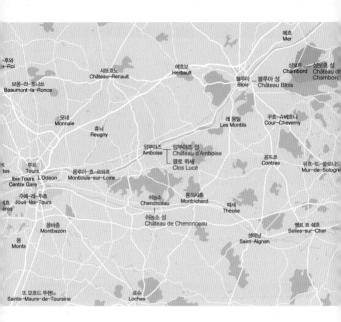

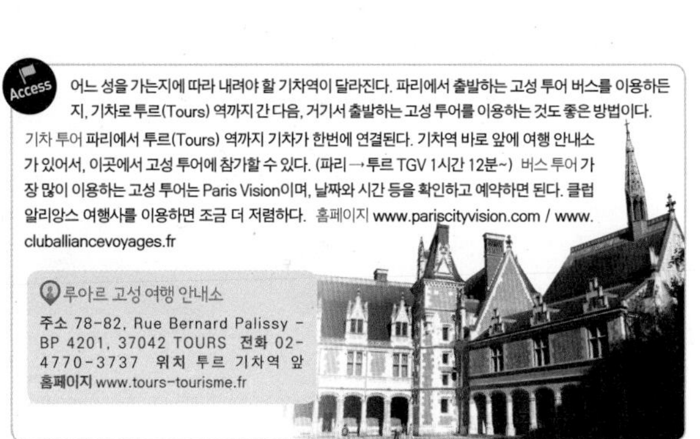

Access 어느 성을 가는지에 따라 내려야 할 기차역이 달라진다. 파리에서 출발하는 고성 투어 버스를 이용하든지, 기차로 투르(Tours) 역까지 간 다음, 거기서 출발하는 고성 투어를 이용하는 것도 좋은 방법이다.

기차 투어 파리에서 투르(Tours) 역까지 기차가 한번에 연결된다. 기차역 바로 앞에 여행 안내소가 있어서, 이곳에서 고성 투어에 참가할 수 있다. (파리 → 투르 TGV 1시간 12분~) 버스 투어 가장 많이 이용하는 고성 투어는 Paris Vision이며, 날짜와 시간 등을 확인하고 예약하면 된다. 클럽 알리앙스 여행사를 이용하면 조금 더 저렴하다. 홈페이지 www.pariscityvision.com / www.cluballiancevoyages.fr

루아르 고성 여행 안내소

주소 78-82, Rue Bernard Palissy - BP 4201, 37042 TOURS **전화** 02-4770-3737 **위치** 투르 기차역 앞
홈페이지 www.tours-tourisme.fr

앙부아즈 성 Château d'Amboise

레오나르도 다 빈치의 무덤이 있는 성

MAPECODE 11227

이곳은 원래 중세 시대에 앙주 공작이 세운 성이었지만, 르네상스 시대에 프랑스 왕가에서 소유권을 빼앗아 갔고 샤를 7세를 필두로 6명의 왕이 이곳에 살았다. 그중에서 프랑수아 1세는 이탈리아에서 찬란하게 꽃핀 르네상스를 목격하고 돌아와서, 이탈리아 예술가들을 초빙하여 성을 개축하였다. 이때 초빙된 예술가 중의 한 명이 바로 레오나르도 다 빈치였는데, 그는 프랑수아 1세의 후원 아래 마지막 예술혼을 불태우다가 1519년 앙부아즈 성과 가까운 클로 뤼세에서 숨을 거두었다. 성의 정원 한쪽에 있는 생 위베르 예배당에는 레오나르도 다 빈치의 묘가 있는데, 이 예배당은 샤를 8세의 명령으로 1491년에서 1496년 사이에 지어진 것이다. 앙부아즈 성은 1560년 이후 버려졌고 한때 감옥으로 사용되기도 했지만, 지금은 루아르 고성 지대에서 가장 인기 있는 성 중 하나다.

주소 Montée Abdel-Kader, 37403 Amboise 전화 02 4757-0098 오픈 1월 9:00~12:30, 14:00~16:45 / 2월 9:00~12:30, 13:30~17:00 / 3월 9:00~17:30 / 4~6월 9:00~16:30 / 7~8월 9:00~19:00 / 9~11월 1일 9:00~18:00 / 11월 2일~15일 9:00~17:30 / 11월 16일~12월 9:00~12:30, 14:00~16:45 / 1월 1일, 12월 25일 휴무 요금 일반 11.20유로 위치 앙부아즈 기차역에서 도보 15분 / 앙부아즈 역은 파리에서 기차로 약 2시간, 투르에서는 약 20분 소요 홈페이지 www.chateau-amboise.com

클로 뤼세 Clos Lucé

레오나르도 다 빈치가 머물던 저택

MAPECODE 11228

앙부아즈 성과 가까운 클로 뤼세는 샤를 8세의 부인이 여름 별장으로 이용하던 저택이다. 이 저택이 유명해진 것은, 바로 레오나르도 다 빈치가 이곳에서 생의 마지막 3년을 보냈기 때문이다. 레오나르도 다 빈치는 프랑수아 1세의 초청으로 프랑스에 오게 되었고, 프랑수아 1세가 이 저택을 그의 거처로 제공하면서, 다 빈치는 1519년 5월 2일 67세의 나이로 숨을 거둘 때까지 이곳에서 살게 되었다. 현재 저택은 레오나르도 다 빈치가 지냈던 당시의 모습으로 복원되어 있으며, 주요 전시품은 레오나르도 다 빈치의 스케치와 그림들이 있고, 그가 스케치해 놓은 발명품들을 모형으로 만들어 놓은 것도 눈길을 끈다. 박물관을 나오면 넓은 정원이 있는데, 정원에도 그의 발명품들이 곳곳에 있기 때문에, 정원을 산책하며 레오나르도의 숨결을 느껴보는 것도 좋다.

주소 2 Rue du Clos Lucé, 37400 Amboise 전화 02-4757-0073 오픈 1월 10:00~18:00 / 2~6월, 9~10월 9:00~19:00 / 7~8월 9:00~20:00 / 11~12월 9:00~18:00 요금 성수기 (일반) 16유로, (할인) 14.50유로 / 비수기 (일반) 13.50유로, (할인) 11.50유로 위치 앙부아즈 성에서 도보 10분 소요 홈페이지 www.vinci-closluce.com

블루아 성 Château Blois

다양한 건축 양식이 혼합된 아름다운 성

MAPECODE 11229

루이 12세가 왕위에 오르면서 블루아 성으로 거처를 옮긴 후, 이곳은 여러 프랑스 왕들의 거주지였다. 13~17세기 사이에 여러 차례 증축했기 때문에 다양한 중세 건축 양식이 집대성되어 있으며, 특히 16세기 궁정 문화의 중심지로서 왕실의 화려함과 장대함을 보여 주는 성이다. 루아르 고성 지대의 대표적인 성인 만큼 이곳에서 많은 역사적 사건이 있었다. 1429년 영국과의 백 년 전쟁 당시 오를레앙이 영국군에게 포위당하자 잔 다르크가 출정하기 전에 이곳에서 랭스 주교에게 축복을 받은 것으로 유명하며, 1588년에는 앙리 3세의 정적이던 가톨릭 세력의 지도자인 기즈 공작이 이곳에서 살해되기도 했다.

주소 Place du Château, 41000 Blois 전화 02-5490-3332 오픈 2~3월 9:00~12:30, 13:30~17:30 / 4~6월 9:00~18:00 / 7~8월 9:00~19:00 / 9월 9:00~18:30 / 10월~11월 2일 9:00~18:00 / 11월 3일~12월 9:00~12:30, 13:30~17:30 / 1월 1일, 12월 25일 휴무 요금 일반 12유로 위치 블루아 역에서 도보 10분 소요 / 블루아 역은 파리에서 기차로 1시간 30분, 투르에서 기차로 40분 소요 홈페이지 www.chateaudeblois.fr

쉬농소 성 Château de Chenonceau

르와르 고성 지대에서 가장 인기 있는 성

MAPECODE 11230

원래는 방앗간이 있던 자리에 13세기 마크 가문이 성을 짓기 시작했으나 미처 완공하지 못하고 파산한 후, 소금이나 와인 등을 보관하는 창고로 사용되기도 했었다. 1515년 토마스 보이에와 그의 부인 카트린느 브리세네가 이곳을 사들여서 원래 있던 성채와 제분소를 완전히 없애 버리고 르네상스 양식으로 재건축한 것이 지금 남아 있는 성이다. 한때 앙리 2세가 이 성을 애첩인 디안 드 푸아티에에게 선물로 주었는데, 앙리 2세의 본처인 카트린 드 메디시스가 디안을 몰아내고 성의 주인이 되기도 했

다. 이후에도 여러 세기 동안 앙리 3세의 부인 루이즈 드 로렌, 조카 프랑수아즈 드 로렌 보데몽, 클로드 뒤펭 등 여성들이 성의 주인이 된 적이 많았기 때문에, 유난히 여성스러운 성으로 가꾸어졌다. 그래서 이 성을 '여섯 여인의 성'이라고 부르기도 한다. 성의 내부에는 디안의 침실과 카트린 드 메디시스의 침실이 있어 안주인들의 특성에 맞게 복원된 성의 내부를 만날 수 있다. 또한, 입구 쪽에 있는 정원에는 처음 만들어진 성의 모습을 엿볼 수 있는데, 특히 마크 타워(Tour des Marques)에는 가문의 상징인 독수리와 전설적인 괴물로 장식된 우물이 아직도 남아 있다.

주소 Chateau de Chenonceau, 37150 Chenonceaux 전화 02-4723-9007 오픈 1월~2월 21일 9:30~17:00 / 2월 22일~3월 29일 9:30~17:30 / 3월 30일~5월 9:30~19:00 / 6월 9:00~19:30 / 7~8월 9:00~20:00 / 9월 9:00~19:30 / 10월 1일~24일 9:00~18:30 / 10월 25일~11월 11일 9:00~18:00 / 11월 12일~12월 9:30~17:00 요금 일반 14.50유로 위치 쉬농소 역에서 도보 20분 소요 / 쉬농소 역은 투르에서 기차로 30분 소요 홈페이지 www.chenonceau.com

성당

쉬농소 성의 왕비들이 미사에 참석할 때 이용하던 성당이다. 아치형 천장과 조각 장식 기둥들이 있으며, 원래 있던 스테인드글라스는 1944년 폭격으로 인해 파괴되었지만, 그 후 맥스 잉그란드가 1954년에 제작한 작품으로 복구해 놓았다.

디안 드 푸아티에의 침실

디안 드 푸아티에는 앙리 2세의 거의 평생에 걸친 정부였다. 그래서 당시 왕비인 카트린 드 메디시스보다 더 실질적인 왕비 역할을 했던 여인이다. 이 방이 그녀가 침실로 사용했던 방이다.

화랑

성과 이어지는 아치형의 다리 위에는 피렌체 양식의 우아한 화랑이 있는데, 1576년 카트린 드 메디시스의 명령으로 원래 있던 다리 위에 덧붙여 지은 것이다. 화랑 양 끝에는 아름다운 르네상스 양식의 벽난로가 있다.

카트린 드 메디시스의 침실

이 화려한 방은 16세기 플랑드르 태피스트리로 장식되어 있으며, 쉬농소 성의 방들 중 가장 아름답다.

루이즈 드 로렌의 침실

루이즈 드 로렌은 앙리 3세의 부인으로, 앙리 3세가 암살당한 후 쉬농소 성에서 칩거하면서 지냈다. 그래서 방에 검은 칠이 되어 있다. 그녀는 이 방에서 수녀와 같은 흰색 옷을 입고 지냈다고 한다.

샹보르 성 Château de Chambord

루아르 고성 중 가장 큰 성

MAPECODE 11231

이 성은 프랑수아 1세에 의해 1519년부터 건축되기 시작된 성으로, 1537년 1800여 명의 인부와 3명의 장인에 의해 탑과 테라스를 갖춘 성으로 완성이 되었다. 비교적 짧은 시간에 완공되었지만, 그 아름다움은 루아르 고성 중에서 둘째가라면 서러울 정도다. 당시 프랑수아 1세는 이 성 근처에 살던 트루아 공작 부인과 밀회를 즐기기도 했다는데, 이후 루이 13세, 루이 14세를 거치면서 이 성은 밀회의 장소로 이어져 갔다. 성의 건물 역시 왕들을 거치면서 계속해서 증개축되었는데, 성의 내부 길이만 117m에 이르며 440개의 방에 365개의 창문을 갖추고 있고 화려한 내부가 특징이다. 이 성에서 가장 유명한 것은 망루의 중앙에 있는 나선형 계단으로, 이 계단은 올라가는 사람과 내려오는 사람이 만날 수 없는 특이한 이중 나선 구조로 되어 있다. 레오나르도 다 빈치가 설계했다는 말도 있지만, 그는 성이 지어지기 전에 사망했기 때문에 사실 여부는 알 수 없다.

주소 Place Saint-Louis, 41250 Chambord 전화 02-5450-5040 오픈 2~3월, 10~12월 10:00~17:00 / 4~9월 9:00~18:00 요금 일반 13유로 위치 블루아 역, 블루아 성에서 TTC버스 탑승 후 샹보르 성에서 하차, 약 40분 소요 홈페이지 www.chambord.org

샹보르 성

레스토랑

르 쿱 드 푸셰트 Le Coup de Fourchette MAPECODE 11232

블루아에 위치한 레스토랑으로 프랑스 요리를 맛볼 수 있다. 특히 가격도 적당하고 맛도 괜찮은 레스토랑이기 때문에 여행객들에게 인기가 높다. 강변에 위치하고 있어 분위기도 괜찮은 편이다.

주소 15 Quai Saussaye, 41000 Blois **전화** 02-5455-0024 **위치** 블루아 성에서 도보 7분, 루아르 강변에 위치

셰 브뤼노 Chez Bruno MAPECODE 11233

앙부아즈 성 근처에 위치한 레스토랑으로 프랑스 요리를 맛볼 수 있다. 저렴한 가격에 프랑스 요리들을 맛볼 수 있고 늦은 시간까지 영업하기 때문에, 저녁 식사를 하고 싶은 사람들에게 인기가 높다.

주소 Place Michel Debre, 37400 Amboise **전화** 02-4757-7349 **위치** 앙부아즈 성 부근

숙소

이비스 투르 성트르 갸르 Ibis Tours Centre Gare MAPECODE 11234

투르 기차역 바로 근처에 위치하고 있는 이비스 호텔로, 프랑스에서 규모가 큰 체인 호텔 중 하나이기 때문에 시설도 깔끔하고 가격도 크게 비싸지 않으며, 다양한 편의시설을 갖추고 있어 인기가 높다.

주소 1 Rue Maurice Genest, 37000 Tours **전화** 02-4770-3535 **위치** 투르 기차역 부근 **홈페이지** ibishotel.ibis.com

라 브르쉬 La Breche MAPECODE 11235

앙부아즈에 숙소를 잡고 싶은 사람에게는 꽤 괜찮은 숙소다. 앙부아즈 성, 클로 뤼세 성 등과 인접해 있으며 앙부아즈 기차역에서도 멀지 않기 때문에 다른 투르 지역의 고성을 여행하기에도 적당한 곳이다. 방 가격도 비싼 편은 아니라서 인기가 있으니, 성수기에는 예약을 서두르자.

주소 26 Rue jules ferry, Amboise **전화** 02-4757-0079 **위치** 앙부아즈 역에서 도보 2분 **요금** 더블룸 약 60유로~ **홈페이지** www.labreche-amboise.com

스트라스부르

Strasbourg

아름다운 동화 속 마을

스트라스부르는 프랑스이지만 독일 국경에 위치해 있어서 독일과 비슷한 느낌이 드는 곳이다. 최근 파리와 연결되는 철도 노선이 바뀌면서 파리와 더욱 가까워져 조금 서두른다면 당일치기도 가능하다.

스트라스부르는 알퐁스 도데의 소설 〈마지막 수업〉의 배경이 된 프랑스 알자스 지역의 중심 도시다. 이곳은 독일과 맞닿아 있어서 한때 독일에 속한 적도 있었다. 그만큼 우여곡절이 많은 마을이지만, 라인 강의 지류인 일 강변으로 아름다운 중세 도시의 옛 시가지가 펼쳐진 모습이 마치 동화 속 마을과 같아서 꾸준한 사랑을 받는 관광지 중 하나다. 특히 옛 시가지는 유네스코 세계문화유산에 등재되어 있기도 하다.

스트라스부르에 가는 가장 편한 방법은 기차다. 파리에서는 TGV가 연결되며 약 2시간 20분 정도 소요된다.
요금 편도 약 40~100유로

스트라스부르 여행 안내소
주소 17 Place de la Cathédrale, 70020
오픈 매일 9:00~19:00
이 외에도 기차역이나 에토알 광장 등에 여행 안내소가 있다.

프티 프랑스 La Petite France [라 쁘띠뜨 프랑스]

알자스 전통 가옥을 만날 수 있는 지역

MAPECODE 11236

스트라스부르에서 가장 인기 높은 관광지는 바로 프티 프랑스다. 이 지역은 중세의 모습이 잘 보존된 지역으로 하얀색 벽과 짙은 갈색 목재의 대비가 특징인 알자스 특유의 가옥이 들어서 있어 아름답다. 이 지역의 가옥들은 16~17세기의 것으로 어부나 가죽 공방, 물방앗간 주인들이 살던 집이다.

프티 프랑스 한 켠에 있는 보방 갑문(Barrage Vauban)은 1681년 건축가 보방이 세운 것으로, 홍수 조절을 위한 것이다. 이 갑문은 프티 프랑스에서 가장 중요한 건축물로 손꼽히고 있다.

위치 기차역에서 도보 10분

노트르담 대성당 Cathédrale Notre-Dame de Strasbourg [까떼드랄 노트르담 드 스트라스부르]

스트라스부르를 대표하는 성당

MAPECODE 11237

스트라스부르에서 가장 유명한 건물이 바로 이곳 노트르담 대성당이다. 노트르담 대성당은 유럽에서도 가장 아름다운 고딕 양식의 성당으로 손꼽힐 정도다. 이 성당은 1015년 로마네스크 양식으로 건축을 시작해 후기 고딕 양식으로 완공될 때까지 300년 이상의 시간이 걸렸고, 19세기에 들어서야 지금의 모습으로 완성되었다.

내부에는 16세기 스위스 장인들이 만들었다는 천체 시계가 있다. 서쪽 문으로 올라가면 볼 수 있으며, 매일 12시 30분에는 천체 시계에서 인형극이 펼쳐진다.

또 제대에는 예수상이 정교하게 조각되어 있어 더욱 아름답다. 이 제대 근처에는 작은 개를 조각한 모습을 찾을 수 있는데, 만지면 행운이 온다고 해서 많은 사람들이 이 개를 만진다. 사람 손이 쉽게 닿을 수 있는 곳에 있기 때문에 한번 찾아보는 것이 재미있을 것이다.

성당의 142m 첨탑은 19세기까지 서유럽에서 가장 높은 건축물이었을 정도로 높다. 332개의 나선형 계단을 오르면 스트라스부르 시가지가 한눈에 내려다보이는 멋진 전망을 볼 수 있다.

주소 Place de la Cathédrale, 67000 Strasbourg 위치 기차역에서 도보 15분 전화 03-8843-6032 오픈 7:00~11:20, 12:35~19:00 / **시계 티켓 판매** 9:00~11:30, 입장 11:20, 11:45 / **전망대** 4월 1일~9월 30일 9:00~19:15 (7월 주말 ~21:45, 8월 초 주말 ~20:45, 8월 말 ~19:45), 10월~3월 10:00~17:15 요금 **시계** 2유로, **전망대** 5유로 홈페이지 www.cathedrale-strasbourg.fr

로앙 추기경 궁 Palais de Rohan [빨레 드 로앙]

로앙 추기경이 거주하던 곳

MAPECODE 11238

노트르담 대성당 근처에는 로앙 추기경이 거주했던 로앙 추기경 궁이 있다. 이곳에 머물렀던 로앙가의 추기경 중에서 가장 유명한 인물은 루이 로앙 추기경이다. 루이 로앙 추기경은 마리 앙투아네트의 유명한 다이아몬드 목걸이 사건에 연루되었던 인물이다. 로앙 추기경 궁은 장식 예술 박물관과 고고학 박물관, 미술 박물관 등으로 나누어 관람을 할 수 있다. 미술 박물관에서는 보티첼리, 루벤스, 렘브란트를 비롯한 거장들의 작품을 만날 수 있다.

주소 2, place du Château 위치 노트르담 대성당에서 도보 2분 전화 03-8852-5008 오픈 수~월 10:00~18:00 (장식 예술 박물관, 고고학 박물관 월, 수, 목, 금 12:00~) / 화요일 휴관 요금 장식 예술 박물관 6.50유로 / 고고학 박물관 6.50유로 / 미술 박물관 6.50유로 / 1일 패스 12유로 / 3일 패스 18유로

스트라스부르 근교의 소도시들

스트라스부르는 아름다운 근교 소도시가 많고 알자스 지방 여행의 출발지이기도 하다. 특히 스트라스부르의 남쪽에 있는 콜마르는 와인 가도의 중심에 있기 때문에 소도시를 여행할 때 중심 도시가 되기도 한다.

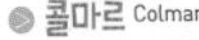

콜마르 Colmar

콜마르는 알자스 특유의 목조 건물이 아름답기 때문에 관광지를 찾아다니지 않아도 골목을 거니는 것 자체가 즐거운 곳이다. 기차역에서 시내까지는 도보로 약 15분 정도 소요된다. 구시가지에 들어서면 골목을 따라 산책하듯 걸어 보자. 아름다운 집들 중에서 '머리의 집(Maison des Tetes)'이 가장 눈에 띈다.

위치 스트라스부르에서 국철로 약 30분 소요

리크위르 Riquewihr

프랑스에서 가장 아름다운 도시 중 하나인 리크위르는 알자스에 있는 소도시 중에서도 가장 아름다운 도시로 유명하다. 또한 와인 가도에 위치한 도시이기도 하기 때문에 알자스의 포도밭도 만날 수 있고, 포도밭을 배경으로 펼쳐진 동화 같은 소도시의 모습이 정말 매력적이다. 특별한 관광지를 찾기보다는 골목을 걸으며 중세 도시의 매력에 빠져 보자.

위치 콜마르에서 버스로 약 30분 소요

리보빌레 Ribeauville

리보빌레 역시 알자스의 와인 가도에 위치해 있는데, 와인이 특히 더 유명한 도시다. 다른 도시들과 마찬가지로 관광지를 찾기보다는 여유롭게 마을을 산책하듯 둘러보다 보면, 알자스 소도시만의 매력에 빠져든다.

위치 콜마르에서 버스로 약 40분 소요

Heyraud

테마 여행

- 파리를 카메라에 담아 보자
- 파리에서의 쇼핑
- 센 강변 유람하기
- 파리의 야경 명소
- 영화와 드라마 촬영 명소
- 파리 도보 코스
- 파리의 먹을거리
- 파리의 사계절
- 파리의 공연 즐기기

| THEME TRAVEL 01 |

파리를 카메라에 담아 보자

요즘은 디지털 카메라나 DSLR 카메라가 보편화되어 여행자들 대부분이 여행지에서 더 좋은 사진을 남기고 싶은 욕심을 갖는다. 남들과 같은 장소, 같은 모습을 찍는 사진 말고, 좀 더 개성 있고 멋지게 파리를 담아볼 수 없을까?

노트르담 대성당 전망대

파리를 내려다보는 멋진 촬영 장소

도시마다 갖고 있는 저마다의 모습을 한눈에 내려다볼 수 있는 곳이 전망대이다. 파리에도 정말 많은 전망대가 있으니 적어도 한 군데 정도 직접 올라가서 파리를 내려다보면 파리에서의 더 멋진 추억을 담을 수 있다.

노트르담 대성당 전망대

대부분의 관광객들은 파리 여행의 필수 코스인 노트르담 대성당에서 건물 모습과 성당 내부의 모습만 카메라에 담는다. 물론 성당의 외관과 내부도 충분히 아름답지만, 남들과 다른 시선으로 파리의 모습을 담고 싶다면 노트르담 대성당의 전망대에 올라가 보자. 파리의 중심에서 바라보는 전망은 매우 아름답다. 센 강과 에펠탑은 물론, 시내의 아름다운 건물들까지 한눈에 담을 수 있고, 노트르담 대성당을 장식하고 있는 괴물 형상의 낙수받이대 가르구이유(Gargouilles)의 사진도 담을 수 있다. 가르구이유는 빗물을 받아 내는 역할을 하며 악귀를 쫓는 의미를 가지고 있기도 하다.

에펠탑 전망대

낮과 밤의 느낌이 다른 에펠탑의 모습을 카메라에 담는 것도 좋지만, 에펠탑에 올라 에펠탑을 둘러싸고 있는 파리 풍경을 카메라에 담아 보는 것도 좋다. 에펠탑은 파리에서 가장 높은 전망대이며, 센 강변에 있기 때문에 파리 전체를 내려다볼 수 있어서 멋진 사진을 촬영할 수 있다.

개선문 전망대

284개의 계단을 오르면 개선문의 전망대로 올라갈 수 있는데, 개선문 전망대에서 바라보는 파리의 모습이 참 아름답다. 개선문을 중심으로 별 모양의 도로들과 그 도로 끝에 있는 주요 관광지들을 바라볼 수 있는데 콩코르드 광장까지 이어지는 샹젤리제 거리와 반대편의 라데팡스까지 한눈에 보인다.

몽파르나스 타워

몽파르나스 타워는 대부분 사무실로 이루어져 있지만, 56층에는 전망대가 있어서 파리에서 가장 높은 건물에 올라 파리의 전망을 볼 수 있다. 전망대까지는 전용 엘리베이터를 이용해서 올라가게 되는데, 유럽에서 가장 빠른 엘리베이터다. 특히 복잡한 에펠탑에 비해 비교적 한산한 분위기에서 파리 야경을 감상할 수 있고, 날씨가 추운 날이나 안 좋은 날에도 쾌적한 온도의 환경에서 야경을 즐길 수 있다. 오픈 에어의 전망대 옥상에 오르면 에펠탑이 한눈에 들어오는데, 해가 진 후 매 시간 정각부터 10분 동안 에펠탑이 반짝일 때가 특히 아름답다.

몽마르트르 사크레쾨르 성당 앞

산이 없는 파리에서 유일하게 높은 지대인 몽마르트르는 다른 전망대와 달리 무료로 파리의 전망을 내려다볼 수 있다는 장점이 있는 곳이다. 물론 사크레쾨르 성당 앞에서 에펠탑의 모습은 보이지 않지만 높은 건물이 없는 파리 시내의 모습은 카메라에 담을 수 있다.

센 강변

센 강변은 강변의 모습도 아름답지만, 에펠탑과 센 강의 모습을 모두 담는 사진이 특히 아름답다.

드빌리교

미라보 다리

기욤 아폴리네트의 〈미라보 다리〉라는 시로 유명해진 미라보 다리에서는 자유의 여신상의 모습과 더불어 에펠탑의 모습을 함께 촬영할 수 있다. Métro 10호선 미라보(Mirabeau) 역, 지벨(Javel) 역에 하차해서 도보 약 1분

드빌리교

팔레 드 도쿄 앞에서 이어지는 드빌리교에서 바라보는 에펠탑과 센 강의 모습이 참 아름답다. 드빌리교는 보행자 전용 도로인 4개의 다리 중 하나로 브랑리 박물관과 팔레 드 도쿄를 이어 준다. Métro 9호선 이에나(Iéna), 알마 마르소(Alma Marceau) RER A선 퐁드 알마(Pont de l'Alma) 역에서 하차해서 도보 약 3분

콩코르드교

노을지는 모습이 특히 아름다운 콩코르드교는 센 강변에서 가장 아름다운 알렉상드르 3세교의 모습과 에펠탑을 동시에 담을 수 있는 곳이다. Métro 1, 8, 12호선 콩코르드(Concorde), 12호선 아상블레 나시오날(Assemblée Nationale) 역에서 도보 약 2~3분

미라보 다리

★ 노을 촬영하기

예쁜 노을을 찍기 위해서는 사진을 전체적으로 어둡게 촬영해서 노을의 색이 잘 나오도록 해주는 것이 좋다. 특히 노을이 지는 부분은 주변에 비해 극도로 밝으므로 건물을 중점으로 노출을 맞춘다면 사진이 너무 밝아져서 예쁜 노을을 담아내기가 힘들다. 초보자인 경우 일단 한 장을 촬영하고, 그 사진을 본 후 밝게 해야 할지 어둡게 해야 할지를 결정해서 촬영하는 것이 좋다.

★ 야경 촬영하기

좀 더 선명한 야경 사진을 얻기 위해서는 조리개를 최대한 조이고(F값을 크게 함) ISO가 높은 사진은 노이즈가 많이 생길 수 있으니 ISO를 낮춘 후에 노출 시간을 길게(S값 또는 A값을 길게, 30초 이상 길게) 촬영한다. 그리고 셔터 누를 때의 떨림을 방지하기 위해서 타이머를 이용해 촬영하는 것도 하나의 방법이다. 벌브(Bulb) 기능이 있는 카메라라면 릴리즈를 준비해서 벌브로 촬영해도 좋다.

에펠탑 다르게 찍기

파리에서 에펠탑을 구도에 넣어 찍은 사진 대부분이 아름답게 느껴지겠지만, 식상한 사진 말고 에펠탑을 독특하게 찍을 수 있는 장소를 찾아보는 것도 좋다.

6호선 메트로

메트로 안에서 에펠탑을 바라볼 수 있는 구간은 뒤플렉스(Dupleix) 역에서 파시(Passy) 역을 지나는 구간으로, 비르 아켐(Bir-Hakeim) 역을 지나 파시(Passy) 역으로 갈 때 센 강변을 지나게 된다. 빠르게 지나가는 메트로 밖으로 바라보는 센 강과 에펠탑의 모습이 아름답다. 이 순간을 포착해서 메트로 창문 밖의 에펠탑의 모습을 담아 보자!

부에노스 아이레스 거리 Rue Buenos Aires

건물 사이에 에펠탑을 넣어서 촬영할 수 있는 곳이다.

Access 센 강을 바라보고 에펠탑을 등지고 에펠탑의 왼쪽 편 골목이다.

팔레 드 도쿄 - 시립 미술관

팔레 드 도쿄 옆에서는 건물 위에 에펠탑을 올려놓은 사진을 촬영할 수 있다.

Métro 9호선 이에나(Iéna) 역, 알마 마르소(Alma Marceau) 역에서 도보로 약 1~3분

★ 움직이는 곳에서 촬영하기

움직이는 메트로 안에서 바깥의 풍경을 찍기란 쉽지 않다. 그럴 때는 셔터 스피드를 빠르게(1/250초 이상) 설정하여 촬영하는 것이 좋다. 셔터 스피드만 빠르게 하면 사진이 어두워질 수 있으니 ISO나 조리개를 조절하여 밝은 사진이 되도록 해준다.

★ 좋은 구도 잡기

같은 장소라도 여러 가지 구도를 잡아 보는 것이 좋다(세로 컷이나 가로 컷 등). 그리고 많이 움직여서 여러 각도에서 사물을 바라보자.

오데옹

파리 속의 파리를 촬영하기 좋은 곳

그냥 아무렇게나 카메라를 들이대도 모두 그림이 되는 곳이 바로 파리다. 한적한 파리의 뒷골목에서 파리지앵들의 삶의 모습을 만나 보자.

몽마르트르

오데옹

오데옹의 거리들과 골목의 모습을 카메라에 담아 보자.

몽마르트르

영화나 CF에 종종 등장하는 파리의 대표적인 골목의 모습은 대부분 몽마르트르 언덕에서 촬영이 된다. 사크레쾨르 성당이 있는 쪽 말고 뒷편 골목골목을 걸으며 예술가들이 사랑한 파리의 모습을 카메라에 담아 보자.

마레 지구

좁은 골목 사이사이로 멋진 카페와 상점들을 만날 수 있는 곳. 또한 파리를 걷는 패셔니스트들의 모습도 카메라에 담을 수 있는 곳이다.

인물 사진 찍기

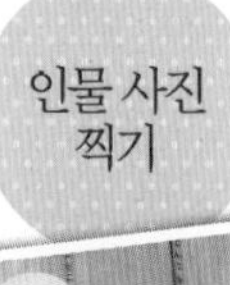

파리의 거리 모습이 모두 그림이 되는 것처럼 파리를 배경으로 인물을 촬영하는 것도 모두 화보가 된다. 어느 거리에서든 무심코 촬영을 해도 만족스러운 사진을 얻을 수 있을 것이다.

생위스타슈 성당 앞 광장

생위스타슈 성당 앞의 광장(Place R. Cassin)에는 귀를 기울이는 사람의 재미있는 동상이 있어서 즐거운 사진을 촬영할 수 있다. 장난꾸러기 프랑스 아이들의 모습을 카메라에 담거나 본인의 기념 촬영을 하기에도 좋다.

사크레쾨르 성당 문 앞

포토샵을 따로 하지 않아도 뽀샤시한 인물 사진을 남기고 싶다면, 사크레쾨르 성당의 청동문 앞에서 기념 촬영을 하자. 성당의 3개의 문 중 닫혀 있는 가운데 문 앞에 서서 기념 촬영을 하면 아무렇게나 셔터를 눌러도 뽀샤시한 사진을 얻을 수 있다.

★인물 사진 촬영하기

빛이 45° 로 누웠을 때가 인물 사진을 찍기에 가장 좋은 시간이다(한국에서는 10시~11시, 15~16시).

★여행을 떠나기 전 카메라 점검하기

여행을 위해 디지털 카메라를 구입하였다면, 출발 전에 자신의 카메라에 대한 충분한 사용법을 익히고 떠나는 것이 좋다. 그래야 어떤 상황이 닥칠지 모르는 여행에서 좋은 사진을 촬영할 수 있다.

특히 배터리 용량이나 메모리 카드 용량에 대해서는 확실하게 알고 떠나야 한다. 신기하고 아름다운 풍경의 모습을 계속 촬영하다 보면 평상시 촬영할 때보다 배터리가 훨씬 빨리 소모되는 것을 볼 수 있다. 특히 실내나 야경 촬영 시 플래시를 사용하면 더 빨리 배터리가 소모된다. 그래서 여분의 배터리를 한 개 더 구입하는 것도 좋다. 그리고 SNS용 촬영이 아닌, 인화를 하기 위한 것이라면 이미지 용량을 가장 큰 사이즈로 촬영하는 것이 좋으므로 대용량의 메모리 카드를 준비하거나, 수시로 백업해 둘 수 있는 대용량 USB를 넉넉히 챙기자.

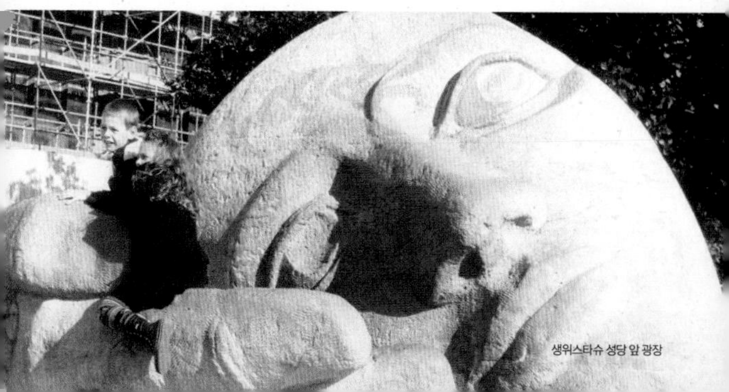

생위스타슈 성당 앞 광장

| THEME TRAVEL 02 |

파리에서의
쇼핑

패션과 예술의 도시, 파리에서의 쇼핑은 여행의 또 다른 즐거움이기도 하다. 대형 백화점부터 작은 벼룩시장까지 각자의 개성에 따라 다양한 상품들을 만나 볼 수도 있으며, 일년에 두 번(1월과 7월) 있는 파리의 세일 기간 때에는 평상시보다 30~70% 저렴한 가격으로 상품을 구입할 수도 있으니, 파리를 가히 쇼핑의 천국이라고 말할 수 있다.

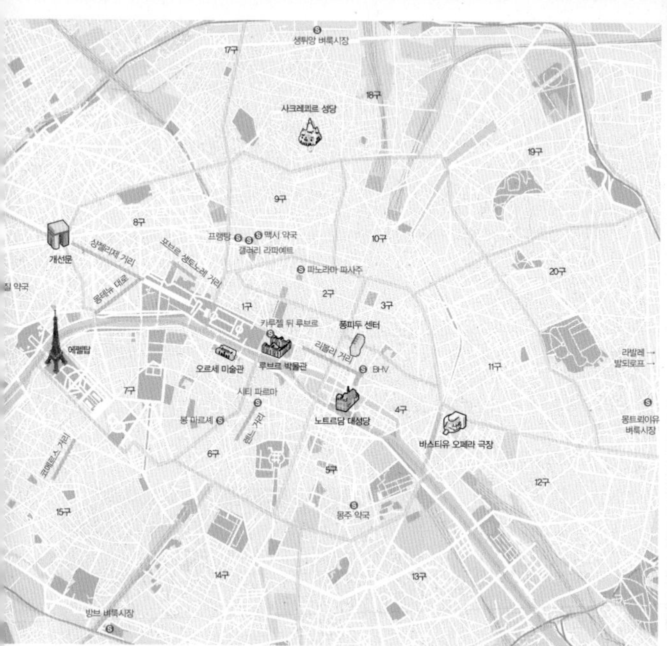

백화점

한 건물 내에 다양한 상품들을 판매하고 있는 파리의 백화점은 한국의 백화점과 많이 닮았다. 특히 한국의 갤러리아 백화점의 모델이 된 곳이 바로 파리의 갤러리 라파예트 백화점이라고 한다. 백화점에서는 매장과 상관없이 그날 구입한 금액이 175유로가 넘으면 면세 혜택도 받을 수 있다. 그리고 백화점 옥상에는 카페가 있어서 파리의 전망을 보면서 잠시 쉬어갈 수도 있다.

갤러리 라파예트 Galerie Lafayette

1895년에 문을 연, 파리에서 가장 큰 백화점으로 화장품, 액세서리, 가방, 디자이너 패션, 명품 브랜드들을 갖추고 있는 본관과 남성 의류와 액세서리 등을 판매하는 남성관, 인테리어 소품들을 두루 갖추고 있는 인테리어관으로 나뉘어 있다. 특히 와인 매장은 프랑스 최고의 면적을 자랑한다. 파리에는 본점과 몽파르나스점 두 개가 있는데, 오페라 가르니에 뒤쪽에 있는 본점이 인기가 많으며 물건도 다양하다. 입구에는 한국어 안내도와 한국인 직원도 있다.

Métro 7, 9호선 쇼세 당탱 라파예트(Chausée d'Antin La Fayette) 역 오픈 (월~토) 9시 30분~20시(목요일은 21시까지) 홈페이지 www.galerieslafayette.com

프랭탕 Printemps

1865년 문을 연 프랭탕은 파리에서 가장 오래된 백화점이다. 특히 화장품과 향수 매장이 크며, 여성 패션 브랜드가 다양하다. 역시 한국어 안내도와 한국인 직원이 있다.

파리에는 4개의 매장이 있고, 프랑스 곳곳에도 다양하게 매장이 있다. 그중 갤러리 라파예트 본점 옆의 매장이 갤러리 라파예트와 더불어서 인기가 많다.

Métro 3, 9호선 아브르 코마르탱(Havre Caumatin) 오픈 (월~토) 9시 35분~19시(목요일 22시까지) 홈페이지 www.printemps.com

봉 마르셰 Bon Marché

봉 마르셰는 1848년에 세워진 세계 최초의 백화점으로 관광객들보다 현지인들이 즐겨 찾는 백화점이다. 백화점의 식품 매장인 그랑 에피스리 드 파리에서는 요리 마니아의 파라다이스라고 불릴 만큼 다양한 요리 재료들을 구입할 수 있다.

Métro 10, 12호선 세브르 바빌론(Sèvres-Babylone) 오픈 (월, 화, 수, 금) 9시 30분~19시, (토) 9시 30분~20시, (목) 10시~21시 홈페이지 www.lebonmarche.fr

BHV

5층 높이의 백화점인 BHV는 지하부터 5층까지 없는 것이 없다고 봐도 과언이 아니다. 유명 브랜드의 의류나 패션용품은 다른 백화점에 비해 다양하진 않지만 1층(한국식 2층)의 문구류와 액자, 2, 3, 4층의 주방용품과 조명용품들이 특히 인기 있다. 가격은 아주 저렴하지는 않지만 질과 디자인이 좋은 그릇, 와인잔, 스탠드 등을 구입할 수 있으며, 독특한 액자들도 많다. 5층에는 무료 화장실도 있으니 참고하자.

Métro 1, 11호선 오텔 드 빌(Hôtel de Ville) 오픈 (월~토) 9시 30분~19시 30분, (수) 9시 30분~21시 홈페이지 www.bhv.fr

프랭탕

봉 마르셰

약국 화장품

파리의 모든 약국에서 비쉬, 아벤느, 유리아주 같은 기능성 약국 화장품을 구입할 수 있다. 우리나라에서도 쉽게 구입할 수 있지만, 이 약국 화장품들을 특히 더 저렴하게 구입할 수 있는 곳을 추천한다. 175유로 이상 구입하면 택스 리펀드도 해준다.

추천 약국

맥시 약국 Pharmacie Maxi

맥시 약국은 여러 지점이 있는 약국으로 쇼세 당텡점과 갤러리아점은 오페라 지역과 갤러리 라파예트, 프랭탕 백화점 인근에 위치하기 때문에 쇼핑을 하다가 약국 화장품을 구입하고자 할 때 굳이 멀리 이동할 필요가 없다는 장점이 있다.

주소 54 Rue Chaussée d'Antin-La Fayette Métro 7, 9호선 쇼세 당탱 라파예트(Chaussée d'Antin-La Fayette) 역

바질 약국 Pharmacie Basire

파리에서 가장 저렴한 약국 화장품으로 유명하다. 특히 일요일에는 한국인 직원이 근무해 한국인들의 쇼핑을 도와 주며, 다른 약국에 비해 한가해서 편하게 쇼핑을 즐길 수 있다. 위치도 샹젤리제 거리와 가까워 여행 중 잠시 들르기에 좋고, 오후 9시까지 영업하고 있어서 여행 일정을 마무리하고 찾아가도 좋다.

주소 118 bis, Avenue Victor Hugo, 75116 Métro 2호선 빅토르 위고(Victor Hugo) 역

몽주 약국 Pharmacie Monge

파리 약국 중 가장 유명한 곳으로 한국말이 가능하며, 저렴한 약국에 속한다.

주소 74 Rue Monge, 75005 Métro 7호선 플라스 몽주(Place Monge) 역

★택스 리펀드

외국을 여행할 때, 외국인이기 때문에 물건의 세금을 감면해 주는 것이 택스 리펀드이다. 면세 가능 금액만큼의 물건을 구입하고, 상점 종업원에게 여권을 보여 주면 종업원이 환급 전표를 적어 준다. 이 전표를 가지고 공항에서 출국 시에 신청하면 된다.

약국 화장품 추천 쇼핑 리스트

❶ 눅스 오일

파리 약국 화장품 제품 중에서 절대 빼놓을 수 없는 필수 아이템. 오일이지만 끈적임도 없고 흡수도 빨라서 사용감이 매우 좋다.

❷ 달팡 하이드라 수분 크림

피부에 빠른 수분 공급과 진정 효과를 주기 때문에 보습 기능을 촉진시켜 주고 피부에 수분을 보충해 준다.

❸ 엠브리올리스 콘센트레이티드 크림

일명 고은애 크림으로 유명한 크림. 기초 스킨케어와 프라이머 기능이 동시에 있어서 크림 하나로 기초 화장이 끝난다는 것이 가장 큰 장점이다.

❹ 르네휘테르 포티샤

탈모와 모발 강화에 특히 뛰어난 샴푸이기 때문에 인기가 좋다.

❺ 라로슈포제 시카플라스트

재생 크림으로 사랑받고 있는 시카플라스트는 트러블 피부에 특히 좋다. 한국에서는 병원 처방이 있어야만 구할 수 있는 제품이기에 약국 쇼핑의 필수!

❻ 바이오더마 클렌징워터

워낙 유명한 제품인 바이오더마 클렌징워터는 피부에 해로운 성분이 없어 알레르기성 피부에도 자극 없이 사용할 수 있다. 피부과에서 추천하는 제품이라 인기가 좋다.

❼ 빠이요 아이크림

활력 콤플렉스라는 특허받은 기술력으로 만들어졌고, 눈가를 집중적으로 관리해 주기 때문에 선물용으로 가장 인기가 높은 제품이다.

❽ 아벤느 오 떼르말 스프레이

온천수로 만들어진 미스트로 부드럽게 분사되고, 가지고 다니면서 피부의 수분을 유지시켜 줄 수 있는 제품이다.

❾ 꼬달리 포밍 클렌저

포도에서 추출한 성분으로 만든 폼 클렌저로 자극이 적고 세안 후 피부가 촉촉히 유지되어 인기가 많은 제품이다.

❿ 포마리움 애플 콘센트레이티드 엘릭시르 세럼

천연 유기농 화장품 브랜드인 포마리움의 다른 제품들도 좋지만, 특히 사과의 핵심 성분이 고농축되어 있어 피부 손상과 노화 예방에 좋은 세럼이다.

라발레

명품 아웃렛

아웃렛은 시즌이 지난 상품들을 판매가보다 30% 이상 저렴하게 구입할 수 있는 매장을 말하는데 브랜드 상품을 저렴하게 구입할 수는 있지만 만족스러운 상품을 만나기는 참 어렵다. 하지만 운이 좋게 물건이 많은 날 가거나, 프랑스 세일 기간에 맞춰서 가면 만족스러운 쇼핑을 할 수도 있다.

라발레 La Valée Village

파리의 동쪽 외곽에 있는 라발레 아웃렛은 2000년 10월에 문을 연 파리 최초의 정통 아웃렛 몰이다. 동화 속 마을에 온 것 같은 느낌을 주는 아기자기한 점포들은 쇼핑의 재미를 더해 준다. 대체로 지난 시즌 상품을 30% 이상 할인 판매하며, 매장마다 구입 금액이 175유로가 넘으면 택스 리펀드도 받을 수 있다.

버버리, 셀린느, 알마니, 디젤, 지방시, 막스마라, 페레가모, 돌체&가바나, 롱샴, 란셀, 휼라, 게스, 나이키 등 약 70개의 매장이 입점해 있다.

라발레

RER A선 발되로프(Val d'Europe) 역에서 도보 5분. 발되로프 쇼핑센터를 빠져나가면 라발레의 입구가 있다. 오픈 10시~19시(일 11시~) / 1월 1일, 5월 1일, 12월 25일 휴무 홈페이지 www.lavalleevillage.com

발되로프 Val d'Europe

라발레 아웃렛을 가기 위해 거치는 쇼핑센터로 프랑스풍의 우아함과 미국형 편리함이 조화롭게 어우러진 독특한 공간이다. 총 3층으로, 약 130개의 매장이 들어서 있으며, 우리에게 친숙한 중저가 브랜드들이 많아 부담 없이 쇼핑을 즐길 수 있다. 매장은 자라, 세포라, H&M, 망고, 리바이스, 갭 등이 있으며 안쪽의 테라스에는 식당가와 수족관 등도 있다.

오픈 월~토 10시~21시(상점에 따라 다름, 식당가는 일요일에도 문을 여는 곳이 많다.)

★ 일요일에 방문하려면

발되로프는 일요일에 문을 닫기 때문에 라발레 아웃렛을 일요일에 가려고 한다면 발되로프 쇼핑센터를 통해서 들어갈 수 없고, 쇼핑센터를 우회해서 가야 한다.

벼룩시장
Marché aux Puces

벼룩시장이란 말은 예전에 프랑스인들이 자신들이 입던 옷, 잡다한 물건 등을 내다 놓고 팔 때 물건들 사이로 벼룩들이 뛰어다녔다는 일화에서 생긴 말이다. 하지만 예전에 비해 시장의 규모가 커지면서 상설화되거나 일반 상인들이 자리 잡고 판매를 하는 공간으로 바뀌어가고 있는 추세이다. 그래서 가격이 저렴한 만큼 질이 떨어지는 물건들도 많이 늘어났다. 특히 관광객들이 많은 파리는 점점 더 상업화되어 가고 있다. 예전에 관광객이 많지 않을 때에는 가격을 반으로 깎는 일이 보통이었지만 요즘은 웬만해서는 잘 깎아 주지 않는다. 그렇지만 적당히 흥정을 잘 한다면 만족스러운 구매를 할 수 있을 것이다. 벼룩시장은 아침 일찍 가야 좋은 물건을 만날 수 있다.

생 퉈앙 벼룩시장 Puces de St. Quen

생 퉈앙 벼룩시장은 파리에서 가장 오래되고 규모가 큰 벼룩시장으로 6ha에 이르는 면적을 차지하고 있다. 이곳에는 6개의 작은 시장들이 모여 있는데 특히 제2제정 시기의 가구들과 다양하고 진귀한 장신구들을 판매하는 시장이 가장 유명하다. 메트로 입구에서 가까운 바깥쪽은 그냥 싸구려 옷이나 기념품들을 판매하고 있는 곳들이 대부분이지만, 안쪽으로 들어가면 고가구, 골동품, 예술품 등이 보인다.

Métro 4호선 포루트 드 클리냥쿠르(Porte de Clignancourt) 오픈 토, 일, 월 9시~18시

방브 벼룩시장 Marché aux puces de Vanves

파리 사람들에게 가장 인기가 많은 벼룩시장으로, 일반 보도 위에서 노천 시장이 열린다. 규모는 다른 벼룩시장에 비해서 작은 편이지만 골동품이나 중고가구 등 판매하는 물건들은 알차다.

Métro 13호선 포르트 드 방브(Porte de Vanves) 오픈 토, 일 7시~19시 30분

몽트뢰유 벼룩시장 Puces de Montreuil

지하철역에서 내려서 사람들이 많이 가는 방향으로 따라가면 되지만 혹 사람들이 없을 때는 까르프(대형 마켓)를 찾으면 그 옆 광장이 바로 벼룩시장이 열리는 곳이다. 아프리카 상인들이 특히 많은 이곳에서는 저렴한 옷이나 가방 등을 구입할 수 있고, 친구들에게 선물할 기념품 같은 것들을 구입할 수 있다.

Métro 9호선 포르트 드 몽트뢰유(Porte de Montreuil) 오픈 토, 일, 월 7시~20시

파리에서 와인 구입하기

파리에서는 물보다 싼 게 와인이라고 말할 정도로 와인이 생활화되어 있어 슈퍼에서도 쉽게 구입할 수 있다. 보통 4~10유로 정도면 가볍게 마실 수 있는 와인으로 좋고, 선물용으로도 7~15유로 정도면 괜찮은 와인을 살 수 있다.

와인 전문 매장 Nicolas

파리에서 많이 볼 수 있는 와인 전문 매장이다. 4유로 정도의 저렴한 와인부터 질 좋은 와인까지 다양한 와인을 구입할 수 있고, 상점 주인에게 물어보면 가격대에 맞는 좋은 와인을 추천해 준다. 아주 좋은 와인을 구입하고 싶을 때는 봉 마르셰의 '그랑 에피스리 드 파리'나 갤러리 라파예트에서 구입하면 된다.

©Anna Levan

파리에서 기념품 구입하기

파리를 여행하면서 기념품을 구입하고 싶을 때는 주요 관광지 근처의 기념품 가게를 이용하면 된다. 주로 몽마르트르 언덕의 테르트르 광장 주변이나 노트르담 대성당 근처, 생미셸 주변에 많이 있으며, 가격은 보통 비슷하지만 팡테옹 근처가 조금 더 저렴하다. 파리의 대표적인 기념품인 에펠탑 열쇠고리는 에펠탑 아래에서 구입하는 것이 가장 저렴한데, 길거리에서 팔고 있는 사람들에게 흥정만 잘 하면 만족스러운 가격으로 구입할 수 있다. 보통 1유로에 2~3개 정도인데, 흥정할 때는 너무 터무니없이 깎아 달라고 하지 말고 여러 개를 구입할 테니 깎아 달라고 하거나 여러 명이 함께 구입하면서 흥정하면 된다.

THEME TRAVEL 03

센 강변 **유람하기**

파리를 좀 더 낭만적으로 둘러보고 싶다면, 센 강에서 유람선을 타자. 파리는 센 강변을 중심으로 관광지와 유적지들이 몰려 있어서 강변에서 바라보는 파리의 모습이 무척 아름답다. 더 아름다운 파리의 모습을 보고 싶다면 해 질 녘에 타는 것이 좋다. 유람선의 종류는 여러 가지가 있는데, 가장 많이 이용하는 것이 바토 무슈와 바토 파리지앵 등이다.

시테 섬

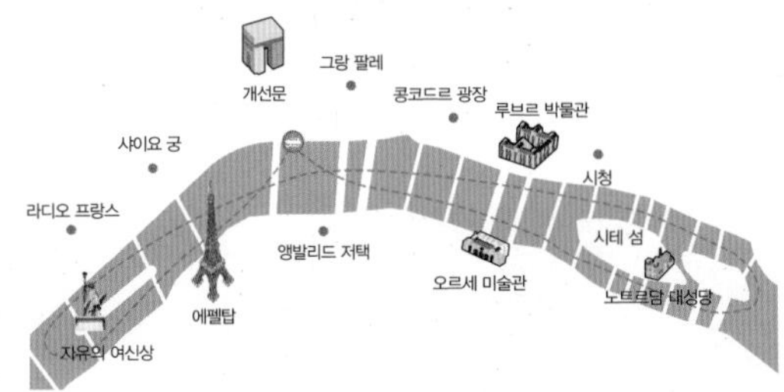

바토 무슈
Bateau-mouche

바토 무슈는 파리의 유람선 중 가장 큰 유람선이다. 승선 인원도 1,000명 이상 되며, 보통은 2층짜리 배를 타게 된다. 한국인이 많이 승선할 때는 한국어로 된 오디오 가이드도 나와 편리하다.
유람선은 에펠탑의 반대 방향인 앵발리드교가 있는 쪽으로 출발을 한다. 앵발리드교를 지나면, 센 강에서 가장 화려한 다리가 보이는데 그 다리가 알렉상드르 3세교이다.

Métro 9호선 알마 마르소(Alma Marceau) 역 RER C선 퐁 드 알마(Pont de l'Alma) 역에서 하차 Bus 28, 42, 49, 63, 72, 80, 83, 92번 운행 시간 **4월~9월** 10시 15분, 11시, 11시 30분, 12시 15분, 13시, 13시 45분, 14시 30분, 15시 15분 / 16시~23시 20분에 한 대씩 **10월~3월** 10시 15분, 11시, 12시 15분, 14시 30분, 16시, 17시, 18시, 19시, 20시, 21시(최소 50명부터 출발. 총 운행 시간은 약 1시간 10분 정도 걸린다.) 요금 (일반) 13.50유로, (12세 미만) 6유로, (4세 미만) 무료 홈페이지 www.bateaux-mouches.fr

알렉상드르 3세교

알렉상드르 3세교는 화려한 아르누보 양식으로 만들어진 장식품들이 아름답다. 파리의 다리 중 가장 아름다운 다리로 19세기 건축물의 걸작이라고도 할 수 있는데, 이 근처의 샹젤리제나 그랑 팔레, 앵발리드 저택 등과 잘 어울린다. 야경이 특히 아름다워서 센 강의 하이라이트라고도 할 수 있다.

오르세 미술관

앵발리드 저택

알렉상드르 3세교를 바라보며 왼쪽에는 그랑 팔레와 프티 팔레가, 오른쪽으로는 앵발리드 저택이 보인다. 그랑 팔레는 에펠탑, 프티 팔레 및 알렉상드르 3세교와 함께 1900년 파리 만국 박람회를 기념해 만들어진 건물로, 고전주의 양식의 석조와 다양한 아르누보 양식의 철제가 혼합되었다. 높이 43m의 지붕은 유리 돔(Dome)으로 되어 있으며, 정교한 청동 조각이 새겨져 있는데 특히 밤이면 조명을 받아 더욱 아름답다. 오른쪽 멀리 보이는 건물은 앵발리드 저택이다. 앵발리드 저택은 현재 군사 박물관, 입체 도시 계획 박물관, 역대 해방 박물관, 생루이 성당 등으로 이용되고 있다. 뒤에 뾰족하게 보이는 금색 돔은 나폴레옹이 묻혀 있는 돔 교회이다.

알렉상드르 3세교를 지나면 다음 다리인 콩코르드 다리가 보인다. 콩코르드 다리의 왼쪽 편을 보면 콩코르드 광장이 있는데, 콩코르드 광장은 유럽에서 가장 큰 광장이면서 역사가 깊은 광장이다. 1793년, 팔각형으로 생긴 이 광장에 단두대가 놓였으며 마리 앙투아네트, 루이 16세 등 1,343명의 목숨이 이곳에서 단두대의 이슬로 사라졌다. 하지만 후에 미래에 대한 희망을 담아 화합의 의미인 콩코르드 광장이라고 불리게 되었다. 가운데 우뚝 솟은 높이 23m의 오벨리스크는 1833년에 나폴레옹이 로마에서 가져온 것이다. 콩코르드 다리를 지나면서 왼편으로 펼쳐진 넓은 공원은 튈르리 공원이다. 원래는 튈르리 궁전에 딸려 있던 공원으로 앙드레 르 노트르가 설계했다.

튈르리 공원을 지나면서 오른쪽으로 오르세 미술관을 볼 수 있다. 오르세 미술관은 폐쇄된 전기 기관차 역을 개조한 것으로 1986년 12월 미술관으로 개관하였다. 현재 오르세 미술관에는 1848년

루브르 박물관

퐁네프

예술의 다리

에서 1914년에 이르는 시기의 미술 작품들이 전시되어 있다.

오르세 미술관을 지나고 루아얄 다리를 지나면서 왼편으로 보이는 곳이 루브르 박물관이다. 원래는 프랑스 왕이 거주하는 궁전이었으나 루이 15세가 베르사유로 궁을 옮기자 방치되었다가 나폴레옹에 의해 미술관으로서의 기초를 다지게 되었다. 현재는 세계 3대 박물관 중의 하나이다.

루브르 박물관을 지나고 시테 섬으로 가기 바로 전에 있는 다리가 예술의 다리이다. 파리에 있는 4개의 보행자 전용 다리 중에서 가장 유명한 다리로, 날씨가 좋은 여름 날 저녁에는 이곳에서 술을 마시는 사람들을 많이 볼 수 있다. 그리고 이 다리를 남녀가 함께 건너면 사랑이 이루어진다고 해서 '사랑의 다리'라고도 불린다.

예술의 다리를 지나면 시테 섬을 지나가게 된다. 유람선은 시테 섬의 오른편으로 간다.

시테 섬에서 우리를 가장 먼저 맞아 주는 것은 우리에게도 유명한 퐁네프 다리이다. 퐁네프는 '새로 지어진 다리'라는 뜻이지만 실제로 퐁네프는 1607년에 지어진, 센 강에서 가장 오래된 다리다. 퐁네프를 지나면서 본격적으로 시테 섬을 둘러보게 되는데, 오른편으로는 젊은이들이 많이 모이는 대학로와 같은 라탱 구역이 있고 왼편으로 화려한 노트르담 대성당이 펼쳐진다.

센 강을 유람하면서 바라보는 노트르담 대성당의 모습은 특히 아름답다. 노트르담 대성당은 고딕 양식의 걸작이라고도 불릴 만큼 아름다운 건축물로 12세기~13세기에 걸쳐 건설되었다.

시테 섬이 끝나고 이어지는 섬이 생루이 섬으로, 생루이 섬은 시테 섬보다 조금 작지만 매력이 있는 섬이다. 아름다운 건물들이 많고 유명한 사람들이 거주했던 섬으로 17세기 호화로운 대저택과 부티크들이 있다.

노트르담 대성당

아랍 지구 협회

생루이 섬을 지나면서 오른쪽을 보면 현대식 유리로 가득한 커다란 건물을 볼 수 있는데, 아랍 지구 협회이다.

아랍 지구 협회를 지나면 센 강변으로 야외 조각 미술관이 있어서, 강변으로 쭉 늘어서 있는 작품들과 원형 무대에서 공연을 하거나 술을 마시는 사람들을 볼 수 있다.
유람선은 야외 조각 미술관을 지나 다시 돌아가게 되는데 돌아갈 때는 지나왔던 길의 반대편으로 생루이 섬을 돌아 나간다. 왼편으로 생루이 섬의 다리 중 가운데 위치해 있는 마리교는 파리에서 가장 낭만적인 다리로 알려져 있는데, 연인들이 이 다리에서 키스를 하면 행운이 온다고 한다.
생루이 섬을 지나면서 오른편으로 펼쳐진 곳이 동성 연애자들과 예술가들이 즐겨 찾는다고 하는 마레 지구다.
생루이 섬을 지나 시테 섬으로 들어서면 오른쪽으로 멋있게 보이는 건물이 파리 시청사이다. 파리 시청사는 1871년의 파리 혁명 정부에 의해 일어난 화재로 구 시청사가 소실된 후, 그 장소에 지금의 신 시청사가 세워졌다. 시청사 앞의 광장은 늘 여러 가지 행사로 다양하게 이용되고, 스포츠를 응원하는 용도부터 여름이면 해변가를 모방해서 만든 모래사장, 겨울이면 스케이트장으로 모습을 바꾼다. 시청사가 있는 부분이 파리의 중심이라고 말할 수 있다.

시청사를 지나면 샤틀레 광장이 나오고 샤틀레 광장을 지나면서 왼편으로 콩시에르쥬리가 나온다. 콩시에르쥬리는 프랑스 혁명 기간 중에 감옥으로 사용되었으며, 단두대에서 처형될 죄수들이 주로 수감되어 있었다. 혁명 기간 중 단두대의 이슬로 사라진 마리 앙투아네트도 이곳에 수감된 죄수 중 한 명이었다.

콩시에르쥬리를 지나면 시테 섬의 마지막 다리인 퐁네프의 오른편으로 사마리텐 백화점을 볼 수 있다. 백화점 옥상에 있는 카페에서 바라보는 파리의 전경이 아름다워서 많은 사람들에게 사랑받는 곳이다. 현재는 2005년 센 강 범람으로 인

콩시에르쥬리

한 건물 손상으로 잠시 폐쇄되었으며 2018년 재오픈을 앞두고 있다.

오른쪽으로 다시 루브르 박물관이 보이고, 아까 온 길을 다시 돌아가 선착장이 있는 알마교까지 간다. 알마교 중간에는 파리의 안전을 위해 센 강의 수위를 재는 동상이 있는데, 이 동상의 코 높이가 홍수가 났을 때, 파리 시내가 물에 잠기는 수위라고 한다.

유람선은 알마교를 지나 에펠탑이 있는 예나교까지 간다. 예나교의 오른쪽으로는 샤이요 궁, 왼쪽으로는 에펠탑이 있다. 에펠탑은 1889년 세계 박람회를 기념하기 위해 세워진 박람회 입구로, 세계 박람회를 보러 오는 사람들이 비행기에서도 박람회 위치를 잘 볼 수 있도록 하기 위한 구조물이었다. 원래는 박람회가 끝나면 철거될 계획이었으나 아직까지 그곳에 남아 파리의 상징 역할을 하고 있다. 해가 지는 매 시간 정각부터 10분 동안 에펠탑이 반짝이는데, 해가 지는 시간의 매 시간 정각에 출발하는 유람선을 탔다면 에펠탑이 반짝이는 모습을 유람선 위에서 볼 수 있다.

에펠탑에서 예나교를 중심으로 오른편에 보이는 샤이요 궁은 1937년 파리 박람회용으로 지은 건물로 신고전주의 건축 양식으로 지어졌다.
예나교를 지나면 비르 아켐교가 나오는데, 비르 아켐교의 아래는 자동차와 사람이 건널 수 있는 다리가 있고, 그 위로는 지하철 6호선이 지나가는 다리가 있는 2층 구조이다.

비르 아켐 다리를 지나면서 왼쪽으로 길게 펼쳐진 공원 같은 곳이 보이는데 백조의 섬이라고 불리는 인공 섬이다.
백조의 섬의 오른편에 있는 화려한 건물은 라디오 프랑스이다.
라디오 프랑스를 지나고, 백조의 섬이 끝나는 그르넬교를 지나면서 보이는 동상은 자유의 여신상이다. 자유의 여신상은 프랑스 대혁명 100주년을 기념하기 위해서 미국에서 기증한 것으로 프랑스가 미국에 선물한 자유의 여신상의 4분의 1 정도로 작다.

자유의 여신상을 끼고 유람선은 다시 돌아간다. 다시 에펠탑을 지나고 처음 승선했던 승선장에 도착하면 센 강 유람이 모두 끝난다.

샤이요 궁

바토 파리지앵
Bateaux Parisiens

유람선 승선장이 에펠탑 아래와 노트르담 대성당 아래 두 군데가 있고, 유레일과 학생 할인이 되어서 배낭여행자들에게 사랑을 받고 있는 유람선이다.

코스는 바토 무슈와 거의 비슷하지만, 자유의 여신상이 있는 백조의 섬까지는 운행하지 않는다.

에펠탑 근처

Métro 6호선 비르 아켐(Bir-Hakeim), 트로카데로(Trocadéro) 역 RER A선 샹드 막스 투어 에펠(Champs de Mars Tour-Eiffel) 역 Bus 42, 82번 운행 시간 **4월~9월** 10시~22시 매 30분마다(13시 30분과 19시 30분 제외) **10월~3월** 10시~22시 한 시간에 한 대씩, 간혹 30분에 한 대 운행할 수도 있음 요금 에펠탑 출발 13유로, 노트르담 대성당 출발 14유로, 유레일 패스·ISIC 국제 학생증 50% 할인

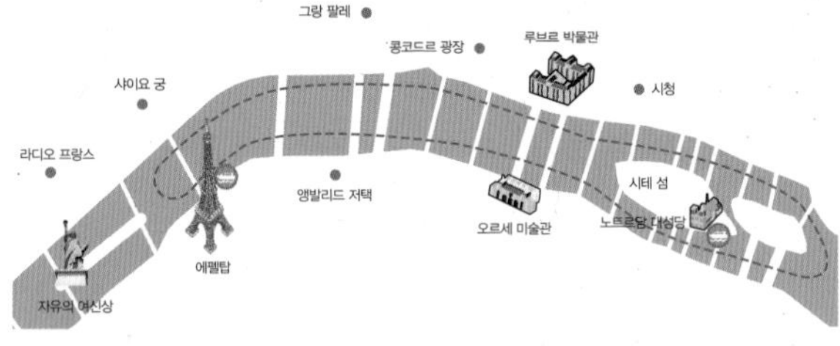

바토 뷔스
Batobus

바토 무슈나 바토 파리지앵과 달리 일종의 오픈 투어 유람선으로 유람선 정거장에서 버스처럼 자유롭게 타고 내릴 수 있다.

운행 시간 **9월 3일~4월 5일** 10시~19시 사이에 25분 간격으로 운행 **4월 6일~9월 2일** 10시~21시 30분 사이에 20분 간격으로 운행 소요 시간 각 구간 5~15분 소요 승하차장 에펠탑, 오르세 미술관, 노트르담 대성당, 시청사, 루브르 박물관 선착장 등에서 자유로이 승하차 가능 요금 (1일권) 일반 17유로, 3~15세 7유로 / (2일권) 일반 19유로, 3~15세 10유로 / (1년권) 일반 60유로, 3~15세 38유로 홈페이지 www.batobus.com

퐁네프 유람선
Bateaux Les Vedettes du Pont-neuf

운행 시간 **3월 15일~10월 31일** 10시 30분~22시 30분 사이에 약 30분~1시간 간격으로 운행(하루 20차례) **11월 1일~3월 14일(월~목)** 10시 30분~22시 사이에 약 1시간 간격으로 운행(하루 12차례) **(금~일)** 10시 30분~22시 사이에 약 1시간 간격으로 운행(하루 14차례) 소요 시간 약 1시간 소요 Métro 7호선 퐁네프(Pont Neuf) 역에서 도보 5분 요금 (성인) 14유로, (어린이) 7유로(4~12세) 홈페이지 www.vedettesdupontneuf.com(인터넷 예약 시 더 저렴하게 이용할 수 있다.)

P15521F
LA BESOGNE

THEME TRAVEL 04

파리의 야경 명소

유럽 3대 야경 중의 하나라고 하는 파리의 야경은 파리 여행 중에 빼놓을 수 없는 하이라이트이다. 특히 가을, 겨울에는 해가 일찍 지기 때문에 야경을 즐길 시간이 충분하지만, 여름에는 해가 밤 10시가 되어서야 지기 때문에 야경을 즐길 시간이 충분하지가 않다. 야경을 즐길 수 있는 계절에 여행을 한다면, 낮과는 다른 얼굴을 가지고 있는 파리의 낭만적이고 화려한 모습을 즐겨 보자.

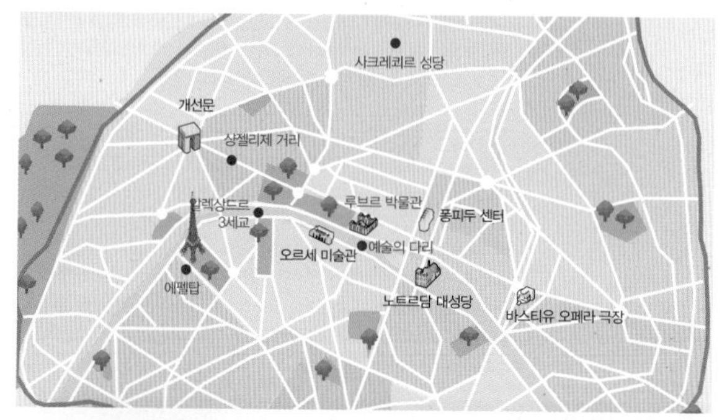

에펠탑

파리 야경 하면 절대로 빼놓을 수 없는 것이 바로 에펠탑이다. 야경이 좋다는 곳 대부분이 에펠탑이 보이는 곳이기 때문이기도 하다. 특히 트로카데로 역에서 하차해 샤이요 궁 위에서 바라보는 에펠탑의 모습이 가장 정확하고 아름답기 때문에 이곳은 파리 야경 명소 중 관광객이 가장 많이 찾는 곳이다. 에펠탑이 있는 공원인 샹드막스 공원에서 바라보는 에펠탑의 야경 또한 아름답다. 에펠탑을 바라보는 것 뿐만 아니라 에펠탑 전망대에 올라가면 파리 시내를 한눈에 다 내려다볼 수 있어서 야경 관람에 특히 인기가 많다.

샹젤리제 거리

개선문이 있는 에투알 광장부터 콩코르드 광장까지 이어지는 거리가 우리에게 샹젤리제라는 샹송으로 잘 알려진 샹젤리제 거리이다. 샹젤리제

샹젤리제 거리

거리의 밤은 나폴레옹 1세의 명으로 만들어진 개선문의 야경과 밤까지 활기찬 카페, 상점들로 더욱 빛난다. 개선문 전망대에 오르면 샹젤리제 거리와 함께 파리의 야경을 한눈에 내려다볼 수 있다.

사크레쾨르 성당

파리에서 가장 높은 지대에 있는 몽마르트르의 사크레쾨르 성당의 야경도 무척 아름답다. 하얀색의 사크레쾨르 성당은 낮에 파란 하늘과 함께 보는 모습도 아름답지만, 밤의 어둠 속에서 조명과 함께 빛나는 모습 또한 아름답다. 그리고 사크레쾨르 성당 앞에서 바라보는 파리 시내 전경도 좋다. 파리는 산이 없고, 높은 건물도 없기 때문에 언덕인 몽마르트르에서는 시원한 전망이 펼쳐진다. 밤에도 예술가들의 크고 작은 공연들을 볼 수 있으며, 테르트르 광장의 카페들과 기념품 가게에도 야경을 즐기는 사람들로 활기차다.

사크레쾨르 성당

알렉상드르 3세교

센 강에서 가장 아름다운 다리인 알렉상드르 3세교는 낮에 봐도 참 아름답지만, 밤에 보면 더욱 아름답다. 특히 노을이 지는 모습을 이곳에서 바라보면 더더욱 아름다운데, 에펠탑 너머의 붉은 노을이 정말 환상적이다. 또한 알렉상드르 3세교의 바로 옆에 있는 콩코르드교에서 바라보는 야경도 알렉상드르 3세교와 에펠탑을 한눈에 담을 수 있기 때문에 무척 아름답다.

알렉상드르 3세교

루브르 박물관

예술의 다리

루브르 박물관과 예술의 다리

루브르 박물관은 대부분 낮에 방문하는 사람들이 많은데, 해가 지면 멋진 조명이 피라미드와 루브르 박물관을 비추어, 밤하늘을 환하게 밝히기 때문에 야경 명소로 손꼽힌다. 또한 루브르 박물관의 카레의 뜰에서 예술 학교 쪽으로 이어지는 예술의 다리는 연인의 다리 또는 사랑의 다리라고도 불리며 젊은이들에게 많은 사랑을 받고 있다. 보행자 전용 다리인 예술의 다리에서는 날씨가 좋은 날 밤이면 젊은이들이 삼삼오오 모여서 술을 마시고, 음악을 연주하기도 한다. 센 강변의 에펠탑과 루브르 박물관, 예술 학교, 시테 섬과 퐁네프를 바라보면서 야경을 즐기기에 이보다 더 좋은 곳은 없다. 조용한 것을 좋아한다면 예술의 다리 아래쪽의 부두로 내려가서 야경을 즐겨도 좋다.

THEME TRAVEL 05

영화와 드라마 **촬영 명소**

낭만의 도시 파리는 그 명성만큼이나 영화나 드라마 촬영 배경으로 등장하는 경우가 많다. 아련한 감동이 남아 있는 그곳들을 찾아가 보자.

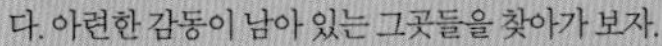

비포선셋

2004년 상영작인 〈비포선셋〉은 전작인 〈비포선라이즈(1995)〉의 주인공들이 9년만에 재회해 내용을 이어가는 영화이다. 부다페스트에서 파리까지 오는 열차에서 만나 비엔나에서 하룻밤을 보낸 그들은 6개월 후에 다시 만나기로 하지만 약속은 지켜지지 않고 실제로 9년이 지나 다시 파리에서 만나게 된다.

플랑테 산책로

바토 뷔스

셰익스피어 앤 컴퍼니

10년 전 그들의 이야기를 소설로 써서 베스트 소설 작가가 된 제시가 출판 홍보를 위해 파리에 왔을 때 출판 기념 사인회를 했던 서점이다. 그 소식을 들은 셀린느가 이곳을 방문하면서 둘의 만남이 이루어졌다. Métro 4호선 생미셸(St-Michel) 역에서 도보 약 3~5분

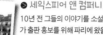

르 퓌르 카페 Le Pure Café

주인공 제시와 셀린느가 서점에서 다시 만나 걸으면서 이야기를 하다가 들르게 되는 카페이다. Métro 9호선 샤론느(Charonne) 역에서 도보 약 5분. 마쎄(Rue Jean Macé) 거리 5번지

플랑테 산책로 Promenade Plantée

카페에서 나온 그들이 다시 걸으면서 이야기를 나누는 공원이 바로 플랑테 산책로인데, 건물 옥상을 연결해 만들어 놓은 산책로이다.
Métro 1, 5, 8호선 바스티유(Bastille) 역에서 도보 약 2분

바토 뷔스 Batobus

산책로에서 내려온 주인공들이 센 강을 유람하면서 다시 이야기를 이어가는데, 그때 탔던 유람선이 바로 바토 뷔스다. 센 강에 여러 정류장들이 있어서 버스처럼 여러 정류장에서 내리고 탈 수 있다.
Access 에펠탑, 노트르담 대성당, 생제르맹데프레 등 다양한 곳에 정류장이 있다.

셰익스피어 앤 컴퍼니

아멜리에

원래 주인공 이름은 아멜리 뿔랑(Amelie Poulain)인데, 그 당시 개봉했던 흥행작들의 제목이 4글자였다는 이유로 한국에서는 제목이 〈아멜리에〉가 되어 버렸다.
다른 사람들의 잃어버린 행복을 찾아 주려고 노력하는 주인공 아멜리에의 이야기를 다룬 로맨틱 코미디로, 2001년에 개봉한 영화지만 아직까지도 많은 사람들이 기억하고 있는 영화이다. 몽마르트르에 가면 영화의 배경이 되었던 주요 장소들을 찾아볼 수 있다.

생마르탱 운하

꼴리뇽 상점

생마르탱 운하 Canal st.Martin

주인공 아멜리에가 물수제비를 뜨던 곳이다.
Métro 레퓌블리크(République) 역에서 도보 약 2~3분

꼴리뇽 상점 Maison Collignon

아멜리에가 살고 있는 집 근처의 작은 구멍 가게인데, 한쪽 팔이 없는 자멜이 일했던 곳이다.
Métro 12호선 아베쎄(Abbesses) 역에서 파사주 데 아베쎄(passage des Abbesses)를 따라 계단을 올라가면 바로 있다.

레 되 물랭 카페 Café des deux Moulin

주인공 아멜리에가 일하던 카페다. 현재도 아멜리에를 기억하는 사람들이 많이 찾아와서 〈아멜리에〉 영화 포스터가 붙어 있다.
Métro 2호선 블랑쉬(Blanche) 역에서 내려서 르픽(Rue Lepic) 거리를 따라 올라가다 15번지에 있다.

레 되 물랭 카페

야외 조각 미술관

모스크

페흐 라세즈 묘지

사랑해, 파리

2006년에 상영된 〈사랑해, 파리〉는 20명의 감독이 모여서 18편의 에피소드를 펼쳐 놓는 옴니버스식으로 구성되어 있다. 아름다운 파리의 여러 지역을 배경으로 만들어졌다.

야외 조각 미술관

두 번째 에피소드에서 어린 소년들이 앉아 여자를 꼬시던 곳이다. Métro 5, 10호선 오스텔리츠(Gare d' Austeritz) 역에서 도보 약 3~4분

모스크

여자를 꼬시다 우연히 이슬람 여성을 보게 된 주인공은 그 여성에게 마음을 사로잡혀 그녀를 만나기 위해서 무작정 회교 사원으로 찾아간다. Métro 7호선 플라스 몽주(Place Monge) 역에서 도보 약 2~3분

페흐 라세즈 묘지

15번째 에피소드에 나오는 오스카 와일드 묘지는 페흐 라세즈 묘지에 있다. Métro 3호선, 3bis선 강베타(Gambetta) 역에서 도보 약 3분

빅토아르 광장

7번째 에피소드에 등장하는 빅토아르 광장에는 죽은 아들을 그리워하는 주인공이 사는 집이 있었다. Métro 부르스(Bourse) 역에서 도보 약 5~7분

몽파르나스 묘지

마지막 에피소드인 18번째 에피소드는 파리에 여행을 간 미국인의 이야기가 나오는데, 여행을 가는 우리들의 모습과 비슷하다. 그녀가 여행 중에 찾은 곳이 몽파르나스 묘지. Métro 6호선 에드가르 키네(Edgar Quinet) 역에서 도보 약 1~2분

몽파르나스 타워

그녀가 계속 걷다가 엘리베이터를 타고 올라가서 전망을 보는 곳은 몽파르나스 타워다. Métro 6호선 에드가르 키네(Edgar Quinet) 역에서 도보 약 1~2분

몽수리 공원

주인공이 파리를 회상하면서 샌드위치를 먹는 곳. RER B선 시테 유니베르시테(Cité Universitaire) 역에서 바로

빅토아르 광장

몽파르나스 묘지

몽수리 공원

다빈치 코드

2006년에 개봉한 영화로 인기를 끌었던 댄 브라운의 소설 〈다빈치 코드〉를 영화로 만든 것이다. 루브르 박물관에서 살해된 자크 소니에르의 시체 주변으로 가득한 암호를 풀어 나가는 로버트 랭턴과 소피 느뵈의 이야기를 담은 영화로, 영화 속에서 레오나르도 다빈치 그림의 숨겨진 비밀들이 공개된다.

루브르 박물관

생쉴피스 성당

● 루브르 박물관

자크 소니에르가 살해된 곳이 바로 루브르 박물관 내부 회랑으로, 회랑에 걸려 있던 레오나르도 다빈치의 그림 〈모나리자〉 등이 영화에 등장한다. 또한 마지막 부분에 나오는 거꾸로 된 피라미드가 있는 곳도 루브르 박물관 지하이다. Métro 1호선 팔레 루아얄 - 뮈제 뒤 루브르(Palais Royal-Musée du Louvre) 역에서 바로

● 생쉴피스 성당

영화 속에서 살해당한 네 명이 지목한 쐐기돌이 있는 장소라고 해서 사일러스가 찾아가는 곳이 바로 생쉴피스 성당이다. 이 성당에 가 보면 영화 속에서 로즈라인이라고 부르던 라인이 있고 사일러스가 깨던 오벨리스크도 있다. Métro 4호선 생쉴피스(St-Sulpice) 역에서 도보 약 1분

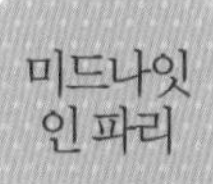

미드나잇 인 파리

2012년 상영된 이 영화는 파리로 여행 온 소설가 길과 그의 약혼녀 이네즈의 파리 여행을 그린 영화다. 파리에서 낭만을 즐기고 싶은 남자와 파리의 화려함을 즐기고 싶은 여자의 이야기라는 것만으로 파리를 여행하는 사람과 공감대가 형성된다. 1920년대의 파리와 지금의 파리, 시간을 넘나드는 로맨틱한 영화에 등장한 파리의 명소를 찾아 보자.

지베르니의 수련 정원

● 지베르니의 수련 정원

처음 주인공들이 키스를 나누던 곳이 바로 지베르니의 모네의 집에 있는 수련 정원이다. 위치 버넌(Vernon) 역 버스 15분

● 베르사유 궁전의 정원

주인공들이 식당에서 우연히 약혼녀의 친구들을 만나서 함께 간 곳으로, 함께 간 남자가 가이드처럼 베르사유 궁전을 설명해 준다. 위치 샹티에(Versailles Chantiers) 역에서 도보 약 15분

베르사유 정원

● 로댕 미술관

그들은 로댕 미술관을 찾아 로댕의 생각하는 사람 동상 앞에서 미술관 가이드의 설명을 듣지만, 함께 간 남자가 계속해서 가이드처럼 이야기를 이

어 나가는 곳이다. 영화 중반부에 주인공 길이 다시 로댕 미술관을 찾기도 한다. 위치 13호선 바렌느(Varenne) 역에서 도보 약 1~2분

▶ 오랑주리 미술관

주인공 커플과 친구 커플들이 영화 중반부에 함께 간 곳이다. 역시 친구의 남자 친구가 가이드를 해 주며 이야기를 하는데, 이곳에서 길이 과거 여행 시 만났던 피카소의 아드리아나 작품을 만나게 된다.
위치 튈르리 공원 내

로댕 미술관

오랑주리 미술관
퐁네프

▶ 퐁네프

길이 시간 여행을 몇 번 한 후에 혼자 사색에 빠져 센 강변을 걷는데, 이때 등장하는 장소가 바로 퐁네프다.
Métro 7호선 퐁네프(Pont Neuf) 역

노트르담 대성당
알렉상드르 3세교

▶ 노트르담 대성당

길은 서점에서 아드리아나의 일기를 찾고 프랑스 가이드에게 해석을 부탁하는데, 이때 배경이 되는 곳이 노트르담 대성당의 뒷편인 요한 23세 광장이다.
위치 시테 섬 내

▶ 알렉상드르 3세교

영화의 엔딩 부분의 배경으로 등장한 곳이 바로 이 다리다. 길이 이곳에서 서점 여주인과 만나게 되는데, 비가 오는 것을 좋아하는 그들이 비를 맞으며 걸어가는 장면으로 영화가 끝이 난다.
위치 앵발리드 저택과 그랑 팔레, 프티 팔레를 이어 주는 곳

| THEME TRAVEL 06 |

파리
도보 코스

파리는 골목에 접어들면 새로운 골목들이 펼쳐져서 걷다 보면 우연하게 마주치게 되는 장소마저 나도 모르게 사랑하게 되는 곳이다. 오늘 하루, 파리지앵처럼 낭만의 도시 파리를 걸으면서 파리만의 매력을 느껴 보자.

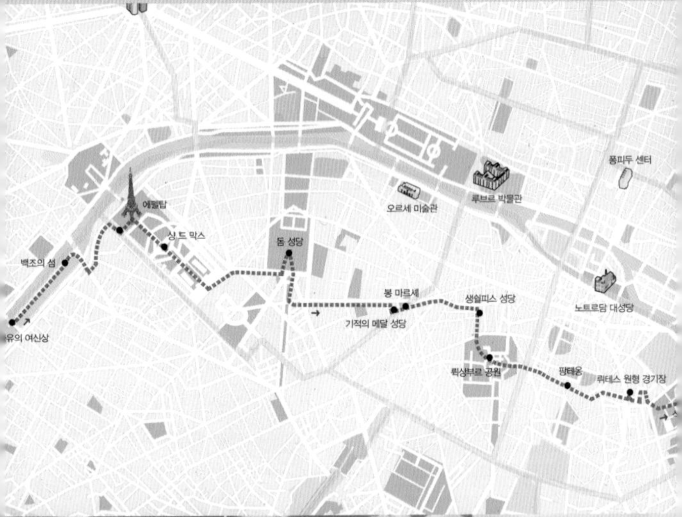

퐁피두 센터
루브르 박물관
오르세 미술관
에펠탑
샹 드 막스
돔 성당
백조의 섬
봉 마르셰
생쉴피스 성당
노트르담 대성당
유의 여신상
기적의 메달 성당
뤽상부르 공원
팡테옹
뤼테스 원형 경기장

1

2 3

4

파리 가로로 걷기

❶ 자유의 여신상

에펠탑이 아름답게 보이는 그르넬교(Pont de Grenelle) 한쪽 편에 우뚝 솟아 있는 자유의 여신상은 파리의 서쪽 끝에 있으며, 파리를 등지고 뉴욕의 자유의 여신상을 바라보고 있다.

❷ 백조의 섬

산책로로 조성된 센 강의 인공 섬을 따라 걷다보면 RER이 지나는 다리와 메트로 6호선이 지나가는 비르 아켐교를 만날 수 있다. 그래서 RER과 메트로가 지나가는 시간이라면 에펠탑 앞으로 RER, 메트로가 지나가는 모습을 만날 수 있어 더욱 낭만적으로 느껴진다.

❸ 에펠탑

백조의 섬을 지나 에펠탑을 바라보면서 강변을 따라 걸으면 에펠탑으로 갈 수 있는데, 에펠탑까지 바로 가지 않고 쉬프랑 거리(Avenue de Suffren)로 들어가 첫 번째 왼쪽 골목인 뷔에노스 아이레스 거리(Rue de Buenos Aires)로 가면 건물 사이로 에펠탑을 훨씬 아름답게 바라볼 수 있다. 그 골목으로 에펠탑까지 걷는 길엔 영국식 정원으로 꾸며진 작은 인공 폭포도 있다.

❹ 샹 드 막스

에펠탑에서 샹 드 막스를 따라 육군 사관 학교까지 간 후 투르빌 거리(Avenue de Tourville)를 따라 걸으면 앵발리드 저택이 있다.

❺ 돔 성당

화려한 금 도금의 돔을 가지고 있는 돔 성당 안에는 나폴레옹의 묘지도 있고, 군사 박물관도 있다. 돔 성당 앞쪽으로 뻗어 있는 브뤼테이 거리(Avenue Breteuil)를 따라 걷다가 에스트레 길(Rue d'Estrée)을 걸으면 파고다라는 동양의 느낌을 지닌 극장을 볼 수 있다.

❻ 봉 마르셰

봉 마르셰는 프랑스 최초의 백화점이다. 바로 옆에는 그랑 에피스리 드 파리라는 식료품 전문 매장이 있고 그 매장의 옆쪽으로는 기적의 메달 성당이 있다.

❼ 생쉴피스 성당

조금만 더 걸어가면 영화 〈다빈치 코드〉의 배경이 되었던 생쉴피스 성당을 만날 수 있는데, 이 근방은 쇼핑하기에도 좋은 곳이다.

❽ 뤽상부르 공원

생쉴피스 성당의 옆쪽은 파리에서 가장 큰 공원인 뤽상부르 공원인데, 걷다가 지쳤다면 잠시 쉬어가도 되겠다. 뤽상부르 공원을 가로질러 메디시스 분수가 있는 쪽으로 빠져나가면 멀리 팡테옹이 보인다.

❾ 팡테옹

이 성당은 국가의 위상을 드높인 사람들이 묻히는 곳으로 사용되었는데, 루소, 빅토르 위고, 에밀 졸라, 퀴리 부인 등이 잠들어 있다.

❿ 뤼테스 원형 경기장

팡테옹을 지나 조금만 걸으면 뤼테스 원형 경기장이 있다. 파리에서 발견된 로마 시대 유적지로 파리의 유적지 중에서 오래된 유적지에 속한다. 하지만 보기에는 평범한 운동장처럼 보인다.

⓫ 식물원

뤼테스 원형 경기장 근처에는 식물원이 있다.

❶ 뷔트 쇼몽 공원

영국식 공원에 인공 바위로 호수와 섬을 만들고 여기에 로마 양식의 신전, 폭포 등으로 조성된 공원이다.

❷ 생마르탱 운하

뷔트 쇼몽 공원에서 레퓌블리크 광장까지 가는 길에 만나는 생마르탱 운하의 주변으로는 주택, 공장, 카페 등 많은 산업 노동자들의 터전을 볼 수 있다.

❸ 피카소 미술관

생마르탱 운하에서 레퓌블리크 광장을 지나고 주택가를 쭉 지나면 피카소 미술관이 있다. 미술관이 세워진 건물은 17세기에 지은 바로크풍의 호화로운 살레관(Hôtel Salé)이다.

❹ 카르나발레 박물관

피카소 미술관 바로 근처에는 17세기 양식의 대저택인 카르나발레 대저택이 있고, 그곳에 20세기 초기의 아름다운 인테리어를 자랑하는 파리 역사 박물관이 있다.

❺ 상 저택

카르나발레 박물관을 지나 유대인들이 많이 모여

있는 마레 지구로 내려가면 센 강변으로 상 저택이 있다. 이 건물은 파리에 남아 있는 몇 안 되는 중세 건물 중 하나이다.

❻ 마리교

상 저택을 지나 생루이 섬으로 이어지는 다리는 파리에서 가장 낭만적인 다리로 알려진 마리교이다. 이 다리 위에서 연인이 키스를 하면 소원이 이루어진다고 한다. 마리교를 건너서 생루이 섬으로 간다.

❼ 생루이 섬

17세기 귀족들의 집들이 그대로 남아 있는 이 섬은 파리에서 가장 맛있는 아이스크림을 파는 베르티옹 아이스크림 가게가 있기도 하다. 부르봉 부두(Quai de Bourbon)를 따라 걸으면서 시테 섬으로 향한다.

❽ 요한 23세 광장

노트르담 대성당의 뒷모습을 볼 수 있는 요한 23세 광장을 지나서 노트르담 대성당의 앞까지 걷는다.

❾ 세익스피어 앤 컴퍼니

노트르담 대성당 앞에서 다시 센 강을 건너면 라탱 구역인데, 강변으로 영화 〈비포선셋〉에 나왔던 세익스피어 앤 컴퍼니 서점이 있다.

❿ 생테티엔 뒤 몽

서점을 지나 라탱 구역의 아름다운 거리들을 지나서 팡테옹 근처로 가면 아름다운 성당인 생테티엔 뒤 몽 성당을 만날 수 있다.

성녀 주느비에브(St. Geneviève)를 기념하는 성당으로 여러 가지 건축 양식이 혼합되어 있다. 성당 내부에는 파리의 수호자 성 주느비에브의 성골함이 안치되어 있고 아름다운 스테인드글라스로 장식되어 있으니 잠시 들렀다 가도 좋을 것이다.

⓫ 무프타르 거리

무프타르 거리(Rue Mouffetard)는 젊은이들이 많이 모여서 늘 활기차다. 맛있는 크레페 집이나 오래된 서점, 아기자기한 가게들이 많이 모여 있어서 걷는 데 지루하지 않다.

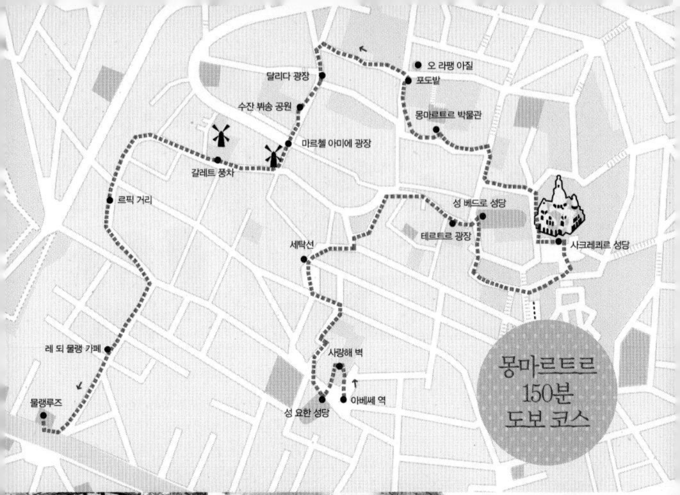

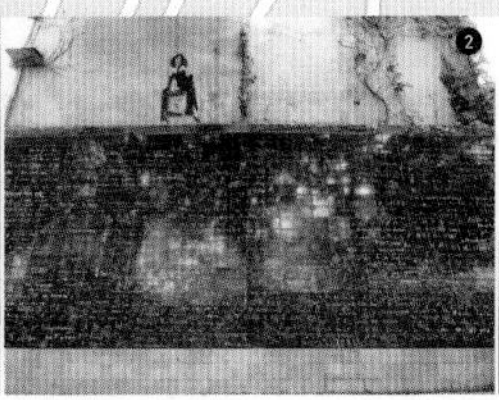

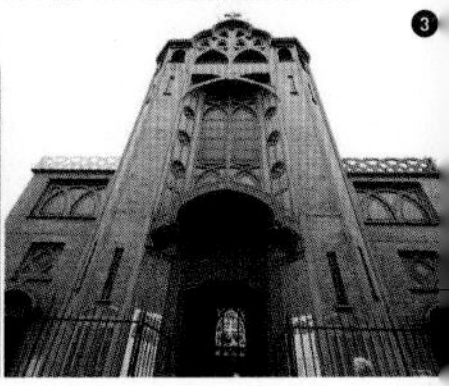

오 라팽 아질
달리다 광장
포도밭
수잔 뷔송 공원
몽마르트르 박물관
마르첼 아미에 광장
갈레트 풍차
르픽 거리
성 베드로 성당
테르트르 광장
사크레쾨르 성당
세탁선
레 되 물랭 카페
사랑해 벽
물랭루즈
성 요한 성당
아베쎄 역
몽마르트르
150분
도보 코스

METROPOLITAIN

❶ 아베쎄 역

아베쎄 역으로 갈 때는 걸어가거나 버스를 타고 가도 좋지만 이왕이면 지하철을 권한다. 지하철에서 내리자마자 영화 〈아멜리에〉에서 아멜리에가 멋지게 걷던 플랫폼이 나오고 파리에서 가장 큰 엘리베이터(총100명 정원)를 이용할 수 있다. 엘리베이터를 이용해서 올라와 지상으로 나오면 파리에서 아름답기로 유명한 아르누보 양식의 최초의 작품으로 만들어진 아베쎄 지하철역을 만날 수 있다.

❷ 사랑해 벽

그리고 아베쎄 역 뒤쪽으로 조그마한 공원이 하나 보이는데 그 안으로 들어가 보면 총 300개 언어로 총 1,000번의 '사랑해'라는 말이 적혀 있는 커다란 '사랑해 벽'을 볼 수 있다. 한국어는 총 세 군데에 "사랑해", "나는 당신을 사랑합니다", "나 너 사랑해"라고 적혀 있다.

❸ 성 요한 성당

아베쎄 역 바로 앞에 있는 성당인 성 요한 성당은 아르누보 양식의 내부 장식과 이슬람 건축 양식의 아치들이 어우러진 성당으로 아베쎄 역과 조화를 이룬다.

❹ 세탁선

LE BATEAU LAVOIR

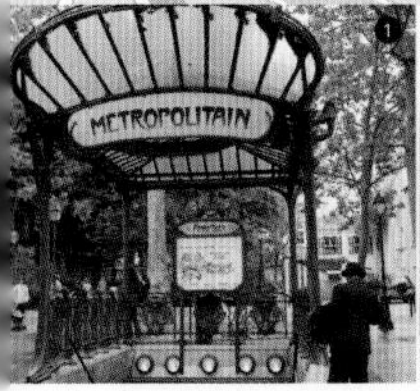

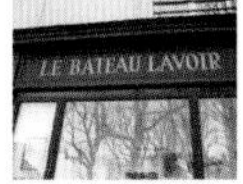

세탁선은 재능 있는 많은 예술가들이 거주했던 곳으로 피카소가 〈아비뇽의 아

가씨들(Les Demoiselles d'Avignon)〉을 그린 장소이다.

❺ 테르트르 광장

세탁선을 지나 조금만 더 언덕을 올라가면 현재도 화가들이 그림을 그리는 광장인 테르트르 광장을 만날 수 있다. 이곳에서 그림을 그리는 화가들은 대부분 파리 시에 등록되어 있는 화가이다. 여유가 있다면 초상화를 그려 보는 것도 여행의 좋은 추억이 될 것이다.

❻ 성 베드로 성당

테르트르 광장에서 사크레쾨르 성당이 보이는 곳으로 빠져나가면 파리에서 세 번째로 오래된 성당이 있는데 바로 성 베드로 성당이다.

❼ 사크레쾨르 성당

파리에서 가장 높은 몽마르트르 언덕 위에 있는 아름다운 이 성당은 몽마르트르의 하이라이트라고 할 수 있다. 내부에 있는 그리스도의 대형 모자이크도 볼 만하고 성당 앞에서 바라보는 파리의 전경도 매우 아름답다.

❽ 몽마르트르 박물관

1960년에 지어진 몽마르트르 박물관은 르누아르, 수잔 발라동 등 많은 화가들과 문인, 음악가들이 실제로 활동했던 공간으로 몽마르트르에서 가장 오래된 건물이다. 박물관 주변으로 아름다운 골목이 있어 사진을 찍기에도 좋다. 골목길을 따라 내려가면 핑크빛 카페가 보인다.

❾ 포도밭과 오 라팽 아질

핑크빛 카페의 오른편 길로 내려가면 오른쪽으로 파리의 유일한 포도밭이 있고, 그 다음으로 오 라팽 아질이 보인다. 붉은색 벽에 냄비에서 술을 들고 나오고 있는 토끼의 모습이 인상적인 오 라팽 아질은 19세기 말과 20세기 초에 이름 없는 가난한 예술가들이 드나들던 주점이다.

❿ 달리다 광장

오 라팽 아질에서 왼편으로 생뱅상 길(Rue Saint Vincent)을 따라 걷다 보면 길이 끝나는 즈음에 왼편으로 계단이 보인다. 그 계단을 걸어 올라가면 프랑스 샹송 가수 달리다의 동상이 세워진 달리다 광장이 나온다. 이 광장에서 왼편으로는 영화 〈사랑해, 파리〉의 첫 번째 에피소드의 시작 부분에 등장하는 아름다운 몽마르트르의 거리가 나오고, 지라동 거리(Rue Girardon)를 따라 조금만 걷다 보면 오른편으로 수잔 뷔송 공원이 있다.

⓫ 수잔 뷔송 공원

놀이터 같은 느낌의 작은 공원인 이 공원은 생드니 성인이 참수를 당한 곳인데 가운데에는 작은 샘물과 함께 생드니 성인의 조각상이 있다.

⓬ 마르첼 아미에 광장

공원을 다시 빠져 나와 조금만 걸으면 마르첼 아미에 광장이 나온다. 이곳에는 벽을 드나드는 남자 조각이 있다. 조각은 장마레의 작품으로마르첼 아이메의 허구가 섞인 환상적인 소설 〈벽을 드나드는 남자〉를 표현했다.

⓭ 갈레트 풍차

마르첼 아미에 광장을 지나 지라동 길(Rue Girardon)을 조금 더 걸으면 파리에 남아 있는 두 개의 풍차를 만날 수 있다. 파리에서 가장 높은 지대인 몽마르트르에는 17세기에 풍차가 30대 이상이나 설치되어 있었다. 하지만 풍차의 인기가 없어지고 현재는 두 개의 풍차만 남아 있다. 두 풍차는 각각 지라동 거리(Rue Girardon), 르픽 거리(Rue Lepic)에서 보는 것이 가장 멋있다.

⓮ 르픽 거리

갈레트 풍차를 보면서 동양적인 느낌의 길을 지나 다시 르픽 거리를 걸어 보자. 르픽 거리 54번지에는 고흐가 살던 집이 있다. 그 집을 지나 토로즈 거리(Rue Tholoze) 앞까지 가면 루느아르의 그림의 배경이 되는 토로즈 거리와 함께 갈레트 풍차가 아름답게 보인다.
다시 르픽 거리를 따라 걷다 보면 15번지에 있는 영화 〈아멜리에〉에서 아멜리에가 일하던 레 되 물랭 카페가 있다. 그리고 르픽 거리를 계속 끝까지 걸어가면 블랑슈(Blanche) 역이 나온다.

⓯ 물랭루즈

블랑슈 역 바로 앞에는 물랭루즈가 있다. 영화 〈물랭루즈〉의 배경이 된 물랭루즈는 현재 샹젤리제의 리도쇼와 더불어 유명한 쇼장이다.

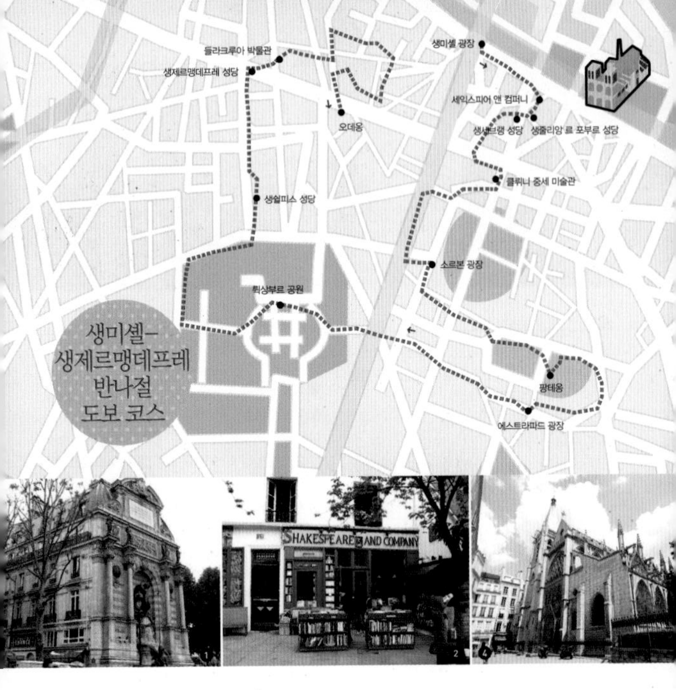

❶ 생미셸 광장

메트로 생미셸(St-Michel) 역에서 생미셸 광장(Place St.Michel)으로 나오면 커다란 생미셸 분수대가 보이고 그 분수대 주변이 생미셸 광장이다. 광장 주변으로는 지베르 죈(Gibert Jeune)이라는 노란 간판의 서점이 보이는데, 파리의 엽서나 지도, 사진집, 관광 안내서 등을 구입할 수 있다. 이 서점에서는 헌책도 판매하는데 노란색의 'Occasion'이라고 붙여진 책이 헌책이다. 새책보다 2~3유로 정도 저렴하게 구입할 수 있으니 유용하다.

❷ 셰익스피어 앤 컴퍼니

생미셸 광장에서 센 강을 따라 오른편으로 조금만 걸어가면 강 변을 따라 낡아 보이는 셰익스피어 앤 컴퍼니 서점이 있다. 영화 <비포선셋>에서 두 주인공의 만남이 이루어지는 서점으로도 등장하는 이 서점은 영미 서적을 파는, 파리에서 가장 오래된 서점이다.

❸ 생줄리앙 르 포부르 성당

1165년에서 1220년 사이에 건축된 성당으로 생제르맹데프레 성당과 더불어 파리에서 매우 오래된 성당이다. 6세기경에는 기도실로 사용되었다가 그 후에 여행객들을 위한 숙박을 제공하는 수도원으로도 사용되었지만 혁명 때는 창고로 사용되었고, 그 후로 다시 성당으로 복구되어 요즘에는 음악회 장소로 많이 사용되고 있다.

❹ 생세브랭 성당

생줄리앙 르 포부르 성당에서 먹자골목으로 들어가면 플라브와양 양식의 성당인 생세브랭 성당을 만날 수 있다. 그 성당 부근의 위세뜨 길(Rue de la Huchette), 사비에 프리바 길(Rue Xavier Privas), 생세브랭 길(Rue St Sevrin), 아록 길(Rue de la Haroc)에는 그리스 식당이 많아서 리틀 아테네라고 불리는 먹자골목이 있다.

❺ 클뤼니 중세 박물관

먹자골목을 다 빠져나가서 생제르맹 대로(Boulevard St Germain)를 건너면 예전 로마 시대 욕장 터에 지어진 클뤼니 중세 박물관이 있다. 중세 박물관은 중세 양식의 정원에 둘러싸여 있고 정원 한쪽에는 로마 시대 욕장 터가 남아 있다. 중세 박물관 건물은 로마와 중세 양식의 건물이 혼합된 건축 양식이다. 클뤼니 중세 박물관에서 나와 대학로라고 불리는 생미셸 대로(Boulevard St Michel)를 따라 걷는다.

❻ 소르본 광장

생미셸 대로를 조금만 걸어가다 보면 왼편으로 분수대가 있는 소르본 광장이 있다. 소르본 광장 뒤로는 소르본 성당과 소르본 대학이 보인다. 소르본 광장을 지나 소르본 대학을 따라서 팡테옹까지 걷는다.

❼ 팡테옹

신고전주의 양식의 건물로 입구에는 코린트 양식의 기둥이 22개가 있고, 철제 구조의 돔은 모두 3층으로 이루어져 있다. 이 성당은 국가를 위상을 드높인 사람들이 묻히는 곳으로 사용되었는데, 루소, 빅토르 위고, 에밀 졸라, 퀴리 부인 등이 잠들어 있다. 그리고 내부에는 19세기 프레스코 화가인 피에르 퓌비 드 샤방느(Pierre Puvis de Chavannes)의 작품인 성녀 주느비에브의 프레스코가 그려져 있다.

❽ 에스트라파드 광장

팡테옹 근처의 에스트라파드 광장에는 몇 개의 벤치와 분수대가 있어서 잠시 쉬어가기 좋다. 주변에 노천 카페와 상점들도 있다. 이 광장에서 아래쪽으로 내려가면 뤽상부르 공원이 있다.

❾ 뤽상부르 공원

뤽상부르 공원은 파리에서 가장 큰 공원으로 공원 안에는 뤽상부르 궁전과 메디시스 분수, 뤽상부르 미술관 등이 있다.

❿ 생쉴피스 성당

뤽상부르 미술관의 옆쪽 출구로 나와서 1~2분만 걸으면 오른편으로 생쉴피스 성당이 있다. 영화 〈다빈치 코드〉에서 중요한 쐐기돌이 있다고 해서 사일러스가 찾아가는 바로 그 성당이다. 밝은 날 더 아름답게 보이는 내부와 들라크루아의 작품도 감상할 수 있는 성당을 둘러보고 보나파르트 길(Rue Bonaparte)을 따라 걷는다. 그 길의 72번지에는 피에르 에르베라는 마카롱 전문점이 있고, 푸르 길(Rue de Four)과 이어지는 사거리에는 시티 파르마라는 파리에서 가장 저렴한 약국 화장품을 파는 약국이 있다.

⓫ 생제르맹데프레 성당

파리에서 가장 오래된 성당인 생제르맹데프레 성당은 오랜 시간을 거쳐 오면서 여러 가지 양식이 혼합된 건축으로 지어졌다. 성당 주변에는 유명한 카페도 많이 있는데, 레 되 마고와 플로르 카페 등 문인들이 자주 찾던 곳이 아직도 남아 있다. 젊은 분위기를 느끼면서 커피나 맥주를 한잔하기에 좋은 곳이다.

⓬ 들라크루아 박물관

생제르맹데프레 성당 뒤쪽으로 골목을 들어서면 파리에서 가장 아름다운 광장으로 알려진 휘스탕베르그 광장이 있는데, 연인들의 데이트 장소로도 많이 사용되는 곳이다. 이 광장의 바로 앞에는 유명한 그림을 많이 남긴 화가 들라크루아가 거주하며 작품 활동을 했던 집을 개조해 박물관으로 사용하고 있는 들라크루아 박물관이 있다.

들라크루아 박물관에서 센 강변의 오래된 거리들을 걸어 보자. 1825년에 문을 연 도핀 통로(Passage Dauphine)는 작은 아파트 단지에 들어간 것처럼 조용한 복도를 걷는 것 같은 느낌이다. 도핀 거리를 지나 크리스탕 거리(Rue Christine)를 지나 센 강 쪽으로 올라가면 그랑오거스땅 거리(Rue des Grands Augustins)의 7번지에는 브르뜨빌 저택(Hôtel Bretteville)이 있는데 피카소가 이곳으로 옮겨와 1937년부터 1955년까지 살면서 작품 활동을 했던 곳이다. 그리고 13번지는 마리아쥬 프레르(Mariage Frères)라는 최고의 홍차를 즐길 수 있는 차 전문점이 있다.

⓭ 오데옹

오데옹 거리들을 걸어 보자. 상점과 카페들이 있는 생앙드레 데 자르 거리(Rue St André des Arts)를 지나 조용하고 아늑한 거리인 자르디네 거리(Rue Jardinet)와 로앙 거리(Cour de Rohan)를 지나서 오래된 카페들과 상점들이 있는 코메르스 생 앙드레 거리(Cour du Commerce St André)를 지나 앙시엔느 코메디 거리(Rue de l'Ancienne Comédie)를 걸어서 오데옹 메트로 역까지 간다. 앙시엔느 코메디 거리의 13번지에는 프랑스 최초의 카페인 르 프로코프(Le Procope)가 있다.

❾

⓫

⓬

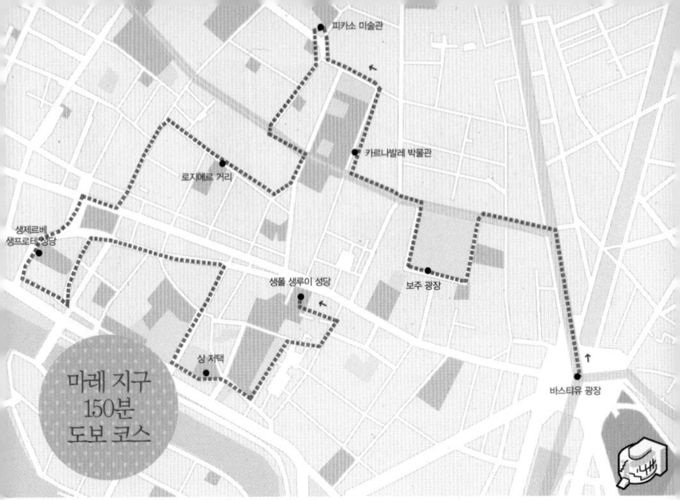

피카소 미술관
카르나발레 박물관
로지에르 거리
생제르베
생프로테 성당
생폴 생루이 성당
보주 광장
상 저택
바스티유 광장

마레 지구 150분 도보 코스

❶ 바스티유 광장

이 광장은 1789년 프랑스 혁명이 시작된 곳으로 그 당시 있었던 바스티유 감옥이 혁명으로 무너지고 그 자리에 바스티유 오페라 극장과 혁명을 기념하는 7월의 기둥이 세워져 있다.

❷ 보주 광장

바스티유 광장에서 본격적으로 마레 지구로 접어들면 파리에서 가장 아름다운 광장 중 하나인 보주 광장이 있다. 그리고 보주 광장 6번지는 빅토르 위고가 살면서 작품 활동을 했던 집이 박물관으로 공개되고있다.

❸ 카르나발레 박물관

보주 광장에서 나와서 프랑 부르주아 거리 쪽으로 걸으면 카르나발레 저택이 있는데, 아름다운 중세의 건물에 파리 역사 박물관이 있다.

❹ 피카소 미술관

피카소 미술관이 세워진 건물은 17세기에 지은 바로크풍의 호화로운 살레관으로 그가 죽은 후에 가족들로부터 유산 상속세 대신에 작품들을 기증받아서 세웠다고 한다.

피카소 미술관을 둘러보고 나와서 엘즈비르 거리(Rue Elzevir)를 지나서 중심 거리인 프랑 부르

❶ ❷

주아 거리를 따라 조금 걷다가 도서관이 있는 거리인 파베 거리(Rue Pavée)를 내려가면 모나리제(Mona Lisait)라는 예술 책들을 주로 파는 서점이 있는데, 그 서점에서 파리에 관련된 책들과 엽서 등을 구입할 수 있다.

❺ 로지에르 거리

파베 거리에서 이어지는 거리가 파리에서 가장 아름다운 거리라고 알려진, 유대인들이 모여 사는 로지에르 거리이다. 이 거리에는 유대인 상점들도 많으며 특히 가게에서 맛있는 팔라펠을 맛볼 수 있다. 로지에르 거리가 끝나는 곳에서 이어지는 거리가 또 하나의 마레 지구의 중심 거리인 비에이유 탕플 거리(Rue Vieille Temple)이다. 이 거리를 따라 내려가서 리볼리 거리(Rue Rivoli)를 건너 생제르베 생프로테 성당까지 간다.

❻ 생제르베 생프로테 성당

파리에서 가장 오래된 고전주의 건축 양식의 정면의 파사드가 아름다운 성당을 지나서 프랑수아 미롱 거리(Rue François Miron)를 따라 다시 리볼리 거리 쪽으로 걷는데, 11,13번지의 두 개의 건물은 중세풍의 건물로 독특한 분위기를 풍기고 있다.

❼ 상 저택

그리고 센 강변으로 파리에서 몇 안 되는 중세 건물 중 하나인 상 저택을 지나 필립 오거스트의 성벽을 지나서 생폴 생루이 성당까지 걷는다.

❽ 생폴 생루이 성당

마레 지구의 중심에 있는 이 성당은 밝은 느낌인데, 내부에는 들라크루아의 작품도 있고, 빅토르 위고가 기증한 조개 모양의 성수통도 있다.
마레 지구가 조금 아쉬운 사람들은 이 성당을 중심으로 센 강변으로 걸어보아도 좋고, 바스티유까지 이어지는 생앙투앙 거리(Rue St-Antoin)를 걸어도 좋다.

THEME TRAVEL 07

파리의 먹을거리

미식가의 나라이자, 서양의 식사 예절 문화를 선도한 나라 프랑스. 그리고 세계 3대 요리에 속하는 프랑스 요리는 재료가 가지고 있는 본래의 맛을 최대한 느낄 수 있도록 요리를 하는 것이 특징이다. 프랑스의 지형은 파리로부터 반경 100km의 넓은 평지와 보르도 인근의 넓은 평야 지대 그리고 남프랑스의 뜨거운 햇살과 고원의 구릉 지대들, 북해, 지중해와 대서양을 끼고 있으며 알프스와 피레네 산맥의 형성으로 다양한 재료를 풍부하게 구할 수 있다. 그렇기 때문에 재료와 소스의 다양함에서 느껴지는 섬세한 맛과 뛰어남 조리 실력으로 프랑스 사람들은 모든 음식이 독특한 맛을 지니도록 만드는 데 탁월한 재능이 있다.

파리지앵들의 식사

프랑스 사람들은 가벼운 카페와 빵으로 간단히 아침 식사를 하고, 점심은 가볍게 샌드위치나 샐러드 등 간단한 식사를 즐기지만, 저녁은 푸짐하게 오랜 시간 동안 즐긴다. 그래서 불어로 아침 식사는 쁘띠 데쥬네(Petit-déjeuner-쁘띠petit은 '작다'라는 프랑스 말로 점심 식사를 뜻하는 데쥬네보다 작은 식사를 뜻한다.), 점심 식사는 데쥬네(Déjeuner), 저녁 식사는 디네(Dîner)라고 말한다.

아침 식사 Petit-déjeuner

프랑스 사람들의 아침 식사는 대체적으로 간단하다. 이른 아침 빵집에서 갓 구어낸 따끈한 바게트를 사와 타르트(Tarte)나 잼, 꿀 등을 발라서 카페나 쇼콜라, 우유, 주스 등과 함께 먹는다. 집에서 미처 챙겨 먹을 시간이 없는 사람들은 근처 카페에서 간단한 카페와 크루아상을 즐겨 먹는 모습도 쉽게 볼 수 있다. 그래서 여행 시에 호텔에 투숙하는 여행자들은 간혹 호텔 조식에 먹을 것이 없다라고 하기도 하는데, 프랑스 사람들 대부분 카페와 빵 정도로 가벼운 아침 식사를 하기 때문이다. 그래도 대부분의 호텔에서는 배고픈 여행객들을 위해서 푸짐한 미국식 아침 식사를 준비해 준다.

점심 식사 Déjeuner

점심시간이 되면 길거리에는 샌드위치를 들고 걸어가는 사람들의 모습을 쉽게 볼 수 있다. 길거리를 걸어다니며 음식을 먹는 것이 좋지 않은 행동임을 교육받으며 자란 우리에게는 그런 모습이 약간 의아하게 생각되기도 하지만, 파리에서는 아주 흔한 일이다. 여행 중에는 파리지앵들처럼 샌드위치를 먹으며 거리를 걸어 보길 권한다. 일반 카페나 레스토랑에서의 점심 식사도 비교적 간단하다.

저녁 식사 Dîner

다소 간단하게 식사를 하는 아침 식사나 점심 식사와 달리 파리지앵들의 저녁 식사는 아주 길다. 보통 3~4시간 정도 느긋하게 식사를 하기 때문이다. 식전에 마시는 술인 아페리티프로 입맛을 돋운 다음에 전식, 본식, 후식, 치즈, 커피 순서로 식사를 한다.

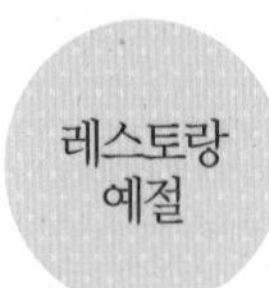

레스토랑 예절

입구에서

자리가 비어 있다고 아무 자리에 앉는 것은 좋지 않다. 예약석일 수도 있고, 식사를 하는 자리와 음료만 마시는 자리가 구분되어 있는 곳일 수도 있으므로 꼭 종업원에게 안내를 받아야 한다.

주문할 때

메뉴를 결정하고 메뉴판을 내려놓으면 종업원이 와서 주문을 받는 것이 보통인데, 음식이 정해졌으면 가볍게 손을 들어 종업원을 부른다.
메뉴 주문은 디저트를 제외하고 전식과 메인 요리를 한 번에 주문하는 것이 일반적이고, 음료수도 함께 주문한다.

계산 시

식사가 모두 끝이 나고 계산서를 요구하면 종업원은 테이블로 계산서를 가지고 온다. 계산은 테이블에서 바로 하면 되고, 카드 계산인 경우에는 종업원이 카드 기계를 직접 테이블로 가지고 온다. 계산이 끝나고 팁은 테이블에 올려놓고 나가면 된다.

팁

팁은 계산서에 이미 포함되어 있는 것이 많아서 꼭 주어야 하는 것은 아니지만 보통 프랑스 사람들은 음식값의 5% 정도를 팁으로 주거나 거스름돈의 남은 동전을 놓고 나간다. 고급 레스토랑의 경우에는 5~10유로 정도 주는 것이 보통이다.
팁을 꼭 주어야 한다는 법도 없고, 특별히 요구하지는 않지만, 계산서에 팁이 포함되어 있지 않거나, 만족스러운 서비스를 받았을 경우에는 잊지 말고 팁을 주자.

프랑스 가정에서의 저녁 식사

프랑스에 유학을 간 후 얼마 되지 않았을 때, 프랑스인의 가정집에 초대를 받은 적이 있었다. 일단 프랑스 사람들은 인사부터 긴 편인데, 비주(Bisou)라고 해서 서로 양 볼을 대고 쪽 소리를 내며 인사를 나눈다. 이 인사법도 동네별로 약간 차이가 있는데, 하필 내가 살던 지역은 4번 '쪽' 소리를 내는 지역이라 한참을 인사를 한 후에야 집에 들어갈 수 있었다.

집에 들어가자마자 아페리티프(식전에 마시는 술)를 먼저 권하는데, 아페리티프를 즐기면서 이런저런 이야기를 나누고 있노라면 주방에서 주인 아주머니의 요리가 완성되고 자연스럽게 식사가 시작된다. 본격적인 식사에 앞서 전식을 먼저 즐기는데, 자급자족을 즐기는 프랑스 사람들은 주로 자신의 마당에서 키운 샐러드를 먹는다. 아주머니가 자신의 집에서 키운 샐러드라고 자랑을 하면서 대화를 나누다 보니 어느덧 전식은 끝이 나고 본격적으로 요리가 준비되고 본식에 들어간다. 주로 본식은 두 가지 정도가 준비되니 첫 번째 요리가 맛있다고 절대로 많이 먹으면 안 된다. 그렇게 또 식사를 마치면 아주머니는 주방으로 두 번째 본식을 준비하러 간다.

본식을 먹을 때는 되도록 소스까지 모두 먹는 것이 예의인데, 바게트 빵을 소스에 찍어서 먹으면 아주 맛있다. 본식을 모두 먹고 나면 이제 후식이 준비되는데, 보통은 아이스크림이나 달콤한 케이크가 준비된다. 하지만 마지막에 등장하는 치즈는 맛있게 즐긴 프랑스식 코스 요리를 망쳐 놓기도 한다. 프랑스 사람들이 매우 좋아하는 '블루'라는 치즈인데 마치 외국인이 한국 음식인 청국장을 처음 먹는 느낌이랄까?

그렇게 치즈까지 모두 먹으면 식사는 끝이 나는데 대부분 4~5시간 정도 걸린다. 오랫동안 식사를 해서 그런지 과식을 한 나를 위해 프랑스 아주머니는 위스키 한 모금으로 마무리를 하게 하셨다. 프랑스식 저녁 초대는 손님이 먼저 가겠다고 말하기 전까지는 끝이 나지 않으니, 적당히 시간을 봐서 일어나 주는 것이 예의다.

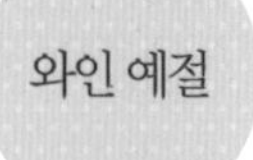

와인은 이제 우리에게도 친숙한 편인데, 프랑스에서는 식사 때 물보다 와인을 더 많이 마신다. 와인을 주문하게 되면 일단 종업원이 주문한 와인을 가져와 테스팅을 하는데, 와인을 고른 사람이 테스팅을 하면 된다. 와인 테스팅은 맛을 평가하는 것보다 와인이 상했는지의 여부를 보고 괜찮다는 의사 표시를 하면 된다. 와인이 상하지 않았으면 종업원은 나머지 잔을 채워 주는데, 와인을 받을 때는 그대로 잔을 바닥에 내려놓으면 된다. 와인을 따르는 사람은 와인 잔의 넓은 볼이 있는 곳까지 따르면 된다. 보통은 나이가 많은 여자의 잔을 먼저 채우고 여자들의 잔이 차면 남자들의 잔을 채우게 된다.

와인을 마실 때 건배는 딱 한 번만 한다. 건배할 때는 상대방의 눈을 바라보는 것이 예의다. 건배 후 마실 때도 적당히 맛을 음미하면서 여러 번에 나누어 마시면 된다. 와인 잔의 와인을 끝까지 비우지 말고 두 모금 정도 남겨 둔다. 그러면 와인을 서빙하는 사람은 두 모금 정도 남은 와인 잔을 다시 채워 준다. 만약 와인을 대접하는 입장이라면 가장 맛있는 와인을 먼저 대접하는 것이 좋고, 부득이한 경우라면 여러 종류의 와인을 섞지 않는 것이 좋다. 만약 와인이 모자라서 새로운 와인을 마시게 된다면 반드시 새 잔을 준비하거나 잔을 세척해서 마시는 것이 좋다.

브르고뉴나 론강 지역에서 생산한 와인들은 14도에서 16도 사이, 보르도 지역 와인은 16도에서 18도 정도에서 훌륭한 맛을 느낄 수 있다고 하니 참고하자.

레스토랑에서 메뉴 보기

Plat du Jour		오늘의 요리
Entrées 전식	soupe	수프
	escargot	달팽이
	foie Gras	거위 또는 오리 간
	pâté	파이
	terrine	테린에 담은 파이
	saumon fumé	훈제 연어
Viandes 육류	boeuf	소고기
	canard	오리
	cote	갈비
	entrecôte	소갈비
	escalope	얇게 저민 고기
	faux fillet	등심
	pave	사각으로 자른 고기
	porc	돼지고기
	rognon	콩팥
	romsteck	소 엉덩이 고기
	steak tartare	소고기 다진 것
	veau	송아지
	agneau	양고기
	andouillett	창자로 만든 소시지
	poulet	닭고기
	dinde	칠면조
	lapin	토끼
Légume 야채	concomvre	오이
	courgette	호박
	epinard	시금치
	navet	무
	oignon	양파
	poivron	파
	asperage	아스파라거스
	basilic	바질릭
	carotte	당근
	chou	양배추

Poissons 생선류	saumon	연어
	daurade	도미
	moules	홍합류
	coquilles saint jacques	가리비 조개
	thon	참치
	truite	송어
	huitre	굴
Desserts 후식	tarte	타르트
	gâteau	케이크
	salade de Fruits	과일
	peche	복숭아
	poire	배
	raisin	포도
	ananas	파인애플
	cerise	체리
	citron	레몬
	fraise	딸기
	châtaigne	밤
	glace	아이스크림
	crème	크림
	sorbet	샤베트
	fromage	치즈
	pain	빵
Eau 물	carafe d'eau	수돗물 (일반적인 물, 프랑스에서 무료)
	de gaz d'eau	가스물(탄산수) (프랑스의 레스토랑에서는 탄산수를 즐겨 마시는데 대표적으로는 Perrier, Badoit 등이 있다.)
Vin 와인	vin rouge	레드와인
	vin blanc	화이트와인
	vin rosé	핑크와인
Bière 맥주	pression / une demie	생맥주 (프랑스에서 주로 마시는 맥주에는 '1664'가 있는데, 불어로는 쎄즈(16)라고 한다.)

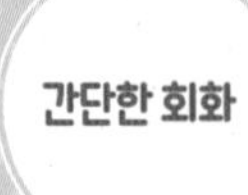

종업원을 부를 때나 부탁할 때 쓰는 표현
S'il vous plaît.
씰부쁠레

메뉴판을 부탁드립니다.
Apportez-moi la carte, s'il vous plaît.
아뽀르떼 무아 라 까르뜨 씰부쁠레

추천해 주는 요리로 하겠습니다.
Je vous laisse choisir pour moi.
즈 부 레쓰 슈와지르 뿌르 무아

추천해 주세요.
Que recommandes-vous?
끄 르꼬망데 부?

그것으로 하겠습니다.
Je le prends.
즈 르 프렁

정식으로 하겠습니다.
Je prendrai un menu.
즈 프렁드레 앙 므뉘

같은 것으로 부탁합니다.
La même chose, s'il vous plaît.
라 멤므 쇼즈 씰부쁠레

이것은 제가 주문한 것과 다릅니다.
Ce n'est pas ce que j'ai commandé.
쓰네빠 스끄 제 꼬망데

빵을 조금 더 부탁합니다.
Encore un peu de pain s'il vous plaît.
앙꼬르 앙 쁘 드 빵 씰부쁠레

물을 부탁합니다.
Je puis avoir de l'eau?
즈쀠 아부아 드 로

아주 맛있습니다.
C'est très bon.
쎄 트레 봉

계산서 좀 부탁합니다.
L'addition s'il vous plaît.
라디씨옹 씰부쁠레

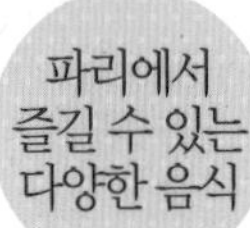

벨기에 홍합 요리

Léon de Bruxelles

홍합 요리 전문점으로 여러 가지 홍합 요리를 맛볼 수 있다. 하지만 홍합은 겨울이 제철이기 때문에 여름보다는 겨울에 먹는 게 훨씬 맛이 좋다.
가격대 11~20유로

- **몽파르나스**
  주소 82 bis Bd. du Montparnasse, 75014 Métro Montparnass
- **생제르맹데프레**
  주소 131 Bd. St-germain, 75006 Métro Mabillon

스테이크 전문 체인점

Hippopotamus

스테이크 전문 체인점이다. 우리나라에도 체인점이 있는데, 드라마 〈내 이름은 김삼순〉에서 삼순이가 잠시 일했던 곳으로 등장한다. 월~금요일 14시 30분~19시 30분까지는 30% 할인된 가격으로 식사를 할 수 있다(메뉴와 음료, 전식 등은 제외). 가격대 15~25유로

- **샹젤리제**
  주소 6 Avenue Franklin Roosevelt, 75008 Métro Franklin Roosevelt
- **오페라**
  주소 1 Boulevard des Capucines, 75002 Métro Opéra
- **바스티유**
  주소 1 Boulevard Beaumarchais, 75004 Métro Bastille

마카롱

La Durée

세계에서 가장 맛있다고 하는 마카롱 전문점인 라뒤레는 내부 카페도 동양풍의 아름다운 장식들로 되어 있어서 편안하게 마카롱과 차를 즐길 수 있고, 식사도 가능하다. 카페에서 즐길 때는 마카롱 작은 것 4개에 7.10유로, 티는 6~7유로, 커피는 3.50~6유로 정도. 입구에는 따로 포장 판매만 하는 곳도 있는데, 낱개부터 상자 판매까지 다양하게 구입이 가능하다. 8개 묶음 상자는 약 14.10유로.
주소 21 Rue Bonaparte, 75005 Métro St-Germain-des-pres 가격대 3.50유로~

Pierre Herme

라뒤레에서 일하던 피에르 에르메가 독립해서 만든 마카롱 전문 매장으로 마카롱은 물론, 카페와 차 등도 판매한다. 7개 묶음 판매하는 상자는 16유로 정도.
주소 72 Rue Bonaparte, 75005 Métro St-Germain-des-pres 가격대 3.90유로~

이스라엘 팔라펠 Fallafel

중동의 길거리에서 즐겨 볼 수 있는 야채 샌드위치로 유대인들이 모여 사는 로지에르 거리(Rue des Rosiers)에서 맛볼 수 있다.

L'as du Fallafel

로지에르 거리에 있는 팔라펠 가게 중에 가장 유명하다. 늘 줄을 서서 기다릴 정도로 사람들이 많다. 팔라펠과 함께 즐기는 레몬 주스도 맛이 좋다.

주소 34 Rue des Rosiers, 75004 Métro St-Paul 가격대 5~7유로

베트남 쌀국수 Pho

Pho 14

파리의 베트남 쌀국수는 베트남 현지 것보다 맛이 좋다고 소문이 날 정도로 파리지앵들이 즐겨 먹는 음식 중 하나인데, 쇼와지 거리(Avenue de Choisy)에서 많은 쌀국수 집들을 만날 수 있다.

특히 Pho 14 옆으로는 나란히 세 집이 있는데 세 집 모두 인기가 많은 집이다. 그 중 Pho 14는 베트남 쌀국수를 특히 좋아한다는 영화배우 키아누 리브스가 영화 홍보차 파리에 와서 이 집에서 쌀국수를 먹고 극찬을 했다는 곳이다. 이 집이 아니어도 다른 세 집 모두에서 가끔씩 헐리우드 스타들을 만나기도 한다. 전체적으로 국물이 진한 편이다.

주소 129, avenue de Choisy, 75013 Métro Tolbiac 가격대 5~10유로

아랍 국가의 꾸스꾸스 Couscous

모로코 등 아랍 국가의 음식으로, 좁쌀처럼 생긴 곡식에 양념한 고기를 버무려 먹는 것이다.

La Goulette

이 가게는 꾸스꾸스 전문점은 아니지만 꾸스꾸스가 꽤 맛있는 집이다. 피자와 케밥도 파는데 가게 규모는 굉장히 작은 편이다.

위치 파리 시청에서 BHV와 퀵 중간 길인 탕플거리(Rue du Temple)를 따라 올라가서 첫 번째 골목에서 좌회전하면 바로 있다. Métro Hôtel de Ville 가격대 꾸스꾸스 6~8유로

한식

보배

한인 식당으로 쌈밥이 특히 맛있는데, 2인분에 36유로 정도이다.

주소 44 Rue de Lourmel, 75015 Métro Charles Michel

THEME TRAVEL 08

파리의 **사계절**

프랑스도 사계절이 있는데 위치적 특성상 우리나라와는 다른 분위기를 느낄 수 있다. 예를 들어 높고 파란 하늘을 자랑하는 우리나라의 가을 하늘과는 달리 프랑스의 가을 하늘은 늘 비가 내리고 구름이 많다. 또한 너무 더운 우리나라의 여름과 달리 프랑스의 여름은 햇살은 강하지만 그늘에서는 서늘하여 여행하기에 좋은 계절이다.
비슷하지만 다른 프랑스의 사계절! 여행하는 계절에 따라 여행지에서의 느낌은 확연하게 달라지니, 프랑스의 계절별 특성을 잘 알아 두면 좀 더 멋진 파리 여행을 즐길 수 있을 것이다.

봄

보통 3월부터 7월 초까지로 우리나라의 봄 날씨와 비슷한 기후이다. 그래서 봄은 파리를 여행하기에 가장 좋은 계절이다. 특히 꽃이 많이 피는 5~6월에 파리에서 머물게 된다면 파리 근교 나들이를 추천한다.

봄에 하는 행사

부활절

3월 하순~4월 중순 사이로 매년 날짜가 바뀐다. 우리나라는 달걀에 그림을 그려 주는 것에 반해 프랑스는 달걀 모양의 초콜릿을 서로 나누어 먹는다. 이 즈음이면 파리 상점들에서 달걀 초콜릿을 파는 곳을 많이 볼 수 있다.

5월 첫째 주 일요일

죽은 영혼들을 위해 기도하는 날이다. 이때 파리에 있다면 몽파르나스 묘지나 페흐 라세즈 묘지를 찾아 보자.

테니스 오픈

세계 4대 테니스 경기로 유명하다. 5월 중에 블로뉴 숲의 롤랭개로 테니스 클럽에서 열린다.

어머니날

5월 마지막 일요일은 어머니날 행사로 세일을 하는 곳이 많다. 쇼핑을 즐기자.

게이 퍼레이드

6월 마지막 주 토요일에 열리는 게이 퍼레이드는 파리 시내를 게이들이 행렬을 지어 다니는데 주로 바스티유 광장-마레 지구-시청 앞-생미셸 광장 쪽으로 가면 볼 수 있다. 화려한 게이들의 행렬을 함께 즐겨 보자.

음악 축제

6월 21일에 열리는 음악 축제는 파리 곳곳에서 아름다운 음악을 들을 수 있으며 밤새도록 축제가 이어진다.

여름

보통 7~8월로, 온도가 높다고 해도 그늘로 가면 서늘함을 느낄 수 있기 때문에 땀이 흐르지 않아 여행하기에도 나쁘지 않은 계절이다. 하지만 최근에는 여름에 흐린 날이 많아지고, 너무 고온으로 올라가기도 하는데, 아직까지 파리 대부분은 에어컨 시설이 제대로 되어 있지 않아 여행하기에 힘든 날도 종종 있다. 하지만 관광객이 많아지는 여름은 그만큼 다양한 행사들이 준비되어 있고, 보통 밤 10시까지 해가 떠 있기 때문에 여행하기에는 좋은 계절이다.

여름에 하는 행사

승전 기념일

7월 14일 프랑스 혁명 기념일에는 프랑스 전체가 축제 분위기이다. 파리 곳곳에서는 군사 행렬과 각종 행사가 있고, 저녁에는 에펠탑을 중심으로 열리는 불꽃놀이가 매우 아름답다. 불꽃놀이는 보통 22시 30분 정도에 시작하는데, 이미 18시 정도면 사람들이 샹 드 막스 공원을 가득 메운다. 물론 에펠탑에서 하는 불꽃놀이는 파리 곳곳에서 즐길 수 있겠지만, 그래도 제대로 불꽃놀이를 즐기려면 적어도 오후 4~5시 정도에 샹 드 막스 공원에 가서 자리를 잡고 기다리자. 오랜 시간 기다림에 지루할지도 모르니 적당한 피크닉 음식들과 약간의 알코올, 놀이기구, 돗자리 등은 미리 챙겨가는 것이 좋다. 불꽃놀이는 샹 드 막스 공원에 설치한 스피커의 음악에 맞추어서 쏘아지기 때문에 샹 드 막스 공원에서 즐기는 것이 가장 멋있게 불꽃놀이를 즐길 수 있는 방법이다.

뚜르 드 프랑스

7월에 열리는 프랑스 일주 자전거 경주 대회. 7월 초에 시작하여 7월 말에 샹젤리제에서 경기가 끝난다.

파리 플라쥐

7~8월 여름에는 센 강변의 도로를 막아서 모래사장과 수영장, 각종 바캉스를 즐길 수 있는 시설이 들어서기 때문에

여름에 파리를 여행한다면 파리 플라쥐도 함께 즐겨보는 것이 좋다. 주로 시청 앞 쪽의 센 강변부터 마리교까지 쭉 이어진다.

튈르리 공원의 놀이동산

7~8월이면 튈르리 공원의 한쪽도 놀이동산으로 바뀐다. 밤 12시까지 즐길 수 있는데, 대전람차가 인기다. 전망차 위에서는 파리의 전망을 즐길 수 있는 충분한 시간이 주어진다. 사랑하는 연인과 함께라면, 키스 타임을 가져도 좋겠다.

가을

프랑스의 가을은 8월 말부터 11월 중순까지다. 유럽 대부분의 국가들은 겨울이 우기이기 때문에 우기로 접어드는 가을에는 비가 자주 내린다.

가을에 하는 행사

각종 박람회

10월은 박람회가 많이 열린다. 2년에 한 번씩 열리는 자동차 박람회부터 초콜릿 박람회 등의 다양한 박람회가 열리니 비가 많이 오는 날이라면 실내의 박람회장을 찾아보자. 파리에서의 대부분의 박람회는 메트로 12호선 포르트 드 베르사유(Porte de Versailles) 역 앞에 바로 있는 박람회장에서 열린다.

보졸레 누보 출시

11월 셋째 주 목요일은 매년 보졸레 누보가 출시되는 날이다. 보졸레 누보는 햇와인으로 먹는 것으로 유명한데, 그해 담근 술은 그해를 넘기지 않고 먹는 것이 대부분이다. 대부분 이때부터 레스토랑에서는 커다랗게 보졸레 누보 출시를 알리고, 판매를 시작한다.

겨울

프랑스는 겨울이 긴 편이다. 파리의 경우 서울의 겨울에 비해 비교적 온도가 높다. 우기이긴 하지만 기온이 0도 이하로 잘 내려가지 않기 때문에 겨울에도 눈 대신 비가 올 때가 많다. 하지만 대부분 이슬비고, 가끔 오는 굵은 비도 소나기가 많으니 비가 오면 잠시 몸을 피했다가 비가 그치면 움직여도 좋다. 또한 겨울에는 밤 사이 비가 많이 내리는 편이다. 파리의 기온이 우리나라보다 더 높다고 해도 난방 시설이 제대로 갖추어지지 않은 유럽에서는 체감 온도가 한국보다 더 낮다. 겨울에 여행을 준비한다면, 특별히 보온에 신경 써야 한다.

겨울에 하는 행사

크리스마스

12월 25일 크리스마스는 전 세계인의 축제라고 할 수 있다. 거리마다 화려한 조명과 북적거리는 사람들을 볼 수 있는데, 주로 샹젤리제나 에펠탑 등지에 사람들이 많이 모인다.

새해

12월 31일 밤이면 샹젤리제나 에펠탑 등지에서 사람들이 모여 파티를 하는데, 샴페인을 들고 거리로 나가 새해가 시작되는 순간의 파리를 즐겨 보자. 하지만 샹젤리제에서는 동양 여자와 키스를 하면 운이 좋다는 미신이 떠돌기 때문에 당혹스러운 일을 당하지 않으려면 새해의 샹젤리제는 되도록 피하는 것이 좋다. 남자와 동행한다고 해서 절대로 안심할 수 없다. 멋진 프랑스 남자들의 키스를 받을 수 있다면 나쁘지 않겠지만, 그 미신을 믿고 따르는 사람들은 대부분 별로 멋있지 않은 사람들인 듯하니 문제다.

갈레뜨 호아(Galette de Rois) 먹는 날

1월 첫 번째 일요일은 갈레뜨 호아(케이크 속에 작은 인형이 들어 있는 것으로, 인형이 있는 부분을 먹으면 한 해 운이 좋다는 설이 있다.)를 먹는 날인데, 이 날 즈음되면 빵집이나 슈퍼에서 쉽게 갈레뜨 호아를 살 수 있다.

프랑스의 주요 국경일과 파리의 축제

1월 1일 / 새해 첫 날	Jour de l'an / 샹젤리제나 에펠탑 등지에서 사람들이 모여 파티를 한다.
1월 첫 번째 일요일 / 갈레뜨 호아 데이	갈레뜨 호아(Galette de Rois) 먹는 날
2월 부활절 47일 전 화요일 / 카니발	니스의 카니발 / 망통의 레몬 축제 날짜는 www.nicecarnaval.com에서 확인
3월 초~4월 사이 / 성지 순례	부활절 3~4주 전에 젊은이들은 파리 노트르담 대성당에서 출발해서 샤르트르 성당까지 1박 2일로 도보 성지 순례를 떠난다.
3월 하순~4월 중순 사이 / 부활절	Pacques / 서로 달걀 모양의 초콜릿을 나누어 주는 날. 매년 날짜가 바뀐다.
4월 1일 / 만우절	Poisson d`avril / 어린아이들이 좋아하는 날인데, 물고기 그림을 서로 등에 몰래 붙이기도 하고 물고기 그림을 집 앞에 붙여 놓으면 어린 아이들이 와서 사탕을 달라고 조른다.
5월 1일 / 노동절	Fete du Travail / 뮈게라고 불리는 은방울꽃을 서로 나누는 날이다.
5월 첫째 주 일요일	죽은 영혼들을 위해 기도하는 날이다.
5월 8일 / 제2차 세계 대전 승전 기념일	Victoire 1945
5월 둘째 주 일요일 / 잔 다르크제	잔 다르크제 / 오를레앙 지방에서 잔 다르크 분장을 한 소녀가 행렬을 한다.
5월 상순 / 그리스도 승천일	Ascension / 부활절 40일 후의 목요일
5월 중순 / 성신강림일	Pentecote / 부활절 49일 후의 일요일, 다음 날까지 연휴이다.
5월 중 / 프랑스 오픈 테니스 선수권 대회	France Open / 세계 4대 테니스 대회. 블로뉴 숲의 롤랑가로스 테니스 클럽에서 열린다.
5월 마지막 주 일요일 / 어머니날	Fete de Mere / 어머니날 행사로 세일을 하는 곳이 많다.
6월 셋째 주 일요일 / 아버지날	Fete de Pere
6월 마지막 주 토요일 / 게이 퍼레이드	Gay Parade / 동성애자들을 위한 화려한 퍼레이드가 열린다.
6월 21일 / 파리 음악 축제	Fete de la Musique / 파리 곳곳에서 아름다운 음악을 들을 수 있고 다양한 거리 공연도 볼 수 있다.
6월 중 / 파리 웨이터 마라톤 대회	Course des Serveurs et Serveuses de Cafe / 시청사 앞에서 바스티유까지 진행되는 웨이터들의 마라톤 대회다.
7월 14일 / 프랑스 혁명 기념일	Fete Nationale / 오전에 샹젤리제 거리에서 군사 행렬이 있고 곳곳에서 탱크도 타볼 수 있다. 특히 저녁 10시 반 정도부터 시작하는 에펠탑의 불꽃놀이가 환상적이다.
7월 초~말 사이 / 뚜르 드 프랑스	Le Tour de Franc / 프랑스 일주 자전거 경주 대회. 7월 초에 시작하여 7월 말 쯤에 샹젤리제에서 경기가 끝난다.
8월 15일 / 성모 승천일	Assomption
11월 1일 / 성인들의 기념일	Toussaint
11월 11일 / 제1차 세계 대전 휴전 기념일	Armistice
11월 중순 / 몽마르트르의 포도 축제	파리 유일의 포도밭인 몽마르트르에서 수확제가 열린다.
11월 셋째 주 목요일 / 보졸레 누보 출시일	매년 보졸레 누보가 출시되는 날이다.
12월 25일 / 크리스마스	Noel / 주로 샹젤리제나 에펠탑 등지에 사람들이 모인다.

| THEME TRAVEL 09 |

파리의
공연 즐기기

낭만과 예술의 도시 파리, 바스티유 오페라 극장에서 정통의 오페라를 즐기고, 즐거움이 넘치는 리도쇼와 물랭루즈 공연을 즐겨 보자.

바스티유 오페라 극장

오페라, 발레 공연

★티켓 구입하기

사립 극장의 공연은 당일 티켓에 한해서 반값으로 구입할 수 있다. 키오스크 테아트르(Kiosque Théâtre)에서 구입할 수 있다. 파리에는 마들렌 광장 15번지 앞, 몽파르나스 역 앞, 테른(Ternes) 역 앞 총 세 군데에 있다.

오픈 (화~토) 12시 30분~20시, (일) 12시 30분~16시 홈페이지 www.kiosqueculture.com

● 바스티유 오페라 극장

파리에서 오페라를 감상한다면 주로 바스티유 광장에 있는 바스티유 오페라 극장에서 관람을 하게 된다. 좌석도 2,700석이나 되며, 현대식으로 잘 꾸며져 있고, 편안한 복장으로 입장할 수 있다는 것이 특징이다. 티켓은 보통 극장에서 직접 구매할 수 있고, FNAC 같은 대행사를 통해서 구입도 가능하다. 하지만 적어도 한 달 전에는 좌석을 예약하는 것이 좋고, 싼 좌석은 한 달 전에 이미 매진이 된다. 같은 가격의 저렴한 티켓이라도 일찍 예매할수록 더 좋은 자리를 선택할 수 있다. 하지만 바스티유 오페라 극장은 구조가 현대식이라 가장 싼 티켓을 구해도 시각에 크게 방해 받지 않는다. 단, 자막이 추가되는 오페라의 경우엔 가장 싼 자리에서는 자막을 읽을 수 없다는 단점이 있다. 막이 오르기 직전에도 비어 있는 좌석이 있다면 자리를 바꾸어도 상관없겠지만 주중에도 사람들이 거의 차기 때문에 자리 이동이 어렵다.

서서 관람하는 저렴한 티켓(62석)은 막 오르기 약 1시간 30분 전부터 극장 판매소에서 구입이 가능하다.

● 오페라 가르니에

오페라 가르니에는 주로 발레나 무용 등을 공연하는 곳이지만 가끔 오페라 공연도 한다. 오페라 공연은 티켓 가격이 7유로~172유로 정도이다. 발레나 콘서트는 5유로~85유로 정도까지 좌석에 따라 다양한 가격으로 관람할 수 있다. 하지만 유명한 공연은 대부분 티켓이 초기에 매진이 되는 경우가 많아서 티켓 구하기가 어렵다. 공연 정보는 www.operadeparis.fr 사이트에서 확인할 수 있다. 또한 매주 수요일 발행하는 공연, 영화, 연극 정보지인 파리스코프(Pariscope)를 통해 정보를 얻을 수 있다.

오페라 가르니에

물랭루즈

쇼 공연

물랭루즈

파리의 쇼 중 가장 유명한 물랭루즈는 영화 〈물랭루즈〉의 배경이 된 곳으로 몽마르트르에 있다. 프렌치 캉캉으로 유명하던 예전의 명성과는 조금 다른 모습이지만 리도쇼보다는 덜 화려해도 전통적인 쇼이다.

주소 82 Blvd de Clichy, 75018 공연 19시(디너쇼), 21시, 23시 요금 **디너쇼** 19시 190~420유로 / **쇼** 21시, 23시 80~210유로 Métro 2호선 블랑슈(Blanche) 역에서 바로 홈페이지 www.moulinrouge.fr

리도쇼

리도쇼장은 1928년 온천탕과 카지노로 개장해서 1946년 무도회장으로 변신한 곳으로 샹젤리제 거리에 있다. 리도쇼는 세계 3대 쇼 중 하나인데 그만큼 놀라운 무대 장치와 화려한 쇼를 선보인다.

주소 116 bis Avenue des Champs-Elysées 75008 공연 19시(디너쇼), 21시, 23시 요금 19시(디너쇼) 16~300유로 / (21시 공연+샴페인 1/2병) 115유로 / (23시 공연+샴페인 1/2병) 115유로 Métro 1호선 조루즈생크(George V) 역에서 도보 1분 홈페이지 www.lido.fr

★공연 관람하기

첫 번째 공연은 디너와 함께하는 관객들이 먼저 자리를 잡고 있기 때문에 공연만 보는 사람들은 남은 좌석에서 관람해야 한다. 더 좋은 좌석에서 관람을 원한다면 디너와 함께 공연을 보는 것이 좋고, 너무 앞 좌석보다는 전체적인 관람을 할 수 있는 적당한 거리의 위치에서 관람하는 것이 좋다.

리도쇼

여행 정보

- 여행 준비
- 프랑스 입국
- 프랑스 출국

여행 준비

여권 준비

일반적으로 발급 받는 여권은 유효 기간이 5년짜리 여권으로 유효 기간 안에는 자유롭게 해외여행을 할 수 있다. 간혹 여권만으로 여행을 할 수 없는 국가도 있는데, 그런 국가들을 여행할 때는 비자가 필요하지만, 프랑스는 한국인이면 특별한 사유 없이 누구나 3개월 무비자로 입국이 가능하다.
현재 여권을 가지고 있더라도, 여권의 유효 기간이 6개월 이상 남아 있는지 확인하고 모자라면 재발급을 꼭 받도록 하자.

발급 받기

본인이 신청할 경우에는 주민등록증(또는 운전면허증)과 여권 발급 신청서(구청에 가면 있다.) 여권용 사진 1장, 여권 발급 수수료(10년 만기 5만 3천 원)가 필요하다. 병역 의무 해당자는 병역 관계 서류도 함께 구비해야 한다. 예외적인 경우를 제외하고는 여권을 발급받으려면 본인이 직접 방문해야 한다.

발급처

외교부 여권 발급 안내 인터넷 사이트(www.passport.go.kr)에서 여권 발급 서류 다운로드와 여권 접수 예약을 할 수 있다. 국내의 여권 사무 대행 기관의 연락처를 확인해 볼 수 있다. 여권 발급은 보통 4일~10일 정도 걸리므로 여행 일정이 정해지면 미리 여권 발급을 신청하자. 성수기에는 여권 발급 신청자가 많으니 시간이 더 오래 걸릴 수도 있다.

일반 여권 발급에 필요한 서류

❶ 여권 발급 신청서 1통(여권과에 비치)
❷ 여권용 사진 1장(전자 여권이 아닌 경우 2장)
❸ 신분증(주민등록증, 운전면허증, 공무원증, 군인 신분증)
❹ 수수료(복수 여권 : 5년 - 4만 5천 원, 10년 - 5만 3천 원, 단수 여권 : 2만 원)

일반 여권 외 여권

❶ 관용 여권
❷ 외교관 여권
❸ 거주 여권(영주권 소지자)

Tip 비자 발급

관광 목적으로 프랑스를 방문할 경우 입국 비자를 발급받지 않고 90일간 체류가 가능하다. 하지만 학업이나 비즈니스를 목적으로 하는 경우에는 반드시 프랑스 입국 비자를 받아야만 한다.

항공권 준비

할인 항공권은 보통 국제적으로 정해진 항공 요금 기준보다 20~50% 정도 저렴한 항공권이다. 학생 할인, 어린이 요금, 여행사를 통해서 싸게 구입한 경우, 인터넷으로 싸게 구입한 경우 등 여러 방법으로 할인을 받을 수 있다.
하지만 할인 항공권을 이용할 경우 불편한 점도 많다. 유효 기간이 너무 짧은 경우, 날짜 변경을 할 수 없는 경우, 호텔을 함께 예약해야 하는 경우, 경유해서 도착하는 시간이 너무 오전이거나 너무 늦은 시간인 경우 등. 그래서 할인 항공권은 꼼꼼히 따져 보고 여러 여행사나 인터넷 사이트에서 비교해서 구입하는 것이 좋다.

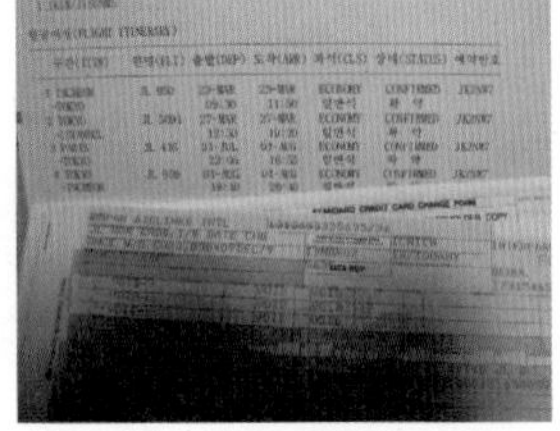

주로 이용하는 항공편

서울-파리 직항편은 대한항공, 아시아나와 에어프랑스 등이 있다. 대한항공과 에어프랑스는 매일 1대씩 운행을 하고 있고, 아시아나는 주 5회 운항을 하고 있다. 다른 항공편에 비해서 편하고 시간이 촉박한 단기 여행자들에게는 훨씬 좋다. 소요 시간은 약 12시간 정도가 걸린다. 간혹 특별 할인 티켓을 구입할 수 있는 기회도 많다.

경유해서 파리로 가는 경우는 보통 싱가포르항공, 타이항공, Jal항공, 아랍항공, 말레이시아항공, 네덜란드항공 등 여러 가지 경우가 있는데 직항에 비해서 50만 원 이상 저렴한 항공편도 있어서 주로 배낭여행자들이 이용한다. 적절하게 잘 이용하면 스탑오버를 통해서 유럽+아시아를 여행할 수 있다는 장점도 있다.

항공권을 구입할 때는 반드시 여권에 나와 있는 영문명과 표기가 동일한지 확인하자.

E-TICKET(전자 티켓)

최근에는 여행사에서 항공권을 구입하면 묶음 형태의 종이 티켓이 아닌 A4 용지에 프린트를 한 전자 티켓을 준다. 이 전자 티켓도 똑같은 항공 티켓으로서의 효력을 가지고 있으며 해당 항공사의 전산 시스템에 기록이 되어 있으므로 걱정하지 않아도 된다. 전자 티켓은 분실했을 경우 팩스나 E-MAIL로 재발행을 받아 출력할 수 있으므로 분실에 따른 추가 수수료를 내지 않아도 되는 장점이 있다.

여행자 보험

여행 중에 일어날 수 있는 만약의 사고에 대비해서 여행자 보험을 준비해 가면 좋다. 보험의 종류에 따라서 사고 시 보장 정도가 다르기 때문에, 보험을 가입할 때 여행 기간이나 보장 조건 등을 고려해서 가입한다.

만일 현지에서 사고가 생겨서 보험금을 청구해야 한다면 필요한 서류들을 꼭 원본으로 잘 챙겨 와야 한다. 도난 사고일 경우에는 현지 경찰서에서 Police Report를 발급받아 와야 하고, 병원에 갔을 경우에는 진단서 원본과 치료비 영수증 등을 반드시 잘 챙겨야 한다.

여행자 보험은 각종 보험사와 보험사 홈페이지, 여행사, 공항 등에서 가입이 가능하다.

국제 학생증

유럽 여행 시 챙겨 가면 좋은 국제 학생증

우리나라에서 발급받을 수 있는 국제 학생증에는 ISEC(International Student & Youth Exchange Card)와 ISIC(International Student Identity Card) 두 가지가 있다. 두 가지의 혜택과 발급 기준은 약간씩 차이가 있다. 신청 시에는 재학증명서 또는 학생증 원본, 반명함판 또는 여권용 사진 1장, 발급비(ISIC는 1만 7천 원, ISEC는 1만 5천 원)가 필요하다. 발급은 각종 여행사를 통해서 해도 되고 공식 홈페이지를 통해서 해도 된다.

ISIC : www.isic.co.kr

ISEC : www.isecard.kr

보통 유효 기간은 9월 이전에 신청하면 그 해 12월까지만 사용 가능하지만, 9월에 신청한 경우에는 다음 해 12월까지 사용할 수 있다.

국제 운전 면허증

자동차나 오토바이를 렌트할 계획이라면 국제 운전 면허증도 준비한다. 신청할 때는 운전 면허증과 사진 1장, 여권, 수수료를 지참하고 운전 면허 시험장으로 가면 30분 이내로 발급이 가능하다. 유효 기간은 발행일로부터 1년이다. 현지에서 운전을 할 때도 한국의 면허증이 필요하니, 한국 면허증과 함께 챙겨 간다.

파리 정보 수집하기

파리를 여행할 때 정해진 시간 내에 최대한 시간을 낭비하지 않고 알찬 여행을 하기 위해서는 출발 전 충분하게 자료를 수집하고 가는 것이 좋다. 책에 나와 있는 여행에 관련된 자료들을 충분히 읽어 보고 참고하자.

지도 익숙해지기

미리 지하철 노선표나 파리 지도에 익숙해지면 동선이나 루트를 짜는 데에 도움이 되고, 파리 현지에서 헤매는 일이 적다.

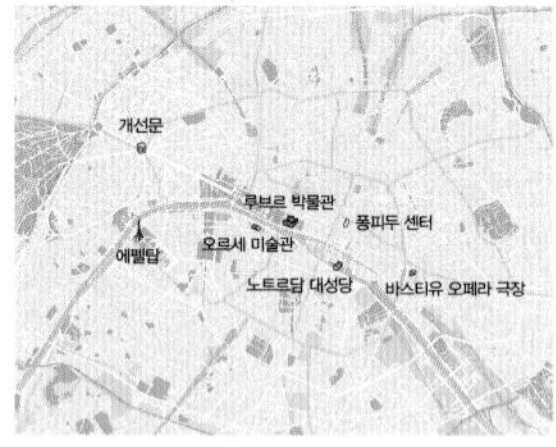

철도 시간표 확인하기

파리 시내 관광을 할 경우는 특별하게 시간표가 필요 없겠지만, 근교를 여행할 때에는 미리 열차 시간을 확인해 두는 것이 좋다. 특히 요일에 따라서 기차 시간이 많이 바뀌고, 휴일이나 공휴일 같은 날은 열차 횟수가 줄어드니 반드시 확인하자.

파리에서 가까운 근교로 가는 기차

www.ratp.fr

파리 근교가 아닌 지방으로 가는 기차

www.oui.sncf

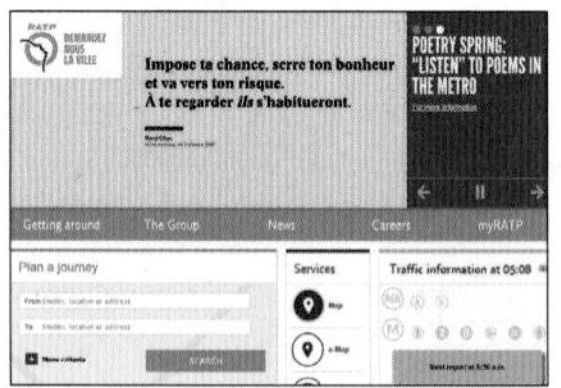

인터넷에서 정보 수집하기

프랑스 관광 공식 사이트

kr.france.fr

프랑스 여행 때 필요한 각종 서류부터 관광에 관련된 정보까지 유용한 정보들이 많이 있다.

파리 관광 공식 사이트

www.parisinfo.com

파리 시 공식 사이트

www.paris.fr

이외에도 여행사 홈페이지나 여행을 다녀온 여행가들의 블로그 등을 통해서 여행 정보를 구할 수도 있다. 또한 각종 포털 사이트 등에는 유럽 여행 전문 커뮤니티들이 많이 활성화되어 있으니, 궁금한 것이 있을 때는 질문 게시판을 적극 활용해 보자.

여행사에서 자료 얻기

항공권이나 기차 패스 등을 구입할 때 여행사에서 제공하는 각종 할인 쿠폰들을 제공 받을 수 있고, 지도나 간단한 안내 팸플릿 정도는 무료로 제공받을 수도 있다.

현지에 도착해서 현지 정보 얻기

파리에는 여러 곳의 관광 안내소가 있다. 관광 안내소에서는 호텔 예약부터 각종 실용적인 정보와 파리 지도를 얻을 수 있다. 한국어 지도도 얻을 수 있다.

파리 관광 안내소 Office du Tourisme de Paris

피라미드 지하철 역 근처

주소 : 25 Rue Pyramides 75001 Paris
전화 : 08 92 68 30 00 Fax : 01 49 52 53 10
오픈 : (4월~10월) 9시~20시 / (11월~3월) 월~토 9시~20시, 일 11시~19시(5월 1일 휴무)

북역 Gard du Nord

전화 : 01 45 26 94 82
오픈 : 8시~21시(겨울 20시까지), 일요일은 휴무

리옹 역 Gard de Lyon

전화 : 01 43 43 33 24

오픈 : 8시~21시(겨울 20시까지), 일요일은 휴무

오스텔리츠 역 Gard d'Austerlitz
전화 : 01 45 84 91 70
오픈 : 8시~15시(토요일 13시까지), 일요일은 휴무

몽파르나스 역 Montparnasse Bienvenue
오픈 : 8시~21시(겨울 20시까지), 일요일은 휴무

현지에서 일어날 사고에 대비하기

해외 영사관 콜센터

혹시나 해외여행 시 발생할 수 있는 여러 가지 사고들에 대비해서 한국 영사관에 긴급하게 연락할 수 있는 무료 전화를 알아 두자. 24시간 무료로 해외에서 한국으로 전화하는 것으로 여러 가지 방법이 있다.

무료 자동 연결
현지 국제 전화 코드 + 800 - 2100 - 0404
유럽에서는 대부분의 나라에서
00-800-2100-0404

무료 수동 연결
국가별 접속 코드 + 0번 + 교환원 + 영사 콜센터
프랑스에서는 콜렉트콜 번호인 080-099-0082로 전화를 걸어서 0번을 누르고 교환원에게 영사 콜센터를 부탁하면 된다.

유료 수동 연결
현지 국제 전화 코드 + 822-3210 - 0404
프랑스에서는 00-822-3210 - 0404

더 자세한 사항은 외교부 홈페이지를 참고하자.
(www.mofa.go.kr)

소지품 도난 분실 시

가까운 경찰서(Police)로 가서 Police Report(원본을 받아야 함) 작성한 후 보험 처리를 하면 된다. 이때 교통 수단 내에서 내 실수로 잃어버린 것은 보험 처리가 되지 않는다.

여권을 잃어버렸을 경우

가까운 경찰서에서 Police Report(원본을 받아야 함)를 작성한 후 파리 내 한국 영사관으로 간다. 여행에 필요한 임시 여권을 발급받을 수 있는데, 여행 통행증을 만들 때는 반드시 남은 여행지와 경유할 경우 비행기 경유 도시까지 모두 발급받아야 한다.

병원에 가야 할 경우

여행 중에 갑작스러운 이유로 병원에 가야 할 경우에는 반드시 진단서를 원본으로 받고 진료비 영수증도 챙겨 둔다. 하지만 여행자 보험에 따라서 필요한 서류들이 달라질 수 있으니 한국 보험사에 미리 연락해서 필요한 서류들을 알아 두면 좋다.
의사 진단이 필요 없는 약은 약국에서 구입하면 되는데, 파리에서는 쉽게 약국(Pharmacie)을 찾아볼 수 있다. 병원의 위치를 몰라도 약국에 물어보면 친절하게 알려 준다.

24시간 운영하는 약국
주소 : 84 Av des Champs-Elysées, 75008
전화 : 01 45 79 53 19, 01 45 62 02 41
주소 : 6 Place Clichy, 75009
전화 : 01 48 74 65 18

한국 대사관

사고가 일어났거나 여권을 분실했을 경우, 주프랑스 한국 대사관에 연락을 해서 도움을 받자.
주소 : 125 Rue de Grenelle, 75007
전화 : 01 47 53 01 01, 01 47 53 69 87(영사과)
01 47 53 66 77(비자과)

한국 문화원

한국의 문화를 프랑스에 소개하는 취지로 생긴 한국 문화원 내에는 무료 인터넷, 도서실, 상영실, 전시실 등이 운영된다.
주소 : 2 Avenue d'léna, 75116 Paris
전화 : 01 47 20 84 15 / 01 47 20 83 86

〈유럽 여행 시 준비해야 할 체크 리스트〉

분류	항목	준비물 내용	체크
필수	여권	여권의 유효 기간이 6개월 이상 남았는지 확인하자.	★★★
	항공권	출국, 귀국, 여정 등을 확실하게 확인한다.	★★★
	여권 복사본	여권 복사본을 만들어 가방 여러 곳에 넣고, 메일로도 보내자.	★★★
	여권 사진	만약을 대비해 여권 사진 여러 장을 준비한다.	★★★
	현금	유로화로 환전. 돈은 분산해서 넣는 것이 좋다.	★★★
	여행자 수표	여행자 수표의 한쪽에 사인은 해 놨는지 확인하고 안전하게 보관하자.	☆☆☆
	유레일 패스	파리만을 위해는 필요 없지만 재발급이 되지 않으므로 가장 먼저 챙기고 가장 마지막에도 다시 확인하자.	★★☆
	국제 학생증	국제 학생증은 잘 챙겼나 다시 한번 확인하자.	★★☆
	신용 카드	만약을 대비해 신용 카드나 체크카드를 준비하자.	★★★
	국제 전화 카드	해외에서 한국으로 급할 때 전화할 일이 있을 때 유용하다.	★☆☆
	가이드북	〈인조이 파리〉 가이드북은 필수!	★★★
	여행자 보험	만약을 대비해 여행자 보험을 만들고, 증서를 잘 챙겼나 확인하자.	★★★
	필기 도구	여행 중 필기 도구는 필수! 수첩과 볼펜은 여러 개 있어도 좋다.	★★★
의류	겉옷	계절에 따라 조금씩 차이가 있다. 일기 예보를 보고 날씨에 맞춰서 되도록 방수 가능한 걸로 한두 벌만 준비하자.	★★★
	티셔츠	보통 3~4장 정도면 충분하다. 잘 마르고, 입다 버려도 되는 옷으로 준비한다.	★★★
	하의	되도록 적게, 역시 날씨에 맞춰서 준비하자. 청바지, 면바지, 반바지 등.	★★★
	잠옷	얇고 편한 걸로 한 벌만 준비한다.	★★★
	양말	3~4개 정도 준비하면 되겠다.	★★☆
	모자	여름이라면 필수! 감지 않은 머리를 감추는 데도 유용하고, 비 오는 날도 좋다.	★★☆
	선글라스	선글라스도 필수다! 챙겼는지 확인하자.	★★★
	머리 끈	머리 끈도 여러 개 챙기자.(머리가 긴 여자분들은 필수!)	★★☆
	신발	운동화 1개, 슬리퍼 1개면 충분하다. 공연 관람 계획이 있다면 구두도 챙기자.	★★★

위생	세면용품	칫솔, 치약, 비누, 샤워용품, 샴푸, 면봉, 귀이개	★★★
	화장품	아주 간단한 화장품만을 챙기자.	★★☆
	선크림	자외선 차단지수가 30 이상인 걸로 준비하자.	★★★
	세탁용품	빨래를 할 수 있는 가루비누나 빨랫비누	★★★
	약	두통약, 설사약, 소화제, 밴드, 소독약, 모기 물릴 때 바르는 약 등	★★☆
	여성용품	여성이라면 필수	★★☆
	휴지/물티슈	휴대용 휴지와 물티슈. 야외 활동이 많은 여행에서는 물티슈가 자주 필요하다.	★★☆
	렌즈/세척액	렌즈를 착용하는 분에게는 필수	★★★
	손수건/수건	가지고 다닐 수 있는 손수건과 세안할 때 쓸 수건도 준비	★★★
추억	카메라	취향에 맞는 카메라(디카, 필카, 로모, 폴라로이드 등) 준비	★★★
	삼각대	삼각대도 필요할 수가 있다.	★☆☆
	카메라용품	배터리나 메모리, 필름은 넉넉한지 확인하자.	★★★
	OTG/ CD RW	백업용품은 필수이니 꼭 챙기자!	★★★
보안	보안용품	자물쇠나 체인 등 숙소나 기차에서 보안을 위한 제품도 챙기자.	★★★
	복대	목에 거는 형과 허리에 메는 형태의 복대가 있다.	★☆☆
	소형 전등	소형 전등은 겨울에 여행한다면 가져가는 것이 좋다.	★☆☆
	맥가이버 칼	의외로 유용하게 쓸 일이 많다.	★☆☆
기계	멀티 콘센트	프랑스만 여행하면 필요가 없겠지만, 다른 유럽 국가에서는 필요할 수도 있다.	★☆☆
	MP3/책	도시 이동 시 무료함을 달래기 위한 필수용품	★★☆
	휴대전화	로밍을 하지 않더라도 지도, 알람 시계, 사진기, 계산기 등 다양한 용도로 사용이 가능하다.	★★★
정리	파일 케이스	엽서나 지도 등을 보관하는 파일 케이스는 하나쯤 있는 것이 좋다.	★★☆
	주머니	간단하게 가방에서 짐들을 분리해서 담을 주머니도 챙기자.	★★☆
	비닐봉지	빨래나 속옷 등을 담을 비닐봉지도 챙기자.	★★★

음식	차	외외로 녹차나 보리차 같은 티백이 필요한 때가 있으니 몇 개 챙기자.	★★☆
	음식	오랜 여행이라면 고추장은 챙기는 것이 좋다. 라면, 김, 햇반 등도 준비.	★★☆
소품	우산/우비	비가 많이 오는 계절이라면, 우산이나 우비는 챙기자.	★★☆
	가방	캐리어나 배낭, 보조 가방을 준비한다.	★★★
	기념품	외국인 친구들에게 줄 만한 기념품도 챙기면 유용하게 쓰일 수 있다.	★☆☆

현지에서 구입하기 어려운 물건

속옷, 스타킹, 건전지, 필름, 약(말이 통하지 않기 때문이기도 하고, 본인에게 익숙한 약이 더 효과가 있기도 하다), 귀이개, 손난로(겨울)

준비하면 편한 것

헤어드라이기는 호텔을 이용하는 이들은 대여가 가능하거나 객실에 비치되어 있는 경우도 있기는 하지만, 호스텔이나 민박을 이용하는 여행자들에게는 필요한 물품이다.

프랑스 입국

프랑스 입국하기

비행기가 최종 목적지인 프랑스 파리에 도착한 후 비행기에서 내리고 BAGAGE(수화물) 표지판를 따라 나가서 짐을 찾고, Sortie/Exit(출구)를 따라 나가면 된다.

만약 유럽 연합 국가가 아닌 다른 나라에서 도착한 비행기라면 짐을 찾기 전에 간단한 입국 심사를 거치게 되는데 2008년 1월부터 입국 심사 카드가 없어졌으니, 여권만 준비하면 된다.

세관을 통과할 때는 신고할 물품이 없다면 Rien à declarer(신고품 없음)이라고 표시된 녹색 게이트로, 신고할 물품이 있는 경우에는 Objets à declarer(신고품 있음)이라고 표시된 빨간 게이트로 간다. 간혹 세관을 통과할 때 짐 검사를 요구받는 경우도 있으나, 문제될 것이 없다면 당당하게 요구에 응하는 것이 좋다.

출입국 면세 범위

담배류(만 17세 이상만)

담배 200개피, 여송연은 50개피, 살담배는 250g

음료

커피 500g 혹은 커피 원액 200g, 차 100g 혹은 차 원액 40g

주류(만17세 이상만)

22도 이상의 알코올 음료 1L, 22도 이하는 2L(와인 등)

향수

향수 50g, 오드뚜알렛 250cc, EU 나라 이외에서 구입한 신제품 175유로까지(15세 미만은 90유로까지)

입국 시 외화 반입은 제한이 없지만, 출국할 때 통화 반출 금액은 7600.45유로까지.

공항 관련 용어

Niveau Arrivéé	도착층
Niveau Départ	출발층
Contrôle des Passeports	입국 심사
Correspondance	환승
Livraison de Bagages	짐 찾는 곳
Douane	세관
Navette	셔틀버스
Change	환전소
Ascenseur	엘리베이터

공항에서 파리로 이동

샤를드골 공항

샤를드골 공항은 한국에서 출발해서 프랑스를 비행기로 입국하는 대부분의 여행자가 이용하는 공항이다.

홈페이지 www.parisaeroport.fr

샤를드골 공항은 터미널이 3개 있는데 각각 Terminal 1, 2, 3이라고 하고, Terminal 1은 아시아를 경유해서 프랑스로 입국하는 경우 주로 이용하게 되며 아시아나항공 이용 시 이곳으로 들어간다. Terminal 2 공항은 대한항공이나 에어프랑스를 이용해서 한국에서 들어갈 때 이용하게 된다. Terminal 3은 주로 소규모 저가 항공들이 이용하는 곳이다.

Terminal 1 : 타이항공, 싱가폴에어라인 등
Terminal 2 : 대한항공, 에어프랑스, KLM, JAL, 캐세이퍼시픽 등 이용. (RER과 TGV가 연결되는 곳)
Terminal 3 : 이지젯

샤를드골 공항에서 파리 들어가기

1) RER 파리 외곽선

공항과 파리 시내를 이어 주는 RER은 B선으로 CDG1과 CDG2 두 정류장이 있다. 운행하는 열차의 종류도 파리 시내의 북역(Gare du Nord)으로 한 번에 연결되는 직행이 있고, 북역까지 모든 역에 정차하는 완행이 있다.

RER선은 치안이 그다지 좋지 않으므로 심야 이동은 가급적 피하는 것이 좋고, 완행보다는 직행이 조금 더 안전하고 빠르다.

RER 외곽선 타는 곳

Terminal 1 : 2층 36번 게이트 앞에 있는 무료 셔틀버스를 타고 RER 역으로 이동
Terminal 2 : Terminal C와 Terminal F의 중간쯤에 위치
Terminal 3 : RER 역까지 바로 연결됨

RER 교통 요금

샤를드골 공항은 5존에 위치해 있지만 교통비에 공항세를 포함해서 받고 있기 때문에 다른 5존 지역보다 가격이 조금 비싸다. 파리 시내까지는 10.30유로. 개시된 유레일 패스가 있다면 파리 북역(Paris Gare du Nore)까지 가는 공짜 티켓을 받을 수 있다.

시내까지의 소요 시간

RER B선을 타고 샤틀레 레알(Châtelet Les Halles)까지 가는 데 약 45분 정도 걸린다. 샤틀레 레알 역은 환승되는 메트로가 많이 있는 시내 중심이기 때문에 대부분 이곳에서 하차해서 환승하게 된다.

2) 루아시(Roissy) 버스

샤를드골 공항과 파리 오페라까지 직행으로 운행하는 버스다.

Roissy 버스 타는 곳

Terminal 1 : 도착층 30번 출구(Porte 30)
Terminal 2A, 2C : 도착층 9번 출구(Porte 9)
Terminal 2E, 2F : 도착층 두 터미널을 연결하는 La Galerie 5번 출구
Terminal 2B, 2D : 도착층 11번 출구(Porte 11)
Terminal 3 : 도착층 택시 승강장 옆

Roissy 버스 요금

버스 요금은 12유로로, 운전 기사에게 직접 구입해도 되고, 티켓 판매 창구나 자판기를 이용해도 된다.

운행 시간 및 소요 시간

버스는 6시~22시 30분까지 15분에 한 대씩 운행하고, 파리까지는 1시간 정도 걸린다.

3) 르 뷔스 다이렉트 (Le-Bus Direct)

LE-BUS DIRECT

르 뷔스 다이렉트는 파리 도심 공항과 파리 시내까지 편안하게 연결해 주는 리무진 버스이다.
샤를드골 공항에서 출발하는 에어프랑스 리무진은 포르트 마이요(Porte Maillot)를 거쳐서 샹젤리제의 개선문까지 가는 노선이 있고, 오를리 공항까지 한 번에 연결해 주는 노선과 리옹역을 거쳐 몽파르나스까지 이어지는 총 3개의 노선이 있다.

버스 타는 곳

2A-2C 버스 정류장은 게이트 C10 부근에 위치해 있다.

요금

샹젤리제 개선문과 트로카데로까지 : 편도 17유로, 왕복 30유로, 4인 이상 그룹 편도 1인당 13유로
리옹 역과 몽파르나스까지 : 편도 17유로, 왕복 30유로, 4인 이상 그룹 편도 1인당 13유로

운행 시간 및 소요 시간

샹젤리제 개선문행 : 5시 45분~23시
리옹 역과 몽파르나스 : 공항발 7시~21시,
파리발 6시 30분~21시

자세한 정보는 www.lebusdirect.com 사이트에서 확인할 것.

4) 가장 저렴한 시내버스 이용

350번 버스는 샤를드골 공항에서 파리 동역(Gare de l'Est)까지 운행하는 버스다. 종점에서 파리 동역까지는 약 1시간 이상 걸리며, 시간 여유가 많은 사람들이 이용하면 좋다.
351번 버스는 샤를드골 공항에서 1, 2 ,6호선 나씨옹(Nation) 역으로 가는 버스다. 주로 13구 쪽의 숙소를 이용하는 사람들에게 조금 더 가까운 역이 될 듯싶다. 나씨옹 역까지는 1시간 조금 넘게 소요된다.

버스 요금

티켓 3장(1.90X3), 또는 까르네(14.90)를 사서 3장만 주면 되니 저렴하게 이용할 수 있다.

5) 택시나 픽업

택시를 이용하게 되면 숙소까지 편안하게 찾아갈 수 있다는 장점이 있다. 금액은 거리에 따라 조금씩 가격이 달라지지만 파리 시내까지는 보통 40유로에서 70유로 정도 생각하면 된다. 택시는 짐이 많거나 인원이 많은 사람들을 위해서 밴 택시도 종종 볼 수 있는데, 요금은 같고 인원수에 따른 추가 요금도 없다.
다만, 일반 택시나 밴 택시나 가방에 따른 금액을 더 지불해야 하고 약간의 팁으로 1~5유로를 준비하는 것이 좋다. 가방은 보통 개수에 상관없이 3유로 정도 더 포함하게 된다.

택시 승차장

Terminal 1 : 5층 20번 출구
Terminal 2 : 2A, 2C는 6번 출구 / 2B, 2D는 7번 출구 / 2E, 2F는 갤러리층 1번 출구
Terminal 3 : 도착층 출구

Tip 한국인 픽업 서비스 이용하기

조금 더 안전하게 파리 시내까지 픽업 서비스를 이용하고 싶다면 한국인이 운영하는 파리 한인 택시를 이용할 수 있다. 파리 한인 택시를 이용할 때는 프랑스 정식 등록 업체인지 확인을 하면 더 안전하다.
오전 도착이나 저녁 출발일 경우, 체크인/체크아웃 시간까지 가벼운 근교 투어를 겸한 픽업도 가능하다는 장점도 있다.

홈페이지(파리 천구) cafe.naver.com/pariswoman

❯ 오를리 공항

주로 유럽에서 파리로 입국하는 경우나, 저가 항공으로 입국하는 경우에 이용하게 되는 공항.
오를리 공항은 남 터미널(Terminal Sud)과 서 터미널(Terminal ouest)의 두 개의 터미널이 있다.

오를리 공항에서 파리까지

1) RER 파리 외곽선

오를리 공항에서 파리까지 RER 열차를 타고 가려면 오를리 공항에서 출발하는 안토니(Antony)행 오를리발(Orlyval)을 타고, 안토니에서 RER B선을 갈아타고 시내로 들어와야 한다. 갈아타고 샤틀레 역까지 오는 데 약 35분 정도 소요된다.

오를리발 타는 곳

Terminal Sud : K 게이트
Terminal Ouest : 출발층의 W 출구

RER 교통 요금

공항에서 파리 시내까지 12.05유로(RER + Orlyval). Orlyval 열차만은 9.30유로. 나비고 카드는 이용할 수 없으니, 5존 티켓을 가지고 있더라도 Orlyval 열차 티켓은 따로 구입해야 한다. Paris Visite 1~5존 티켓으로는 이용 가능하다.
파리에서 오를리 공항으로 출발할 때는 반드시 Orlyval과 함께 이용할 수 있는 티켓을 구입해야 한다.

2) 오를리(Orly) 버스

오를리 버스는 오를리 공항과 파리 당페르 로슈로(Denfert-Rochereau) 메트로 역까지 운행하는 버스다. 당페르 로슈로 역은 메트로 4, 6호선이 다니고, RER B선을 이용할 수 있다.

오를리 버스 타는 곳

Terminal Sud : H 출구
Terminal Ouest : 도착층의 J 출구

버스 요금

8.30유로. 파리비짓트 1~5존 티켓과 나비고 1~4존 티켓을 가지고 있으면 승차 가능하다.

3) 르 뷔스 다이렉트 (Le-Bus Direct)

르 뷔스 다이렉트는 파리 도심 공항과 파리 시내까지 편안하게 연결해 주는 리무진 버스이다. 오를리 공항에서 몽파르나스를 지나 앵발리드까지 가는 노선이 있다.

홈페이지 www.lebusdirect.com

버스 타는 곳

Terminal Sud : 도착층 게이트 L
Terminal Ouest : 도착층 게이트D

버스 요금

몽파르나스와 트로카데로, 개선문까지 편도 12유로, 왕복 20유로, 4인 이상 그룹 편도 1인당 9유로

운행 시간 및 소요 시간

오를리발 6시~23시 30분
파리발 5시 45분~23시

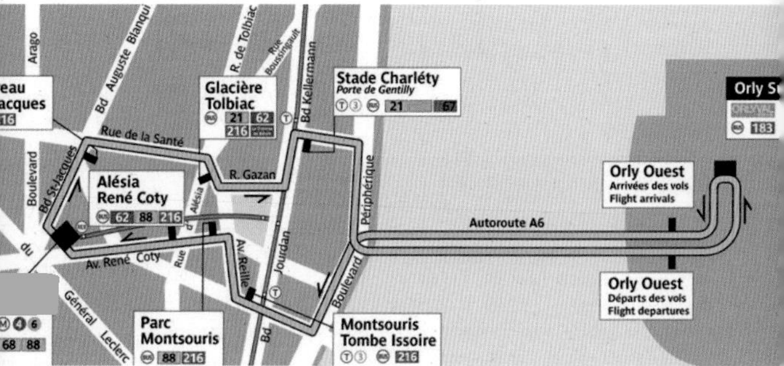

4) 제트버스(Jetbus)

오를리 공항에서 파리 7호선 종점인 발쥐프 루이 아다공(Villejuif-Louis Aragon) 역까지 운행하는 버스다.

제트버스 타는 곳

Terminal Sud - H번 출구
Terminal Ouest - 도착층 C번 출구

버스 요금

요금은 왕복 10.80유로. 운전자에게 직접 지불하면 된다.

5) 가장 저렴하게 시내버스 이용

183번 버스는 오를리 공항 Terminal Sud를 출발해서 지하철 7호선 포르트 드 쇼아지(Porte de Choisy) 역까지 운행한다. 저녁 9시 이후에는 공항까지 운행하지 않으니 공항 도착 시간을 확인해야 한다.

285번 버스는 오를리 Terminal Sud를 출발해서 지하철 7호선 발쥐프 루이 아다공 역까지 가는 버스다.

버스 요금

공항까지 가는데 티켓 1장(1.90유로)만 이용하면 되는 가장 저렴한 버스.
파리비짓트는 1~5존짜리가, 나비고는 1~4존까지 표가 있으면 이용 가능하다.

프랑스 출국

파리에서 공항으로 이동

파리 근교에는 공항이 샤를드골 공항, 오를리 공항 그리고 보베 공항 이렇게 세 군데가 있다. 자신이 출국하는 공항이 어느 공항인지 확인한 후에 출발해야 한다.
주로 한국이나 아시아 등으로 출국하는 경우는 거의 샤를드골 공항에서 출국하게 되고, 가까운 유럽이나 저가 항공들은 오를리 공항으로 출국하는 경우가 많다.

샤를드골 공항

샤를드골 공항은 Terminal 1, 2, 3 공항이 있으니, 출발 전에 터미널 번호도 확인해야 한다.

1) RER 파리 외곽선 이용

파리의 샤틀레(Châtelet) 역, 북역(Gare du Nore) 등에서 RER B선을 이용해서 샤를드골 공항의 1터미널(Charles de Galle 1), 2터미널(Charles de Galle 2 - TGV) 역까지 갈 수 있다. RER B선은 어느 종점행 열차인지에 따라서 도착하는 역이 달라지니, 반드시 종점이 샤를드골 공항행(Charles de Galle 2 - TGV)인지 확인하고 타자. 또한 북역에서 공항까지 한 번에 가는 직행과 모든 역을 정차하는 완행이 번갈아 운행하니 참고하자.

보통 저가 항공이나 아시아로 가는 항공을 이용하려면 1공항을 이용하게 되니, 종점 바로 전의 1터미널(Charles de Galle 1) 역에서 하차하면 되고, 대한항공이나 에어프랑스를 이용하는 직항이나 유럽으로 출국하는 경우에는 종점인 2터미널(Charles de Galle 2 - TGV) 역에서 하차하면 된다.
만약 잘못 하차하였다고 해도 공항 내에서 무료로 순환하는 열차나 버스를 이용하면 된다.
간혹 파리는 공공 교통 기관의 파업이나 데모 등으로 인해서 교통이 끊기거나 노선이 단축되는 경우가 있으니 공항 출국 전에는 파업이 있는지 여부를 꼭 확인하자. 특히 파업이 있을 경우에는 제일 먼저 공항과 파리의 RER 라인인 RER B선의 운행이 중단된다.

2) 루아시(Roissy) 버스 이용

파리 오페라 하우스 근처의 Roissy 버스 정류장에서 샤를드골 공항까지 한 번에 연결해 주는 버스이다. 탑승할 때는 어느 공항에서 하차하는지 정확히 알고 있어야 한다. 운전기사가 탑승 시 물어보며, 2공항도 A, B, C, D, E, F 공항을 모두 정차하게 되니, 어떤 게이트에서 하차하게 되는지까지 알아야 한다.

3) 에어프랑스 리무진 이용

샹젤리제 개선문, 몽파르나스, 리옹 역 등에서 샤를드골 공항까지 편안하게 이동할 수 있도록 운행하는 에어프랑스 리무진을 이용해도 된다.

4) 일반 버스 이용

동역(Gare de l'Est)에서 350번 버스, 나씨옹(Nation) 역에서 351번 버스를 이용해서 공항까지 갈 수 있다. 자신이 출국해야 할 공항과 게이트를 확인하여 정확한 정류장에서 하차하면 된다.

오를리 공항

오를리 공항은 남 터미널(Terminal Sud)과 서 터미널(Terminal Ouest)의 두 개의 터미널이 있으니, 출발 전에 어떤 터미널을 이용해야 하는지 확인하자.

1) RER 파리 외곽선

파리에서 오를리 공항까지는 파리 북역(Gare du Nord), 샤틀레 역(Châtelet), 당페르 로슈로(Denfert-Rochereau) 역 등에서 RER B선을 이용하면 된다. 파리에서 오를리 공항으로 가는 오를리발(Orlyval)을 타려면 안토니(Antony) 역에서 환승해야 하는데, 안토니 역은 종점이 상레미 레 쉬브뤼즈(Saint-Rémi lès-Chevreuse)행인 열차를 타야 한다.

시내에서 오를리 공항까지 갈 때는 반드시 RER+Orlyval 통합 티켓을 구입하자.

2) Orly 버스

파리 당페르 로슈로(Denfert-Rochereau) 역 근처에서 오를리 버스를 이용하면 오를리 공항까지 갈 수 있다.

3) 에어프랑스 리무진

앵발리드와 몽파르나스에서 오를리 공항까지 운행하는 에어프랑스 리무진이 있다.

4) 일반 버스

지하철 7호선 포르트 드 소아지(Porte de Choisy)에서 183번(21시 이후로는 공항까지 가지 않으니 주의할 것), 지하철 7호선 빌쥐프 루이 아라공(Villejuif-Louis Aragon) 역에서는 285번 버스를 이용해서 오를리 공항 남 터미널(Terminal Sud)까지 갈 수 있다.

공항 면세 절차

면세(Tax refund)가 필요한 사람은 출발 2시간 30분~3시간 정도 먼저 공항으로 가서 면세 절차를 밟아야 한다.

면세는 최종 유로화 국가를 나갈 때 마지막 공항

에서 하면 된다. 영국이 최종 국가라면 영국에서 면세를 받으면 되고, 스위스가 최종 국가라면 스위스는 유로 국가가 아니므로 유로화 마지막 국가에서 받아야 한다. 파리에서 바로 한국으로 돌아가는 비행기를 타는 사람이라면 파리 공항에서 하면 된다. 경유하는 경우도 마찬가지이다.

면세 절차 카운터

샤를드골 공항

Terminal 1 : 1층 출국층 14번 출구 부근
Terminal 2 A, B, C : 로비 중앙

오를리 공항

Terminal Sud : 1층 H 출구 반대편, 환전소 옆

Tip 택스 리펀드 받기

면세를 받으려면 출국 수속 전 면세 절차 카운터에서 상점에서 받은 환급 전표를 구입 물품과 함께 세관에게 보이고 확인을 받아야 한다. 분홍색과 녹색 용지 1매씩을 되돌려 주면 분홍색 용지를 봉투에 넣어 면세 카운터 옆의 우체통에 넣는다. 녹색 용지는 개인이 보관하는 것으로 문제 발생 시를 대비해 입금 전까지 보관해야 한다.
신용 카드로 구입한 물품은 약 3개월 이내에 입금이 되고, 현금으로 구입한 경우나 신용 카드로 구입한 경우에도 현금으로 되돌려 받을 수 있다. 하지만 현금은 재환전해야 하고 수수료가 있으니 신용 카드가 더 유리하다.

한국 입국 시 면세 범위

총 구입 가격이 600달러를 초과할 경우는 과세

주류

1병(1L 이하의 것. 해외 가격 400달러 이하). 1L를 초과하는 주류는 전체에서 1L를 공제하지 않고 전체 구입 가격에 대해 과세한다.

담배

200개피, 엽궐련 50개피, 기타 담배 250g

향수

2온스

출국 심사

출국 심사는 비교적 간단하다. 출국 심사 카운터에 자신의 여권과 탑승권을 제시하면 된다.

출국 시 필요한 간단한 공항 용어

Billet d'Avion	항공권
Enregistrement	탑승 수속
Porte d'Embarquement	탑승 게이트
Baggage à main	기내 수화물
Comptoir de Detaxe	면세 절차 카운터
Contrôle des Passaeports	출국 심사

©Yuri Turkov

Sightseeing

파리

59 리볼리 92
갈레트 풍차 193
개선문 179
군사 박물관 165
그랑 팔레와 프티 팔레 182
기메 동양 미술관 184
기적의 메달 성당 143
노트르담 대성당 68
돔 성당 166
들라크루아 박물관 138
로댕 미술관 168
로지에르 거리 81
루브르 박물관 100
루아얄 궁전 97
뤼테스 원형 경기장 152
뤽상부르 공원 140
마들렌 성당 117
메르시 79
몽마르트르 186
몽수리 공원 159
몽파르나스 묘지 158
몽파르나스 타워 157
물랭루즈 194, 331
바스티유 광장 78
바스티유 오페라 극장 77, 330
바토 무슈 285
바토 뷔스 290
바토 파리지앵 290
방돔 광장 115
백조의 섬 203
뱅센느 숲 205
베르시 199
보주 광장 79
봉 마르셰 143
뷔트 쇼몽 공원 200
브랑리 박물관 174
블로뉴 숲 204
빅토르 위고의 집 80
사랑해 벽 189
사마리텐 백화점 93
사크레쾨르 성당 191
생 뱅상 묘지 192
생루이 섬 71
생마르탱 운하 198
생미셸 광장 147
생쉴피스 성당 131
생제르맹데프레 성당 138
생테티엔 뒤 몽 150
생토노레 거리 115
생퇴스타슈 성당 91
생트샤펠 성당 67
생폴 생루이 성당 82
샤이요 궁 179

샹 드 막스 167
샹젤리제 거리 181
셰익스피어 앤 컴퍼니 147
세탁선 190
소르본 대학 150
스트라빈스키 광장 87
시테 섬 62
시테 유니베르시테 160
식물원 152
아베쎄 광장 189
아틀란티크 정원 157
알렉상드르 3세교 183
알마 광장 183
앵발리드 저택 165
야외 조각 미술관 153
에펠탑 173
엘리제 궁전 181
예술의 다리 142
오 라팽 아질 193
오랑주리 미술관 120
오르세 미술관 132
오페라 가르니에 114, 330
와인 박물관 204
요한 23세 광장 71
이노상 분수 89
카루젤 개선문 118
카르나발레 박물관 80
카타콩브 159
콩시에르쥬리 66
콩코르드 광장 117
클뤼니 중세 박물관 148
테르트르 광장 190
튈르리 공원 119
파리 시청 87
파운데이션 루이비통 205
팡테옹 151
페흐 라셰즈 묘지 201
평화를 위한 벽 167
포럼 데 알(레알 센터) 90
퐁네프 65
퐁네프 유람선 290
퐁피두 센터 88
플랑테 산책로 77
피카소 미술관 81
하수도 박물관 175

파리 근교

간의 집 246
고흐 기념관 234
까마귀 나는 밀밭 236
노트르담 성당 235
노트르담 대성당 264
라데팡스 250
로앙 추기경 궁 265
루아르 고성 256

리보빌레 266
리크위르 266
만종 247
모네의 묘지 239
몽생미셸 254
밀레와 루소의 기념비 246
밀레의 아뜰리에를 겸한 집 246
바르비종 244
반 고흐 공원 234
베르사유 궁전 225
보르비콩트 성 249
블루아 성 259
샹보르 성 260
수련 정원과 모네의 집 239
쉬농소 성 259
스트라스부르 262
신 개선문 252
신 산업 기술 센터 252
앙부아즈 성 258
엘프 타워 253
오베르 성 237
오베르 쉬르 우아즈 232
오베르의 공동 묘지 236
지베르니 238
콜마르 266
클로 뤼세 258
퐁텐블로 성 241
프티 프랑스 263

Restaurant

Pho 14 322
라 굴레트 322
라 프티 셰즈 210
라뒤레 213, 321
라스 뒤 팔라펠 322
랑트흐코트 드 파리 212
레 되 마고 139
레 종브르 208
레옹 드 브뤼셀 212, 321
르 콩슐라 211
르 쿱 드 푸셰트 261
르 프로코프 209
마리아쥬 프레르 213
보배 322
보코 211
브누아 209
셰 브뤼노 261
스토레 214
아틀리에 드 조엘 로뷔숑 208
앙젤리나 213
에클레어 드 제니 217
위레 214
자크 제낭 215
장폴 에방 116, 216
카페 드 플로르 139
카페 베르레 116
콩 212
포숑 216
플리도르 210
피에르 에르메 217, 321
히포포타무스 321

Shopping

BHV 278
갤러리 라파예트 277
라발레 281
맥시 약국 279
몽주 약국 279
몽트뢰유 벼룩시장 282
바질 약국 279
발뢰로프 281
방브 벼룩시장 282
봉 마르셰 278
생 튀앙 벼룩시장 282
프랭탕 278

★ 약국 쇼핑 시 인조이 파리에 있는 이 쿠폰을 보여 주시거나 절취해 해당 약국에 가져 가시면 할인 혜택을 받으실 수 있어요!

PHARMACIE

맥시약국 쿠폰

쇼세당땅점 갤러리아점

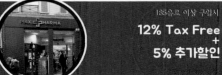

185유로 이상 구입시

12% Tax Free
+
5% 추가할인

PHARMACIE

바질약국 쿠폰

빅토르위고역

181유로 이상 구입시

13% Tax Free
+
15% 추가할인
+
5유로 추가할인

* 프로모션,의약품은 15% 추가할인 제외

Coupon

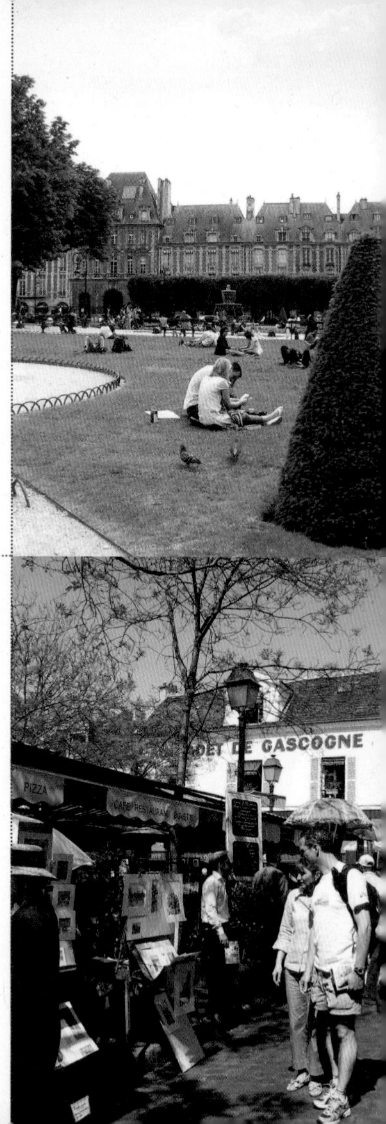

Coupon